ICONOGRAPHIE

ET

HISTOIRE NATURELLE

DES COLÉOPTÈRES D'EUROPE.

TYPOGRAPHIE DE MARCELLIN-LEGRAND, PLASSAN ET Cie.

IMPRIMERIE DE PLASSAN ET COMP., RUE DE VAUGIRARD, N° 15.

ICONOGRAPHIE

ET

HISTOIRE NATURELLE

DES COLÉOPTÈRES D'EUROPE;

PAR M. LE COMTE DEJEAN,

PAIR DE FRANCE, GRAND-OFFICIER DE LA LÉGION-D'HONNEUR, MEMBRE DE LA SOCIÉTÉ PHILOMATIQUE ET DE PLUSIEURS AUTRES SOCIÉTÉS SAVANTES NATIONALES ET ÉTRANGÈRES;

ET M. LE DOCTEUR J.-A. BOISDUVAL,

MEMBRE DE PLUSIEURS SOCIÉTÉS SAVANTES NATIONALES ET ÉTRANGÈRES.

TOME QUATRIÈME.

A PARIS,

CHEZ MÉQUIGNON-MARVIS PÈRE ET FILS, LIBR.-ÉDITEURS,

RUE DU JARDINET, N° 13;

A BRUXELLES,

AU DÉPÔT GÉNÉRAL DE LA LIBRAIRIE MÉDICALE FRANÇAISE.

1834.

ICONOGRAPHIE

ET

HISTOIRE NATURELLE

DES COLÉOPTÈRES D'EUROPE.

HARPALIENS.

Cette tribu correspond à peu près au genre *Harpalus* de Bonelli, tel qu'il en a donné les caractères dans ses *Observations entomologiques;* il ne peut y avoir aucun doute à cet égard pour toutes les espèces européennes; mais un assez grand nombre d'espèces exotiques, surtout celles qui forment les sept premiers genres, paraissent s'éloigner beaucoup des véritables *Harpaliens*, et ce n'est qu'avec une sorte de répugnance, et faute de pouvoir les mettre convenablement ailleurs, que M. Dejean les a placées dans cette tribu.

Il est très-difficile de pouvoir bien assigner la place et les véritables caractères d'un genre lorsqu'on n'en connaît pas les deux sexes; c'est cependant ce qui arrive fréquemment pour les insectes exotiques, dont souvent on ne possède qu'un seul individu; aussi ce travail devra peut-être plus tard subir quelques modifications.

Les *Harpaliens* se distinguent des autres tribus par les tarses intermédiaires, dont les articles sont dilatés dans les mâles, ou au moins par les tarses antérieurs, dont les quatre premiers articles sont plus ou moins dilatés, triangulaires ou cordiformes, mais jamais carrés ou arrondis; par les jambes antérieures, qui sont toujours assez fortement échancrées; par les élytres, qui ne sont jamais tronquées à l'extrémité; par le dernier article des palpes, qui n'est jamais terminé en alène.

Les genres qui composent cette tribu peuvent être classés en deux sous-tribus.

PREMIÈRE SOUS-TRIBU.

Menton trilobé.

Elle comprend deux genres :

Antennes	filiformes	1 *Pelecium.*
	moniliformes	2 *Eripus.*

SECONDE SOUS-TRIBU.

Menton fortement échancré.

Elle peut être partagée en deux divisions.

PREMIÈRE DIVISION.

Antennes moniliformes.

Elle comprend trois genres :

La dent de l'échancrure du menton	simple. Dernier article des palpes labiaux	ovalaire	3 *Cratocerus.*
		cylindrique et tronqué à l'extrémité	4 *Somoplatus.*
	nulle.		5 *Daptus.*

SECONDE DIVISION.

Antennes filiformes.

Elle peut être partagée en deux subdivisions.

PREMIÈRE SUBDIVISION.

Une dent bifide au milieu de l'échancrure du menton.

Elle comprend deux genres :

Corps	plat et arrondi.	6 *Cyclosomus.*
	allongé.	7 *Promecoderus.*

SECONDE SUBDIVISION.

Une dent simple ou nulle au milieu de l'échancrure du menton.

Elle comprend vingt-un genres.

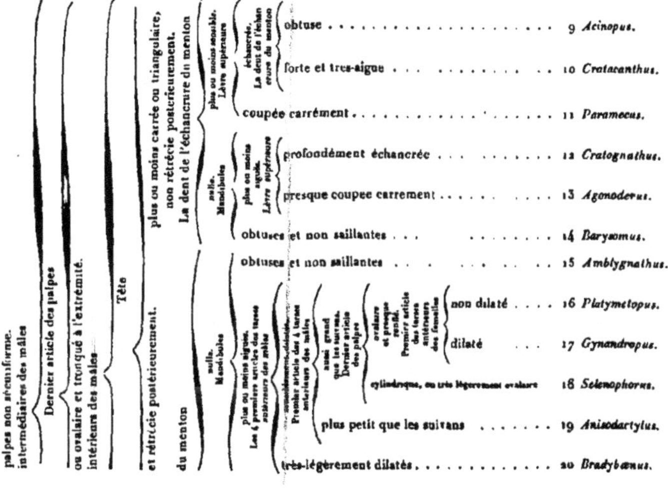

- Dernier article des palpes sécuriforme . . . . 8 *Aœmotoma.*
- Dernier article des palpes intermédiaires des mâles ovalaire et tronqué à l'extrémité.
  - Tête plus ou moins carrée ou triangulaire, non rétrécie postérieurement. La dent de l'échancrure du menton
    - plus ou moins sensible. Lèvre supérieure
      - échancrée. La dent de l'échancrure du menton
        - obtuse . . . . 9 *Acinopus.*
        - forte et très-aigue . . . . 10 *Crataeanthus.*
      - coupée carrément . . . . 11 *Parameeus.*
    - nulle. Mandibules
      - plus ou moins aiguës. Lèvre supérieure
        - profondément échancrée . . . . 12 *Cratognathus.*
        - presque coupée carrément . . . . 13 *Agonoderus.*
      - obtuses et non saillantes . . . . 14 *Barysomus.*
  - Tête et rétrécie postérieurement. La dent de l'échancrure du menton
    - nulle. Mandibules
      - obtuses et non saillantes . . . . 15 *Amblygnathus.*
      - plus ou moins aiguës. Les 4 premiers articles des tarses antérieurs des mâles
        - Premier article des 4 tarses antérieurs des mâles
          - aussi grand que les suivans. Dernier article des palpes
            - ovalaire et presque renflé. Premier article des tarses antérieurs des femelles
              - non dilaté . . . . 16 *Platymetopus.*
              - dilaté . . . . 17 *Gynandropus.*
            - cylindrique, ou très légèrement ovalaire . . . . 18 *Selenophorus.*
          - plus petit que les suivans . . . . 19 *Anisodactylus.*
        - très-légèrement dilatés . . . . 20 *Bradybænus.*

Dernier article des 4 tarses / Les 4 premiers articles des 4 tarses

- plus ou moins triangulaires ou cordiformes.
  - plus ou moins cylindrique / 4e article des 4 tarses
    - triangulaire ou cordiforme.
      - plus ou moins arrondie ou triangulaire / La dent de l'échancrure
        - saillantes et aigues . . . . 21 *Geodromus.*
        - plus ou moins sensible. Mandibules
          - peu avancées. Les 4 premiers articles des tarses intermédiaires des mâles
            - sensiblement dilatés. Les 4 premiers articles des 4 tarses antérieurs des mâles
              - aussi longs que larges et légèrement triangulaires . . . . 22 *Hypolithus.*
              - moins longs que larges et fortement triangulaires ou cordiformes. Premier article des tarses antérieurs des femelles
                - dilaté . . . . 23 *Gynandromorphus.*
                - non dilaté . . . . 24 *Harpalus.*
            - très-légèrement dilatés . . . . 25 *Geobænus.*
      - fortement bilobé . . . . 26 *Stenolophus.*
    - terminé en pointe. . . . . 27 *Acupalpus.*
- larges et presque carrés . . . . 28 *Tetragonoderus.*

I. PELECIUM. *Kirby.*

Les quatre premiers articles des tarses antérieurs fortement dilatés, au moins dans les mâles, et moins longs que larges; ceux des autres tarses légèrement dilatés; les trois premiers de tous triangulaires; le quatrième fortement cordiforme. Dernier article des palpes très-fortement sécuriforme. Antennes filiformes. Lèvre supérieure très-courte et assez fortement échancrée. Mandibules fortes, assez avancées et assez aiguës. Menton trilobé. Corps oblong et assez épais. Tête ovale, rétrécie derrière les yeux. Corselet très-légèrement cordiforme. Élytres en ovale allongé.

Ce genre, formé depuis long-temps par Kirby sur un fort bel insecte du Brésil, se rapproche un peu par son *facies* de quelques *Panagæus* exotiques, et ce n'est pas sans quelques raisons que Latreille le place près de ce genre; cependant il paraît s'en éloigner beaucoup par ses caractères génériques, qui semblent plutôt devoir le placer dans cette tribu que dans toute autre, quoiqu'à parler franchement il ne puisse bien aller dans aucune, et qu'il diffère beaucoup par le *facies* des véritables *Harpaliens.*

Tous les individus de ce genre que l'on connaît jusqu'ici ne présentent aucune différence sexuelle, et paraissent tous être des mâles; voici les caractères génériques que M. Dejean a observés dans la seule espèce connue jusqu'à présent dans ce genre.

La lèvre supérieure est très-courte, peu distincte et assez fortement échancrée. Les mandibules sont larges, fortes, assez avancées et assez aiguës. Le menton est assez court, légèrement concave et trilobé; le lobe du milieu est légèrement arrondi, et remonte presque au niveau des deux lobes latéraux. Les palpes extérieurs sont grands et très-saillans; leur dernier article est très-grand, très-large et très-fortement sécuriforme, ou en triangle équilatéral renversé, dont la base est légèrement arrondie; le pénultième article des maxillaires est très-court et obconique. Les antennes sont filiformes et à peu près de la longueur de la moitié du corps; leurs articles sont assez allongés; les trois premiers sont très-légèrement obconiques; le premier est aussi grand que les deux suivans réunis; le troisième est un peu plus long que le second et que le quatrième; tous les autres sont égaux entre eux, très-légèrement comprimés et en carré très-allongé dont les angles sont arrondis; le dernier se termine en pointe obtuse. Les pattes sont grandes et assez fortes. Les jambes antérieures sont assez fortement échancrées. Les quatre premiers articles des tarses antérieurs sont fortement dilatés, au moins dans les mâles, et moins longs que larges; les trois premiers sont en triangle, dont les côtés extérieurs sont légèrement arrondis et sont presque cordiformes; le quatrième est très-fortement cordiforme et presque bilobé. Les quatre premiers articles des quatre tarses postérieurs sont assez fortement dilatés; les trois premiers sont en triangle allongé, et le quatrième presque bilobé; ils sont les uns et les autres garnis en dessous de poils assez longs et assez serrés.

P. Cyanipes.

Pl. 172. fig. 1.

Nigro-cyaneum; thorace oblongo, subcordato, postice utrinque striato; elytris sulcatis; pedibus cyaneis.

Dej. *Spec.* iv. p. 7. n° 1.
Kirby's *Century of Insects.* p. 378. n° 4. t. 21. fig. 1.

Long. 8 lignes. Larg. 2 ¾ lignes.

Il se trouve au Brésil.

II. ERIPUS. *Hœpfner.*

Stomis. *Eschscholtz.*

Les quatre premiers articles des tarses antérieurs fortement dilatés, au moins dans les mâles, et moins longs que larges; ceux des quatre postérieurs assez fortement dilatés; les trois premiers triangulaires; le quatrième en cœur ou fortement bifide. Dernier article des palpes ovalaire ou légèrement sécuriforme. Antennes moniliformes et assez allongées. Lèvre supérieure très-courte et transversale. Mandibules aiguës plus ou moins avancées.

Menton trilobé. Corps plus ou moins allongé. Tête oblongue, plus ou moins rétrécie derrière les yeux. Corselet allongé, rétréci postérieurement. Élytres en ovale allongé.

Ce nouveau genre a été établi par M. Hœpfner sur un individu unique qu'il a reçu du Mexique, et M. Dejean a cru devoir y rapporter le *Stomis lævissimus* de M. Eschscholtz, insecte de la Californie. L'insecte de M. Hœpfner paraît être un mâle, celui de M. Eschscholtz une femelle; cependant n'ayant vu qu'un seul individu de chaque espèce, il est très-possible que cette supposition soit fausse, et même que ces deux insectes appartiennent à des genres différens; mais comme il n'y a déjà que trop de genres, il s'est déterminé à les réunir provisoirement.

Ces deux insectes diffèrent beaucoup des véritables *Harpaliens* par leur *facies;* ils se rapprochent plutôt des *Stomis* et de quelques *Feronia;* mais cependant il paraît impossible de les placer ailleurs que dans cette tribu. On en jugera par les caractères génériques observés dans l'espèce du Mexique.

La lèvre supérieure est très-courte, transversale et presque dentelée à sa partie antérieure. Les mandibules sont fortes, assez avancées, aiguës et assez arquées. Le menton est assez court, légèrement concave et trilobé; le lobe du milieu est arrondi et remonte au niveau des deux lobes latéraux. Les palpes extérieurs sont assez grands, assez saillans; leur dernier article est grand, renflé, ovalaire et tronqué à l'extrémité; le pénultième des maxillaires est très-court et obconique. Les antennes sont moniliformes, et à peu près de la longueur de la moitié du corps; les quatre premiers articles sont légèrement obconiques; le premier est aussi long que les deux suivans réunis; les trois suivans sont presque égaux; les autres sont un peu plus gros, égaux et en ovale très-légèrement allongé; le dernier est un peu plus grand que les autres, ovalaire, et terminé en pointe obtuse. Les pattes sont assez fortes. Les jambes antérieures sont fortement échancrées. Les quatre premiers articles des tarses antérieurs sont fortement dilatés; ceux des tarses intermédiaires et postérieurs le sont un peu moins; ces articles sont courts, serrés, moins longs que larges et garnis en dessous de poils assez longs et assez serrés; les trois premiers sont triangulaires, et le quatrième très-fortement cordiforme et presque bilobé.

Dans l'espèce de Californie les mandibules sont plus avancées, plus étroites, presque droites et courbées à l'extrémité. Le dernier article des palpes est allongé et légèrement sécuriforme. Les antennes sont un peu moins moniliformes, et leurs articles sont en ovale un peu plus allongé. Les articles des tarses ne paraissent pas dilatés; seulement ceux des tarses antérieurs sont un peu plus larges que ceux des quatre postérieurs; les trois premiers sont très-légèrement triangulaires, et le quatrième assez fortement bifide.

E. Scydmænoides. *Hœpfner.*

Pl. 172. fig. 2.

Niger, nitidus, thorace oblongo, subcordato, postice utrinque striato; elytris oblongo-ovatis, lævissimis; antennis, ore tarsisque piceis.

Dej. *Spec.* IV. p. 10. n° 1.

Long. 2 $\frac{2}{3}$ lignes. Larg. 1 ligne.

Il se trouve au Mexique.

III. CRATOCERUS.

Les quatre premiers articles des quatre tarses antérieurs légèrement dilatés, courts, serrés et légèrement triangulaires ou cordiformes. Dernier article des palpes maxillaires allongé et presque terminé en pointe; celui des labiaux plus court et ovalaire. Antennes fortes, assez courtes et moniliformes. Lèvre supérieure presque carrée. Mandibules légèrement arquées, assez fortes et assez aiguës. Une dent simple au milieu de l'échancrure du menton. Corps assez court et assez épais. Tête presque triangulaire. Yeux saillans. Corselet presque carré, arrondi sur les côtés. Élytres ovales, assez convexes.

M. Dejean a donné à ce nouveau genre, formé sur un insecte du Brésil, le nom de *Cratocerus*, tiré des deux mots grecs κρατός, fort, robuste, et κέρας, corne.

Quoiqu'il n'ait aucun rapport de forme avec les précédens, il s'éloigne au moins autant par le *facies* des véritables *Harpaliens*, et ce n'est que provisoirement qu'il l'a placé dans cette tribu.

Il en possède deux individus, tous les deux semblables, et dont il ignore le sexe; voici les caractères génériques qu'ils lui ont présentés.

La lèvre supérieure est assez avancée, plane et presque carrée. Les mandibules sont assez fortes, peu avancées au-delà de la lèvre supérieure, légèrement arquées et assez aiguës. Le menton est assez grand, presque plane, fortement échancré, et il a une dent simple, assez forte, au milieu de son échancrure. Les palpes extérieurs sont assez grands; le dernier article des maxillaires est allongé, cylindrique et presque terminé en pointe; celui des labiaux est plus court, ovalaire et presque renflé. Les antennes sont plus courtes que la tête et le corselet réunis, assez fortes et moniliformes; leurs trois premiers articles sont légèrement obconiques; le premier est presque aussi long que les deux suivans réunis; le second est le plus court de tous; le troisième est assez allongé et un peu plus long que le quatrième; les suivans sont égaux, larges et presque en carré dont les angles sont arrondis; le dernier est un peu plus long et arrondi à l'extrémité. Les pattes sont assez fortes et assez courtes. Les quatre premiers articles des tarses antérieurs sont légèrement dilatés, courts, serrés et légèrement cordiformes; ceux des tarses intermédiaires sont un peu moins larges; ceux des tarses postérieurs sont plus allongés et légèrement triangulaires.

C. Monilicornis.

Pl. 172. fig. 3.

Niger; thorace subquadrato, postice utrinque striato; elytris ovatis, profunde striatis; antennis, palpis pedibusque rufis.

Dej. *Spec.* IV. p. 14. n° 1.

Long. 4 ½ lignes. Larg. 2 lignes.

Il se trouve au Brésil.

IV. SOMOPLATUS.

Les quatre premiers articles des tarses antérieurs très-légèrement dilatés, assez courts, assez serrés et légèrement triangulaires ou cordiformes. Dernier article des palpes cylindrique et tronqué à l'extrémité. Antennes assez courtes et moniliformes. Lèvre supérieure presque transversale. Mandibules peu avancées, assez arquées et assez aiguës. Une forte dent simple au milieu de l'échancrure du menton. Corps assez court et aplati. Tête presque triangulaire. Yeux saillans. Corselet court et transversal. Élytres assez courtes, presque planes et presque carrées.

M. Dejean a formé ce nouveau genre sur un insecte du Sénégal, et il lui a donné le nom de *Somoplatus*, tiré des deux mots grecs σῶμα, corps, et πλατύς, large, aplati.

Il se rapproche un peu des *Masoreus* par le *facies*, et voici les caractères génériques qu'il a observés sur le seul individu qu'il possède, et dont il ignore le sexe.

La lèvre supérieure est assez plane, en carré moins long que large et presque transversale. Les mandibules sont peu avancées, assez arquées et assez aiguës. Le menton est assez grand, légèrement concave, fortement échancré, et il a une forte dent simple au milieu de son échancrure. Les palpes extérieurs sont peu saillans; le dernier article des maxillaires est assez allongé, cylindrique et tronqué à l'extrémité; celui des labiaux est un peu plus large et coupé plus carrément à l'extrémité. Les antennes sont moniliformes, et à peu près de la longueur de la tête et du corselet réunis; leur premier article est presque cylindrique, et à peu près aussi long que les deux suivans réunis, qui sont presque obconiques; les autres sont égaux, légèrement comprimés et presque en carré dont les angles sont arrondis; le dernier est presque ovalaire et terminé en pointe obtuse. Les pattes sont assez courtes. Les jambes antérieures sont assez fortement échancrées. Les quatre premiers articles des tarses antérieurs sont très-légèrement dilatés; le premier est aussi long que les deux suivans réunis, légèrement triangulaire, coupé obliquement à l'extrémité et plus saillant en dedans qu'en dehors; le second est triangulaire et coupé aussi obliquement à l'extrémité; le troisième et le quatrième sont égaux, plus courts que le second et légèrement cordiformes; les articles des quatre tarses postérieurs sont un peu plus allongés, très-légèrement triangulaires et presque cylindriques.

S. Substriatus.

Pl. 172. fig. 4.

Ferrugineus; thorace transverso; elytris subquadratis, pubescentibus, tenue punctulatis, obsolete striatis.

Dej. *Spec.* iv. p. 16. n° 1.

Long. 3 $\frac{1}{3}$ lignes. Larg. 1 $\frac{1}{2}$ ligne.

Il se trouve au Sénégal.

V. DAPTUS. *Fischer.*

Ditomus. *Germar.* Acinopus. *Dejean*, Catalogue.

Les quatre premiers articles des quatre tarses antérieurs très-légèrement dilatés, courts, serrés, triangulaires ou cordiformes. Dernier article des palpes très-légèrement ovalaire, presque cylindrique et tronqué à l'extrémité. Antennes courtes et moniliformes. Lèvre supérieure en carré moins long que large. Mandibules peu avancées et assez arquées. Point de dent au milieu de l'échancrure du menton. Corps assez court et plus ou moins épais. Tête presque triangulaire, point rétrécie postérieurement. Corselet cordiforme ou carré. Elytres plus ou moins allongées et presque parallèles.

Ce genre a été établi par M. Fischer sur l'*Acinopus Maculipennis*, et M. Dejean y a réuni provisoirement un fort bel insecte de l'Amérique septentrionale, qui pourra peut-être former par la suite un genre particulier.

Ce n'est aussi que provisoirement qu'il a placé ce genre dans cette tribu, et il pourrait bien appartenir à celle des *Scaritides;* car si les tarses antérieurs sont réellement dilatés dans les mâles, ils le sont si faiblement qu'il a été jusqu'à présent impossible de les distinguer des femelles.

Voici les caractères génériques observés sur l'espèce qui a servi de type à M. Fischer.

La lèvre supérieure est plane, en carré moins long que large, et légèrement échancrée antérieurement. Les mandibules sont un peu avancées au-delà de la lèvre supérieure, assez arquées et assez aiguës. Le menton est assez court, assez concave, fortement échancré, et il n'a point de dent au milieu de son échancrure. Les palpes extérieurs sont assez saillans; leur dernier article est très-légèrement ovalaire, presque cylindrique et tronqué à l'extrémité. Les antennes sont moniliformes, courtes et guère plus longues que le corselet; leur premier article est un peu plus long que les deux suivans réunis, assez gros et légèrement courbé; les trois suivans sont obconiques; le troisième est un peu plus long que les autres; le cinquième et les suivans sont égaux entre eux, presque ovalaires, ou en carré dont les angles sont arrondis; le dernier est un peu plus long et un peu plus gros que les autres, et terminé en pointe obtuse. Les pattes sont assez courtes. Les jambes antérieures sont assez fortement échancrées. Les quatre premiers articles des tarses antérieurs sont courts, serrés et très-légèrement dilatés; les trois premiers sont triangulaires; le premier est sensiblement plus grand que les autres; le quatrième est bifide à l'extrémité et presque cordiforme. Les quatre premiers articles des tarses intermédiaires sont moins larges que ceux des tarses antérieurs et très-légèrement triangulaires.

Dans l'espèce de l'Amérique septentrionale les mandibules sont plus fortes, obtuses et moins avancées. Le premier article des tarses antérieurs ne m'a pas paru sensiblement plus grand que les autres.

D. Vittatus. *Gebler.*

Pl. 172. fig. 5.

Testaceus; elytris macula oblonga fusca; interdum totus fuscus; thorace cordato.

Dej. *Spec.* iv. p. 19. n° 1.

Fischer. *Entomographie de la Russie.* II. p. 38. n° 2. T. 46. fig. 7.

D. Pictus. Fischer. *idem.* p. 36. n° 1. T. 26. fig. 2. et T. 46. fig. 6. a-d.

Ditomus Vittiger. Bœber. Germar. *Coleopt. Sp. Nov.* p. 2. n° 4.

Acinopus Maculipennis. Dej. *Cat.* p. 13.

A. Scaritoides. Dej. *idem.*

Long. 3, 4 lignes. Larg. 1, 1 ½ ligne.

Forme approchant de celles des *Ditomus* et *Scarites*; couleur d'un jaune testacé, plus ou moins rougeâtre, plus ou moins pâle; une tache noirâtre, oblongue et assez allongée sur le milieu de chaque élytre, avec la tête et le corselet quelquefois entièrement d'un brun noirâtre.

Tête assez grande, presque triangulaire, très-légèrement convexe.

Corselet plus large que la tête, moins long que large, assez court, rétréci postérieurement, assez fortement cordiforme et légèrement convexe, couvert de rides ondulées; la ligne médiane assez marquée; une impression transversale près du bord antérieur, et une autre plus marquée près de la base; de chaque côté de cette dernière, près des angles postérieurs, une impression assez fortement marquée; le bord antérieur assez fortement échancré; les angles antérieurs presque arrondis; les côtés légèrement rebordés et assez fortement déprimés; les angles postérieurs coupés presque carrément; la base très-légèrement sinuée et presque échancrée.

Élytres un peu plus larges que le corselet, assez allongées, presque parallèles, très-légèrement sinuées, presque tronquées à l'extrémité, et peu convexes, striées; les stries assez marquées et ordinairement lisses; les intervalles un peu relevés; ordinairement un point enfoncé sur le troisième intervalle, et deux autres points semblables sur le second; des ailes sous les élytres.

Dessous du corps d'un brun noirâtre, quelquefois d'un jaune testacé, avec les antennes et les pattes toujours d'un jaune testacé.

Il arrive quelquefois que la tache des élytres s'élargit au point de couvrir tout-à-fait leur surface, de manière que l'insecte paraît entièrement d'un brun noirâtre.

Il se trouve dans le sable humide au bord des eaux, en Sibérie, dans la Russie méridionale, en Dalmatie, et même quelquefois dans le midi de la France.

VI. CYCLOSOMUS. *Latreille.*

Scolytus. *Fabricius.*

Les quatre premiers articles des quatre tarses antérieurs très-légèrement dilatés dans les mâles, et triangulaires ou cordiformes; le premier des antérieurs plus grand que les autres et plus saillant en dehors qu'en dedans dans les deux sexes. Dernier article des palpes assez allongé, très-légèrement ovalaire, presque cylindrique et tronqué à l'extrémité. Antennes filiformes. Lèvre supérieure presque transversale et échancrée antérieurement. Mandi-

bules peu avancées, assez arquées et assez aiguës. Une forte dent bifide au milieu de l'échancrure du menton. Corps plat et presque arrondi. Tête presque triangulaire. Corselet court, trapézoïde et fortement échancré antérieurement. Élytres en demi-ovale.

M. Dejean a adopté pour cet insecte le nom de *Cyclosomus*, qui lui a été donné par M. Latreille, dans son dernier ouvrage, intitulé : *Les Crustacés, les Arachnides et les Insectes distribués en familles naturelles.*

Voici les caractères génériques qu'il a observés sur les deux espèces qui jusqu'à présent paraissent appartenir à ce genre :

La lèvre supérieure est courte, presque transversale et assez fortement échancrée antérieurement. Les mandibules sont peu avancées, assez arquées et assez aiguës. Le menton est assez grand, presque plane, fortement échancré, et il a une forte dent distinctement bifide au milieu de son échancrure. Les palpes extérieurs sont assez saillans; leur dernier article est assez allongé, très-légèrement ovalaire, presque cylindrique et tronqué à l'extrémité. Les antennes sont filiformes, assez minces et plus courtes que la moitié du corps; leurs articles sont presque cylindriques; les quatre premiers sont très-légèrement obconiques; le premier est aussi long que les deux suivans réunis; le second est le plus court de tous; les autres sont à peu près égaux entre eux. Les pattes sont assez courtes. Les jambes antérieures sont assez fortement échancrées. Les quatre premiers articles des quatre tarses antérieurs sont très-légèrement dilatés dans les mâles; le premier des tarses antérieurs est plus grand que les suivans, en triangle dont la base est coupée obliquement et beaucoup plus saillant en dehors qu'en dedans; le second, plus petit que le premier, et plus grand que les suivans, est aussi en triangle dont la base est coupée obliquement et plus saillant en dehors qu'en dedans, mais moins cependant que le premier; le troisième est un peu plus grand que le quatrième; ils sont tous les deux assez courts et légèrement cordiformes; les quatre premiers articles des tarses intermédiaires sont très-légèrement triangulaires et presque cylindriques; dans les femelles les quatre premiers articles des quatre tarses antérieurs sont un peu moins larges que dans les mâles, et disposés à peu près de la même manière.

C. Buquetii.

Pl. 172. fig. 6.

Piceus; thorace viridi-æneo, margine laterali testaceo; elytris testaceis, sutura, basi fasciaque media, sinuata, abbreviata viridi-æneis; antennis pedibusque testaceis.

Dej. *Spec.* v. *Suppl.* p. 812. n° 2.

Long. 3 lignes. Larg. 1 ¼ ligne.

Il a été trouvé, par M. Leprieur, dans les parties supérieures du Sénégal.

VII. PROMECODERUS.

Les quatre premiers articles des quatre tarses antérieurs assez fortement dilatés dans les mâles, triangulaires ou cordiformes; les deux premiers un peu plus grands que les autres. Palpes assez allongés; dernier article très-légèrement ovalaire, presque cylindrique et tronqué à l'extrémité; celui des labiaux presque sécuriforme. Antennes filiformes. Lèvre supérieure presque carrée, légèrement échancrée antérieurement. Mandibules assez fortes, assez arquées et assez aiguës. Menton très-fortement échancré, une dent obtuse et légèrement bifide au milieu de son échancrure. Corps allongé. Tête allongée et presque renflée derrière les yeux. Corselet allongé et ovalaire. Élytres en ovale très-allongé.

M. Dejean a établi ce nouveau genre sur un insecte de la Nouvelle-Hollande, et il lui a donné le nom de *Promecoderus*, tiré des deux mots grecs προμηκης, oblong, et δέρη, col.

Il s'éloigne par le *facies* des véritables *Harpaliens*, et se rapproche un peu des *Pristonychus* et de quelques *Feronia*; mais il paraît cependant appartenir à cette tribu.

Voici les caractères génériques observés sur le seul individu que l'on connaisse.

La lèvre supérieure est presque carrée et légèrement échancrée antérieurement. Les mandibules sont peu avancées, assez arquées, assez aiguës. Le menton est très-fortement échancré, et il a au milieu de son échancrure une dent obtuse, peu saillante et légèrement bifide. Les palpes extérieurs sont assez saillans; le dernier article est assez allongé, très-légèrement ovalaire, presque cylindrique et tronqué à l'extrémité; celui des labiaux est presque sécuriforme. Les antennes sont filiformes et plus courtes que la moitié du corps; leurs articles sont assez allongés et presque cylindriques; les quatre premiers sont très-légèrement obconiques; le premier est presque aussi long que les deux suivans réunis; les second est le plus court de tous; le troisième est un peu plus long que les suivans, qui sont égaux entre eux. Les pattes sont assez larges et assez fortes. Les jambes antérieures sont assez fortement échancrées. Les quatre premiers articles des tarses antérieurs sont fortement dilatés; le premier est triangulaire et plus grand que le suivant; le second est moins long que large, en triangle dont les côtés sont arrondis, presque cordiforme et un peu plus grand que les deux suivans, qui sont égaux entre eux et de la forme du second; ils sont tous les quatre garnis en dessous de poils serrés formant une espèce de brosse. Les quatre premiers articles des tarses intermédiaires sont triangulaires et moins fortement dilatés que ceux des tarses antérieurs; les deux premiers sont un peu plus grands que les deux suivans.

P. Brunnicornis. *Latreille.*

Pl. 173. fig. 1.

Obscure viridi-æneus, violaceo-micans; thorace oblongo-ovato, lævigato; elytris elongato-ovatis, obsolete striatis; antennis, palpis tarsisque.

Dej. *Spec.* iv. p. 28. n° 1.
Boisd. *Faune de l'Océanie.* ii. p. 39.

Long. 7 lignes. Larg. 2 ¼ lignes.

Il se trouve à la Nouvelle-Hollande.

VIII. AXINOTOMA.

Les quatre premiers articles des tarses antérieurs assez fortement dilatés dans les mâles, triangulaires ou cordiformes; ceux des tarses intermédiaires très-légèrement dilatés. Palpes peu allongés; le dernier article très-légèrement sécuriforme. Antennes filiformes. Lèvre supérieure en carré moins long que large. Mandibules peu avancées, assez arquées et peu aiguës. Une forte dent simple au milieu de l'échancrure du menton. Corps assez allongé. Tête presque arrondie. Corselet presque carré. Élytres assez allongées, très-légèrement ovales et presque parallèles.

M. Dejean a établi ce nouveau genre sur un insecte du Sénégal, qui ressemble beaucoup aux *Harpalus* par le *facies*, mais qui paraît cependant devoir en être séparé, et il lui a donné le nom d'*Axinotoma*, tiré des deux mots grecs ἀξίνη, hache, et τομή, article.

Voici les caractères observés sur le seul individu qu'il possède, et qu'il croit être un mâle.

La lèvre supérieure est très-légèrement convexe, en carré moins long que large, avec les angles antérieurs un peu arrondis. Les mandibules sont assez arquées, peu aiguës, et dépassent à peine la lèvre supérieure. Le menton est court, légèrement concave, assez fortement échancré, et il a au milieu de son échancrure une forte dent simple qui s'élève presque au niveau des parties latérales. Les palpes extérieurs sont peu saillans; leur dernier article est peu allongé et légèrement sécuriforme. Les antennes sont à peu près de la longueur de la moitié du corps; leurs trois premiers articles sont légèrement obconiques; le premier est presque aussi long que les deux suivans réunis; le second est le plus court de tous; le troisième est à peu près de la même longueur que les suivans, qui sont égaux entre eux, légèrement comprimés et presque en carré très-allongé, dont les angles sont un peu arrondis; le dernier est un peu plus long que les autres, ovalaire et terminé en pointe obtuse. Les pattes sont assez courtes. Les jambes antérieures sont assez fortement échancrées. Les quatre premiers articles des tarses antérieurs sont assez fortement dilatés; les trois premiers sont triangulaires et à peu près aussi longs que larges; le quatrième est cordiforme et presque bifide. Les quatre premiers des tarses intermédiaires sont très-légèrement dilatés, assez allongés, très-légèrement triangulaires et presque cylindriques.

A. Fallax.

Pl. 173. fig. 2.

Nigro-piceus, subtilissime punctulatus; elytris striatis punctoque postice impresso; labro antennisque ferrugineis; palpis pedibusque testaceis.

Dej. *Spec.* IV. p. 30. n° 1.

Long. 4 ½ lignes. Larg. 1 ¾ ligne.

Il se trouve au Sénégal.

IX. ACINOPUS. *Ziegler.*

Carabus. *Duftschmid.* Harpalus. *Sturm.* Scarites. *Oliv.*

Les quatre premiers articles des quatre tarses antérieurs assez fortement dilatés dans les mâles, et triangulaires ou cordiformes. Dernier article des palpes assez allongé, très-légèrement ovalaire, presque cylindrique et tronqué à l'extrémité. Antennes filiformes et assez courtes. Lèvre supérieure carrée ou trapézoïde, échancrée antérieurement. Mandibules fortes, assez avancées, assez arquées et assez aiguës. Une dent simple, obtuse et plus ou moins marquée, au milieu de l'échancrure du menton. Corps convexe et épais. Tête grosse, presque carrée et presque renflée postérieurement. Corselet plus ou moins carré. Élytres presque parallèles, plus ou moins allongées.

Ce genre a été établi depuis long-temps par M. Ziegler sur le *Carabus Megacephalus* d'Illiger, mais les caractères n'en avaient été donnés dans aucun ouvrage ; depuis, M. Sturm a cru devoir placer cet insecte dans son genre *Harpalus;* il paraît cependant présenter des caractères génériques bien distincts.

La lèvre supérieure est plane, ordinairement carrée, quelquefois trapézoïde et assez fortement échancrée antérieurement. Les mandibules sont très-fortes, assez avancées, surtout dans les mâles, assez arquées et assez aiguës. Le menton est assez court, assez concave, fortement échancré, et il a au milieu de son échancrure une dent simple, quelquefois assez forte et quelquefois obtuse et peu saillante. Les palpes sont peu saillans et assez minces pour la grosseur de l'insecte; leur dernier article assez allongé, quoique moins long que le pénultième, est très-légèrement ovalaire, presque cylindrique et tronqué à l'extrémité. Les antennes sont filiformes, plus courtes que la tête et le corselet réunis, et très-minces pour la grosseur de l'insecte; leur premier article est assez gros, presque aussi long que les deux suivans réunis et un peu courbé; les trois suivans sont très-légèrement obconiques; le second est le plus court de tous; le troisième est un peu plus long que le quatrième; tous les autres sont égaux entre eux, très-légèrement comprimés et presque cylindriques; le dernier est presque ovalaire et terminé en pointe obtuse. La tête est grosse, surtout dans les mâles, presque carrée et presque renflée postérieurement. Les yeux sont petits et très-peu saillans. Le corselet est plus ou moins carré. Les élytres sont convexes, presque parallèles et plus ou moins allongées. Les pattes sont courtes et assez fortes pour la grosseur de l'insecte. Les jambes antérieures sont assez fortement échancrées. Les quatre premiers articles des tarses antérieurs sont assez fortement dilatés dans les mâles et moins longs que larges; les trois premiers sont triangulaires, et le quatrième cordiforme; ceux des tarses intermédiaires sont un peu moins fortement dilatés que ceux des tarses antérieurs.

Les *Acinopus* sont des insectes peu agiles, au-dessus de la taille moyenne, de couleur noire; leur corps est épais, peu allongé et assez convexe.

On les trouve ordinairement sous les pierres dans les terrains secs et arides.

Ils paraissent appartenir exclusivement au midi de l'Europe, à l'occident de l'Asie et au nord de l'Afrique.

1. A. Megacephalus.

Pl. 174. fig. 1.

Niger, cylindricus; thorace quadrato; elytris striatis, puncto postico impresso; antennis tarsisque ferrugineis.

Dej. *Spec.* IV. p. 33. n° 1.
Dej. *Cat.* p. 13.
Carabus Megacephalus. Illiger. *Magazin.* I. p. 353. n° 95.
Harpalus Megacephalus. Latreille. *Gen. Crust. et Ins.* I. p. 206. n° 11.
Carabus Tenebrioides. Duftschmid. II. p. 126. n° 159.
Carabus Pasticus. Germar. *Reise nach Dalmat.* p. 194. n° 76.
Harpalus Sabulosus. Sturm. IV. p. 5. n° 1. t. 78. fig. a. b.
Scarites Picipes. Oliv. III. 36. p. 12. n° 13. t. 1. fig. 7.
Acinopus Scaritoides. Parreyss.

Long. 5 $\frac{1}{2}$, 7 $\frac{1}{2}$ lignes. Larg. 2, 2 $\frac{3}{4}$ lignes.

Entièrement en dessus d'un noir assez brillant.

Tête assez grosse, presque égale dans les deux sexes, presque carrée, non rétrécie, et presque renflée postérieurement, lisse, avec les antennes d'un brun ferrugineux.

Corselet presque carré, à peine rétréci postérieurement, moins long que large, très-légèrement arrondi sur les côtés, lisse et assez convexe; la ligne médiane peu marquée; deux impressions transversales, l'une près du bord antérieur, l'autre près de la base, toutes les deux à peine distinctes; le bord antérieur légèrement échancré, les angles antérieurs peu aigus; les côtés assez fortement rebordés; les angles postérieurs arrondis; la base coupée presque carrément.

Élytres un peu plus larges que le corselet, assez allongées, presque parallèles, légèrement sinuées près de l'extrémité, ayant des stries assez marquées et plus profondes sur l'extrémité, paraissant lisses; la huitième un peu arquée dans son milieu; les intervalles presque planes et paraissant lisses; des ailes sous les élytres.

Dessous du corps et pattes noirs, avec les tarses d'un brun ferrugineux.

Il se trouve communément en Espagne, en Italie, en Morée, en Dalmatie, dans le midi de la France et même aux environs de Paris. M. Parreyss l'a pris dans l'île de Corfou, et l'a envoyé à ses correspondans sous le nom de *Scaritoides*. M. Goudot l'a trouvé dans les environs de Tanger.

2. A. Ambiguus.

Pl. 174. fig. 2.

Niger, subcylindricus; thorace subquadrato, postice subangustato; elytris striatis; antennis pedibusque ferrugineis.

Dej. *Spec.* IV. p. 35. n° 2.

Long. 6 $\frac{1}{4}$, 6 $\frac{1}{2}$ lignes. Larg. 2 $\frac{1}{2}$, 2 $\frac{2}{3}$ lignes.

Voisin des *Megacephalus*, et à peu près de la même grandeur, mais proportionnellement un peu plus court.

Tête à peu près de la même forme, un peu plus lisse antérieurement.

Corselet un peu plus court et un peu plus rétréci postérieurement, ayant de chaque côté de la base une petite impression oblongue ou arrondie peu marquée; les angles postérieurs plus arrondis; la base très-légèrement échancrée.

Élytres proportionnellement plus courtes; les stries un peu plus marquées, et paraissant lisses même avec une forte loupe.

Pattes et surtout les cuisses un peu plus fortes, entièrement d'un brun-ferrugineux plus ou moins rougeâtre.

Il se trouve en Sicile.

3. A. Bucephalus.

Pl. 174. fig. 3.

Niger, subcylindricus; thorace subquadrato, postice angustato; elytris striatis, striis obsolete punctatis; antennis tarsisque ferrugineis; maris *capite majore, sternoque antice producto.*

Dej. *Spec.* iv. p. 36. n° 3.

Carabus Megacephalus. Rossi. *Mantissa.* ii. p. 102. n° 65. t. 3. fig. II.

Long. 7, 7 ½ lignes. Larg. 2, 2 ¼ lignes.

Très-voisin du *Megacephalus*, et souvent confondu avec lui.

Tête du mâle beaucoup plus grosse, plus large, presque arrondie et un peu rétrécie postérieurement. Tête de la femelle à peu près comme dans le *Megacephalus*; les antennes ferrugineuses.

Corselet du mâle plus large antérieurement; les côtés un peu plus arrondis; les deux impressions transversales plus rapprochées du bord antérieur et de la base; le bord antérieur un peu plus échancré; les angles postérieurs plus arrondis; la base légèrement échancrée dans son milieu; en dessous, la partie antérieure du sternum assez fortement avancée et formant un tubercule obtus assez saillant.

Corselet de la femelle moins large antérieurement, plus arrondi sur les côtés que celui du mâle; sternum nullement avancé en dessous.

Élytres ayant à peu près la même forme, striées à peu près de la même manière; la huitième strie moins arquée dans son milieu; des ailes sous les élytres.

Dessous du corps et pattes à peu près comme dans le *Megacephalus*.

Il se trouve en Morée, dans le midi de la France, en Italie et en Sicile.

4. A. Giganteus. *Kollar.*

Pl. 174. fig. 4.

Niger, latior; thorace quadrato; elytris brevioribus, subquadratis, striatis; antennis tarsisque ferrugineis.

Dej. *Spec.* v. *Suppl.* p. 813. n° 6.

Long. 9 ½ lignes. Larg. 4 lignes.

Beaucoup plus grand que le *Megacephalus*, et proportionnellement beaucoup plus large.

Tête plus large et un peu plus courte, avec les yeux moins saillans.

Corselet un peu plus court; les angles postérieurs très-arrondis et la base échancrée en arc de cercle.

Élytres beaucoup plus courtes et presque carrées; les stries un peu moins marquées; les intervalles un peu plus planes.

Pattes proportionnellement un peu plus courtes que celles du *Megacephalus*.

Il se trouve dans les parties méridionales de l'Espagne.

5. A. Ammophilus. *Stéven.*

Pl. 174. fig. 5.

Niger, latior; thorace breviore, subquadrato; elytris subquadratis, striatis, striis subtilissime punctatis; antennis tarsisque ferrugineis.

Dej. *Spec.* iv. p. 38. n° 5.
Zabrus Ammophilus. Dej. *Cat.* p. 13.

Long. 9 lignes. Larg. 4 lignes.

Plus grand et proportionnellement beaucoup plus large que le *Megacephalus*.

Tête assez grosse, presque carrée, presque renflée postérieurement, avec les antennes ferrugineuses.

Corselet plus large que la tête, moins long que large, très-court, presque carré, légèrement arrondi sur les côtés et assez convexe, couvert de rides transversales ondulées assez distinctes: la ligne médiane et les deux impressions transversales peu marquées; le bord antérieur assez fortement échancré; les angles antérieurs peu aigus; les côtés très-légèrement rebordés, assez largement déprimés, surtout vers les angles postérieurs; ceux-ci arrondis; la base très-légèrement sinuée et coupée presque carrément.

Élytres plus larges que le corselet, presque en carré allongé, arrondies et sinuées vers l'extrémité et assez convexes, ayant les stries assez fines, assez marquées et très-légèrement ponctuées; la huitième arquée dans son milieu et se détachant du bord extérieur, comme dans le *Megacephalus*; les intervalles planes et paraissant lisses.

Dessous du corps et pattes à peu près comme dans le *Megacephalus*.

Il se trouve dans les provinces méridionales de la Russie.

X. CRATACANTHUS.

PANGUS. *Dejean, Catalogue.*

Les quatre premiers articles des quatre tarses antérieurs très-légèrement dilatés dans les mâles, assez courts et triangulaires ou cordiformes. Dernier article des palpes très-légèrement ovalaire et tronqué à l'extrémité. Antennes courtes et filiformes. Lèvre supérieure en carré moins long que large, légèrement échancrée antérieurement. Mandibules fortes, peu avancées, assez arquées et assez aigues. Une forte dent aigue et presque en épine au milieu de l'échancrure du menton. Corps court et épais. Tête assez grosse, presque carrée et point rétrécie postérieurement. Corselet presque carré. Élytres courtes, presque parallèles, arrondies postérieurement.

M. Dejean a établi ce nouveau genre sur le *Pangus Pensylvanicus* de son Catalogue, et il lui a donné le nom de *Cratacanthus*, tiré des deux mots grecs κρατὸς fort, robuste, et ἄκανθα, épine.

Voici les caractères génériques observés sur la seule espèce qui jusqu'à présent paraisse appartenir à ce genre.

La lèvre supérieure est presque plane, en carré un peu moins long que large, et échancrée antérieurement. Les mandibules sont fortes, peu avancées au-delà de la lèvre supérieure, assez arquées et assez aiguës. Le menton est assez court, assez concave, fortement échancré, et il a au milieu de son échancrure une forte dent aiguë, presque en épine, qui remonte presque au niveau des parties latérales. Les palpes extérieurs sont peu saillans; leur dernier article est très-légèrement ovalaire, presque cylindrique et tronqué à l'extrémité. Les antennes sont filiformes, assez minces et plus courtes que la tête et le corselet réunis; les quatre premiers articles sont plus ou moins obconiques; le premier est assez gros et aussi long que les deux suivans réunis; le second est le plus court de tous; le troisième est un peu plus long que le quatrième; tous les autres sont égaux entre eux, un peu comprimés, très-légèrement ovalaires et presque cylindriques; le dernier est un peu plus long et terminé en pointe obtuse. Les pattes sont courtes et assez fortes pour la grosseur de l'insecte. Les jambes antérieures sont fortement échancrées. Les quatre premiers articles des tarses antérieurs sont très-légèrement dilatés dans les mâles; les trois premiers sont courts et triangulaires; le quatrième est très-légèrement cordiforme. Les quatre premiers articles des tarses intermédiaires sont légèrement triangulaires et paraissent encore moins sensiblement dilatés que ceux des tarses antérieurs.

C. Pensylvanicus.

Pl. 173. fig. 3.

Nigro-piceus; thorace subquadrato, postice sinuato; elytris brevioribus, subparallelis, striatis; antennis pedisbusque ferrugineis.

Dej. *Spec.* iv. p. 41. n° 1.
Pangus Pensylvanicus. Dej. *Cat.* p. 13.
Carabus Picicollis. Schneider.
Carabus Silensis? Knoch.

Long. 4 $\frac{1}{4}$, 4 $\frac{3}{4}$ lignes. Larg. 1 $\frac{3}{4}$, 2 lignes.

Il se trouve communément dans l'Amérique septentrionale.

XI. PARAMECUS.

Acinopus. *Eschscholtz.*

Les quatre premiers articles des quatre tarses antérieurs très-légèrement dilatés dans les mâles, assez courts et triangulaires ou cordiformes. Dernier article des palpes très-légèrement ovalaire, presque cylindrique et tronqué à l'extrémité. Antennes courtes et filiformes. Lèvre supé-

rieure en carré moins long que large, presque transversale et coupée carrément antérieurement. Mandibules assez fortes, peu avancées, assez arquées et assez aiguës. Une dent simple au milieu de l'échancrure du menton. Corps assez épais et plus ou moins cylindrique. Tête assez grosse, presque carrée et presque renflée postérieurement. Corselet presque carré et rétréci postérieurement. Élytres presque parallèles, plus ou moins allongées.

M. Dejean a donné à ce nouveau genre le nom de *Paramecus*, tiré du mot grec παραμηκης, oblong.

Il l'a établi sur deux espèces de l'extrémité de l'Amérique méridionale, qui présentent toutes les deux les caractères génériques suivans.

La lèvre supérieure est en carré moins long que large, presque transversale, et sa partie antérieure est coupée presque carrément. Les mandibules sont assez fortes, peu avancées, assez arquées et assez aiguës. Le menton est assez court, assez concave, fortement échancré, et il a une dent simple au milieu de son échancrure. Les palpes extérieurs sont peu saillans; leur dernier article est très-légèrement ovalaire, presque cylindrique et tronqué à l'extrémité. Les antennes sont filiformes et à peu près de la longueur du corselet; leur premier article est assez gros, aussi long que les deux suivans réunis et très-légèrement courbé; les trois suivans sont légèrement obconiques; le second est le plus court de tous; le troisième est un peu plus long que le quatrième; les suivans sont égaux entre eux, un peu comprimés, très-légèrement ovalaires et presque cylindriques; le dernier est un peu plus long que les autres et terminé en pointe obtuse. Les pattes sont courtes. Les jambes antérieures sont fortement échancrées. Les quatre premiers articles des tarses antérieurs sont très-légèrement dilatés dans les mâles ; les trois premiers sont courts et triangulaires ; le quatrième est bifide à l'extrémité et presque cordiforme. Les quatre premiers articles des tarses intermédiaires sont légèrement triangulaires, et paraissent encore moins sensiblement dilatés que ceux des tarses antérieurs.

P. Cylindricus.

Pl. 173. fig. 4.

Obscure niger, subcylindricus ; thorace subquadrato, postice subangustato, utrinque impresso ; elytris obscure viridi-æneis, elongatis, parallelis striatis ; antennis pedibusque rufo-piceis.

Dej. *Spec.* iv. p. 44. n° 1.

Long. 5 $\frac{1}{4}$ lignes. Larg. 1 $\frac{3}{4}$ ligne.

Il se trouve aux environs de Buénos-Ayres.

XII. CRATOGNATHUS.

Les quatre premiers articles des quatre tarses antérieurs très-légèrement dilatés, assez courts et triangulaires ou cordiformes. Dernier article des palpes assez allongé, très-légèrement ovalaire, presque cylindrique et tronqué à l'extrémité. Antennes filiformes et assez courtes. Lèvre supérieure presque carrée, échancrée antérieurement. Mandibules fortes, assez avancées, assez arquées et assez aiguës. Point de dent au milieu de l'échancrure du menton. Corps court et épais. Tête assez grosse, presque carrée et point rétrécie postérieurement. Corselet presque cordiforme. Élytres peu allongées, presque parallèles.

M. Dejean a établi ce nouveau genre sur un insecte qui lui a été envoyé par M. Schüppel, et il lui a donné le nom de *Cratognathus*, tiré des deux mots grecs κρατὸς, fort, robuste, et γνάθος, mâchoire.

Voici les caractères génériques observés sur le seul individu qu'il possède, et dont il ignore le sexe :

La lèvre supérieure est assez plane, presque carrée et assez fortement échancrée antérieurement. Les mandibules sont fortes, assez avancées, assez arquées et assez aiguës. Le menton est assez grand, légèrement concave, fortement échancré, et il n'a point de dent au milieu de son échancrure. Les palpes extérieurs sont assez saillans, et assez minces pour la grosseur de l'insecte; leur dernier article est assez allongé, très-légèrement ovalaire, presque cylindrique et tronqué à l'extrémité. Les antennes sont filiformes, à peu près de la longueur de la tête et du corselet réunis, et assez minces pour la grosseur de l'insecte; leur premier article est un peu plus gros que les autres, et presque aussi long que les deux suivans réunis; les trois suivans sont légèrement obconiques; le second est le plus court de tous; le troisième est un peu plus long que le quatrième; les suivans sont égaux et cylindriques; le dernier est terminé en pointe obtuse. Les pattes sont courtes et peu fortes. Les jambes antérieures sont assez fortement échancrées. Les quatre premiers articles des quatre tarses antérieurs sont assez courts et très-légèrement dilatés; les trois premiers sont triangulaires, et le quatrième légèrement bifide à l'extrémité et presque cordiforme.

C. Mandibularis.

Pl. 173. fig. 5.

Nigro-piceus; thorace subcordato, postice utrinque impresso; elytris subparallelis, striatis, puncto postico impresso; antennis pedibusque ferrugineis.

Dej. *Spec.* iv. p. 48. n° 1.

Long. 2 ¼ lignes. Larg. 1 ⅔ ligne.

Il se trouve à Buénos-Ayres.

XIII. AGONODERUS.

STENOLOPHUS. *Dej. Catal.* FERONIA. *Say.* CARABUS. *Fabr.*

Les quatre premiers articles des quatre tarses antérieurs très-légèrement dilatés dans les mâles, et triangulaires ou cordiformes. Dernier article des palpes très-légèrement ovalaire, presque cylindrique et tronqué à l'extrémité. Antennes filiformes et assez courtes. Lèvre supérieure en carré moins long que large. Mandibules peu avancées, assez arquées et peu aiguës. Point de dent au milieu de l'échancrure du menton. Corps assez allongé et presque cylindrique. Tête presque triangulaire, non rétrécie postérieurement. Corselet ovalaire ou en carré dont les angles sont arrondis. Élytres assez allongées et presque parallèles.

M. Dejean a établi ce nouveau genre sur les *Carabus Lineola* et *Pallipes* de Fabricius, et il lui a donné le nom d'*Agonoderus*, tiré des mots grecs α privatif, γωνία, angle, et δέρη, col.

Les insectes qui le composent ont, au premier coup d'œil, beaucoup de rapports avec le *Stenolophus Vaporariorum*, mais ils en diffèrent beaucoup par leurs caractères génériques, qui les rapprochent plutôt des *Daptus*. Comme dans ces derniers, les tarses des mâles sont si faiblement dilatés qu'il est extrêmement difficile de distinguer les sexes; il est même possible que ces insectes n'appartiennent pas réellement à cette tribu.

Voici les caractères génériques observés sur les trois espèces que M. Dejean possède, qui sont toutes les trois de l'Amérique septentrionale :

La lèvre supérieure est presque plane, en carré moins long que large, et coupée presque carrément à sa partie antérieure. Les mandibules sont peu avancées, assez arquées et peu aiguës. Le menton est assez court, légèrement concave, assez fortement échancré, et il n'a point de dent au milieu de son échancrure; mais il n'est point échancré en arc de cercle, et le fond de l'échancrure est coupé carrément et presque un peu convexe. Les palpes extérieurs sont assez saillans; leur dernier article est très-légèrement ovalaire, presque cylindrique et tronqué à l'extrémité. Les antennes sont filiformes, courtes, et un peu plus longues que le corselet; leur premier article est plus gros que les autres, aussi long que les deux suivans réunis et très-légèrement courbé; les trois suivans sont légèrement obconiques; le second est le plus court de tous; le troisième est un peu plus long que le quatrième; le cinquième et les suivans sont égaux entre eux, très-légèrement ovalaires et presque en carré dont les angles sont arrondis; le dernier est un peu plus long que les précédens et terminé en pointe obtuse. Le corps est assez allongé et presque cylindrique. La tête est presque triangulaire, et n'est point rétrécie postérieurement. Le corselet est ovalaire ou en carré dont les angles sont arrondis. Les élytres sont assez allongées et presque parallèles. Les pattes sont peu allongées. Les jambes antérieures sont assez fortement échancrées. Les quatre premiers articles des quatre tarses antérieurs sont très-légèrement dilatés dans les mâles; les trois premiers sont triangulaires; le premier est un peu plus long que les autres; le quatrième est bifide à l'extrémité et presque cordiforme.

1. A. Lineola.

Pl. 173. fig. 6.

Testaceus; capitis macula, thoracis maculis duabus, elytrorumque vitta media abbreviata antice furcata, nigris.

Dej. *Spec.* iv. p. 51. n° 1.
Carabus Lineola. Fabr. *Sys. El.* i. p. 197. n° 149.
Oliv. iii. 35. p. 78. n° 103. t. 7. fig. 75.
Sch. *Syn. Ins.* i. p. 205. n° 203.
Feronia Lineola. Say. *Transactions of the American phil. Society. new series.* ii. p. 37. n° 6.
Carabus Furcatus? Fabr. *Sys. El.* i. p. 206. n° 197.

Long. 3 $\frac{1}{4}$, 3 $\frac{3}{4}$ lignes. Larg. 1 $\frac{1}{3}$, 1 $\frac{2}{3}$ ligne.

Il se trouve dans l'Amérique septentrionale.

XIV. BARYSOMUS.

CARABUS. *Fabricius.*

Les quatre premiers articles des quatre tarses antérieurs très-légèrement dilatés, courts, serrés, triangulaires ou cordiformes. Dernier article des palpes très-légèrement ovalaire, presque cylindrique et tronqué à l'extrémité. Antennes courtes et filiformes. Chaperon fortement échancré en arc de cercle. Lèvre supérieure très-courte et presque transversale. Mandibules obtuses et ne dépassant pas la lèvre supérieure. Menton échancré en arc de cercle; point de dent au milieu de son échancrure. Corps court et assez épais. Tête courte, large, presque transversale et point rétrécie postérieurement. Corselet en carré moins long que large. Élytres courtes, très-légèrement ovales et presque parallèles.

M. Dejean a établi ce genre sur deux insectes des Indes orientales et sur un troisième du Mexique, qui paraissent, par leurs caractères, bien distincts de tous les autres Carabiques, et il lui a donné le nom de *Barysomus*, tiré des deux mots grecs βαρὸς, lourd, pesant, et σῶμα, corps.

Il ne possède qu'un individu de chacune de ces trois espèces, et il n'a pu reconnaître à quel sexe ils appartenaient.

Les *Barysomus* sont des insectes au-dessous de la taille

moyenne, ressemblant un peu aux *Amara* par le *facies*, mais ayant une forme plus carrée et moins ovale.

Voici les caractères génériques qu'ils présentent :

Le chaperon est fortement échancré en arc de cercle. La lèvre supérieure est très-courte, presque transversale, et ne dépasse presque pas les parties latérales du chaperon. Les mandibules sont arquées, obtuses, et entièrement cachées par la lèvre supérieure. Le menton est assez court, légèrement concave, fortement échancré en arc de cercle, et il n'a point de dent au milieu de son échancrure. Les palpes extérieurs sont assez courts; leur dernier article est très-légèrement ovalaire, presque cylindrique et tronqué à l'extrémité. Les antennes sont filiformes, courtes et guère plus longues que le corselet; les quatre premiers articles sont très-légèrement obconiques; le premier est presque aussi long que les deux suivans réunis; le second est le plus court de tous; le troisième est un peu plus long que le quatrième; le cinquième et les suivans sont égaux entre eux, cylindriques, et presque en carré dont les angles sont arrondis. Le corps est court, assez épais, assez large et presque en carré allongé. La tête est large, courte, presque transversale et non rétrécie postérieurement. Les yeux ne sont pas saillans. Le corselet est court, en carré moins long que large ou très-légèrement trapézoïde et presque transversal. Les élytres sont assez courtes, très-légèrement ovales, presque parallèles et assez fortement sinuées près de l'extrémité. Les pattes sont très-courtes. Les jambes antérieures sont assez fortement échancrées. Les quatre premiers articles des tarses antérieurs sont courts, serrés et très-légèrement dilatés; le premier est triangulaire et plus grand que le second; les trois autres sont moins longs que larges et légèrement cordiformes; le troisième est un peu moins grand que le second, et le quatrième l'est un peu moins que le troisième. Les tarses intermédiaires sont moins larges et paraissent encore moins dilatés que les tarses antérieurs; leurs articles sont plus allongés et légèrement triangulaires.

B. Hœpfneri.

Pl. 175. fig. 1.

Obscure æneus; elytris striatis punctisque duobus posticis impressis; antennis pedibusque brunneis.

Dej. *Spec.* IV. p. 57. n° 1.

Long. 4 ½ lignes. Larg. 2 lignes.

Il se trouve au Mexique.

XV. AMBLYGNATHUS.

Harpalus. *Dejean, Catalogue.*

Les quatre premiers articles des quatre tarses antérieurs très-légèrement dilatés et triangulaires ou cordiformes. Der-

nier article des palpes assez allongé, légèrement ovalaire, presque terminé en pointe, mais cependant tronqué à l'extrémité. Antennes filiformes. Chaperon légèrement échancré en arc de cercle. Lèvre supérieure en carré moins long que large. Mandibules assez fortes, arquées, obtuses et presque entièrement cachées par la lèvre supérieure. Menton échancré en arc de cercle; point de dent au milieu de son échancrure. Corps oblong et peu convexe. Tête assez grande, arrondie, coupée presque carrément antérieurement et rétrécie postérieurement. Yeux nullement saillants. Corselet plus ou moins carré ou rétréci postérieurement. Élytres légèrement ovales et presque parallèles.

M. Dejean a établi ce nouveau genre sur quelques espèces de Caïenne et du Brésil, et il lui a donné le nom d'*Amblygnatus*, tiré des deux mots grecs ἀμβλύς, émoussé, obtus, et γνάθος, mâchoire.

Les insectes qui le composent sont de taille moyenne, de couleur noire ou métallique; ils se rapprochent beaucoup des *Harpalus* par leur *facies*, et ils appartiennent évidemment à cette tribu; mais, ne possédant qu'un petit nombre d'individus de chaque espèce, qui pour la plupart même ne sont pas très-bien conservés, il n'a pu s'assurer positivement à quels sexes ils appartenaient; il les croit tous femelles.

Quoi qu'il en soit, voici les caractères observés dans les individus qu'il possède.

Le chaperon est légèrement échancré en arc de cercle. La lèvre supérieure est plane, en carré moins long que large et coupée presque carrément à sa partie antérieure. Les mandibules sont assez fortes, assez arquées, obtuses et presque entièrement cachées par la lèvre supérieure. Le menton est assez court, légèrement concave, fortement échancré en arc de cercle, et il n'a point de dent au milieu de son échancrure. Les palpes extérieurs sont peu saillans; leur dernier article est assez allongé, légèrement ovalaire, presque terminé en pointe, mais cependant distinctement tronqué à l'extrémité. Les antennes sont filiformes et plus courtes que la tête et le corselet réunis; leurs trois premiers articles sont légèrement obconiques; le premier est un peu plus gros que les autres et plus court que les deux suivans réunis; le second est le plus court de tous; le troisième est un peu plus long que le quatrième; celui-ci et les suivans sont égaux entre eux, assez allongés et cylindriques. Le corps est oblong et peu convexe. La tête est assez grande, arrondie, coupée presque carrément antérieurement, rétrécie postérieurement, peu convexe, et marquée antérieurement de deux impressions obliques bien distinctes. Les yeux ne sont nullement saillans. Le corselet est plus ou moins carré, ou plus ou moins rétréci postérieurement. Les élytres sont légèrement ovales et presque parallèles. Les pattes ne sont pas très-fortes pour la grosseur de l'insecte. Les jambes antérieures sont assez fortement échancrées. Les quatre premiers articles des quatre tarses antérieurs ne paraissent pas sensiblement dilatés; les trois premiers sont assez allongés et très-légèrement triangulaires; le quatrième est bifide à l'extrémité et très-légèrement cordiforme.

A. Cephalotes.

Pl. 175. fig. 2.

Niger, nitidus; thorace quadrato, postice subangustato; elytris striatis, interstitiis alternatim punctatis, obsoletis impressis lineatim dispositis; antennis pedibusque brunneis.

Dej. *Spec.* IV. p. 63. n° 1.
Harpalus Cephalotes. Dej. *Cat.* p. 15.

Long. 5, 5 ½ lignes. Larg. 1 ¾, 2 lignes.

Il se trouve à Caïenne.

XVI. PLATYMETOPUS.

Carabus. *Schœnherr.* Harpalus. *Dejean, Catalogue.* Ophonus. *Eschscholtz.*

Les quatre premiers articles des quatre tarses antérieurs assez fortement dilatés dans les mâles et triangulaires ou cordiformes. Dernier article des palpes assez allongé, ovalaire et presque renflé. Antennes filiformes. Lèvre supérieure presque trapézoïde et légèrement arrondie antérieurement. Mandibules peu avancées, légèrement arquées et assez aiguës. Menton échancré en arc de cercle ; point de dent au milieu de son échancrure. Corps peu convexe et assez allongé. Tête arrondie, plane antérieurement, rétrécie postérieurement. Yeux plus ou moins saillans. Corselet plus ou moins carré ou rétréci postérieurement. Élytres assez allongées, très-légèrement ovales et presque parallèles.

M. Dejean a formé ce nouveau genre sur quelques espèces du Sénégal et des parties orientales de l'Asie, et il lui a donné le nom de *Platymetopus*, tiré des deux mots grecs πλατὺς, aplati, large, μέτωπον, front.

Les insectes qui le composent se rapprochent beaucoup des *Harpalus* par leur *facies ;* ils sont tous au-dessous de la taille moyenne, entièrement ponctués et ordinairement recouverts d'un duvet plus ou moins serré. Ils présentent tous les caractères suivans :

La lèvre supérieure est presque plane ou très-légèrement convexe, presque trapézoïde et légèrement arrondie antérieurement. Les mandibules sont peu avancées, assez arquées et assez aiguës. Le menton est assez court, légèrement concave, fortement échancré en arc de cercle, et il n'a point de dent au milieu de son échancrure. Les palpes extérieurs sont assez saillans; leur dernier article est assez allongé, ovalaire, presque renflé, presque terminé en pointe, mais cependant distinctement tronqué à l'extrémité. Les antennes sont filiformes et plus courtes que la tête et le corselet réunis; le premier article est plus gros que les autres, légèrement courbé et presque aussi long que les deux suivans réunis; ceux-ci sont très-légèrement obconiques; le second est le plus court de tous; le troisième est un peu plus long que le quatrième; celui-ci et les suivans sont égaux entre eux, assez allongés et cylindriques. Le corps est peu convexe et assez allongé. La tête est arrondie et rétrécie postérieurement; sa partie antérieure est assez plane, et l'on n'aperçoit aucune impression sensible entre les antennes. Les yeux sont plus ou moins saillans. Le corselet est plus ou moins carré ou rétréci postérieurement. Les élytres sont assez allongées, très-légèrement ovales et presque parallèles. Les pattes ne sont pas très-fortes pour la grosseur de l'insecte. Les jambes antérieures sont assez fortement échancrées. Les quatre premiers articles des quatre tarses antérieurs sont assez fortement dilatés dans les mâles; les trois premiers sont triangulaires, et le quatrième cordiforme et presque bilobé.

P. Quadrimaculatus.

Pl. 175. fig. 3.

Supra obscure æneus, punctatus; elytris striato-punctatis, maculis duabus pedibusque ferrugineis.

Dej. *Spec.* iv. p. 70. n° 1.

Long. 3, 3 ¼ lignes. Larg. 1 ¼, 1 ⅓ ligne.

Il se trouve aux Indes orientales.

XVII. GYNANDROPUS.

Les quatre premiers articles des quatre tarses antérieurs dilatés dans les mâles; le premier des tarses antérieurs très-légèrement triangulaire; les trois suivans beaucoup plus petits, triangulaires et presque cordiformes. Le premier des tarses antérieurs des femelles fortement dilaté et très-légèrement triangulaire. Le dernier article des palpes extérieurs assez allongé, légèrement ovalaire et tronqué à l'extrémité. Antennes filiformes. Lèvre supérieure assez courte et presque arrondie antérieurement. Mandibules courtes, arquées et assez aiguës. Point de dent au milieu de l'échancrure du menton. Corps oblong. Tête ovale. Corselet presque carré, arrondi sur les côtés. Élytres allongées, presque parallèles.

M. Dejean a donné à ce nouveau genre le nom de *Gynandropus*, tiré des trois mots grecs γυνὴ, femelle, ἀνδρὸς, mâle, ποῦς, pied.

Il est formé sur un insecte de l'Amérique septentrionale qui, par la dilatation du premier article des tarses antérieurs des femelles, se rapproche des *Gynandromorphus*, mais qui s'en éloigne beaucoup par ses autres caractères génériques.

La lèvre supérieure est assez courte et presque arrondie antérieurement. Les mandibules sont courtes, presque entièrement cachées par la lèvre supérieure, arquées et assez aiguës. Le menton est assez court, légèrement concave, fortement échancré, et il n'a pas de dent sensible au milieu de son échancrure. Les palpes extérieurs sont assez saillans; leur dernier article est assez allongé, un peu renflé dans le milieu, légèrement ovalaire et tronqué à l'extrémité. Les antennes sont filiformes et plus courtes que la moitié du corps; le premier article est un peu plus gros que les autres et presque cylindrique; les deux suivans sont un peu plus minces que les autres et très-légèrement obconiques; le second est le plus court de tous; le troisième est à peu près de la longueur du premier; le quatrième est un peu plus court que le troisième et très-légèrement obconique; les suivans sont de la longueur du quatrième, presque cylindrique ou en carré très-allongé, dont les angles sont arrondis; le dernier est terminé en pointe obtuse. Les pattes sont peu allongées et assez fortes pour la grosseur de l'insecte. Les jambes antérieures sont assez fortement échancrées intérieurement. Les quatre premiers articles des tarses antérieurs sont assez fortement dilatés dans les mâles; le premier est assez grand, légèrement triangulaire et presque trapézoïde; le second est moitié plus petit que le premier, et les deux suivans sont un peu plus petits que le second; tous les trois sont aussi longs que larges, triangulaires, bifides à l'extrémité et presque cordiformes. Ceux des tarses intermédiaires sont moins fortement dilatés que ceux des tarses antérieurs, et le premier article n'est pas sensiblement plus grand que les autres. Le premier article des tarses antérieurs des femelles est aussi légèrement triangulaire, presque trapézoïde, beaucoup plus grand que les suivans et même un peu plus grand que celui des mâles. Le premier article des tarses intermédiaires est aussi plus grand que les suivans sans l'être cependant à beaucoup près autant que celui des tarses antérieurs.

G. AMERICANUS.

Pl. 175. fig. 4.

Niger : thorace ovato, postice utrinque foveolato; elytris striatis, interstitiis alternatim punctis minutis impressis, linea dispositis ; antennis pedibusque testaceis.

DEJ. *Spec.* v. *Suppl.* p. 818. n° 1.

Long. 3 $\frac{1}{4}$ lignes. Larg. 1 $\frac{1}{4}$ ligne.

Il se trouve dans l'Amérique septentrionale.

XVIII. SELENOPHORUS.

HARPALUS. *Sturm. Dejean, Catalogue.* CARABUS. *Fabricius.*

Les quatre premiers articles des quatre tarses antérieurs assez fortement dilatés dans les mâles, et triangulaires ou cordiformes. Dernier article des palpes légèrement ovalaire, presque cylindrique et tronqué à l'extrémité. Antennes filiformes et assez courtes. Lèvre supérieure en carré moins long que large. Mandibules peu avancées, assez arquées et peu aiguës. Menton échancré en arc de cercle; point de dent au milieu de son échancrure. Corps oblong, plus ou moins allongé. Tête arrondie, un peu rétrécie postérieurement. Corselet plus ou moins carré. Élytres plus ou moins allongées, légèrement ovales et presque parallèles.

Le nom de ce nouveau genre est tiré des deux mots grecs σελήνις, lunule, croissant, et φέρω, je porte.

Voici les caractères génériques que l'on observe sur tous les insectes qui composent les deux divisions de ce genre :

La lèvre supérieure est presque plane ou très-légèrement convexe, en carré moins long que large, quelquefois légèrement trapézoïde, très-légèrement échancrée ou coupée carrément à sa partie antérieure. Les mandibules sont peu avancées, assez arquées et peu aiguës. Le menton est assez court, légèrement concave, profondément échancré en arc de cercle, et il n'a point de dent au milieu de son échancrure. Les palpes sont peu saillans; leur dernier article est légèrement ovalaire, presque cylindrique et tronqué à l'extrémité. Les antennes sont filiformes et plus courtes que la tête et le corselet réunis; leur premier article est plus gros que les autres, et à peu près aussi long que les deux suivans réunis, qui sont très-légèrement obconiques; le second est le plus court de tous; le troisième est un peu plus long que le quatrième; celui-ci et les suivans sont égaux entre eux, assez allongés et cylindriques. Le corps est oblong, plus ou moins allongé. La tête est assez arrondie et un peu rétrécie postérieurement. Les yeux sont plus ou moins saillans. Le corselet est plus ou moins carré, quelquefois trapézoïde et quelquefois plus ou moins rétréci postérieurement. Les élytres sont plus ou moins allongées, légèrement ovales et presque parallèles. Les pattes sont peu allongées et assez fortes pour la grosseur de l'insecte. Les jambes antérieures sont assez fortement échancrées. Les quatre premiers articles des tarses antérieurs sont assez fortement dilatés dans les mâles; les trois premiers sont aussi longs que larges, triangulaires ou très-légèrement cordiformes, et le quatrième est assez fortement cordiforme; ceux des tarses intermédiaires sont moins larges que ceux des tarses antérieurs, mais toujours distinctement dilatés.

1. S. Impressus.

Pl. 175. fig. 5.

Oblongo-ovatus, æneus; thorace quadrato, subtransverso, postice utrinque impresso, angulis posticis obtusis; elytris striatis, interstitiis alternatim foveolis excavatis impressis, lineatim dispositis; thoracis margine tenuissimo elytrorumque ad apicem latiori, antennarum basi pedibusque testaceis.

Dej. *Spec.* iv. p. 82. n° 1.

Harpalus Impressus. Dej. *Cat.* p. 15.

Harpalus Stigmosus. Germar. *Coleopt. Sp. Nov.* p. 25. n° 41.

Carabus Palliatus? Fabr. *Sys. El.* 1. p. 199. n° 160.

Long. 3 $\frac{1}{2}$, 4 $\frac{1}{4}$ lignes. Larg. 1 $\frac{1}{2}$, 1 $\frac{3}{4}$ ligne.

Il se trouve communément dans l'Amérique septentrionale.

2. S. Scaritides. *Ziegler.*

Pl. 175. fig. 6.

Oblongo-ovatus, niger; thorace subrotundato, postice subangustato, utrinque foveolato; elytris brevioribus, striatis; antennis tarsisque ferrugineis.

Dej. *Spec.* IV. p. 129. n° 41.
Pangus Scaritides. Dej. *Cat.* p. 13.
Harpalus Scaritides. Sturm. IV. p. 81. n° 47. T. 91. fig. c. C.

Long. 4 lignes. Larg. 1 $\frac{1}{2}$ ligne.

Un peu plus petit que l'*Harpalus Æneus*, proportionnellement plus court, plus convexe et entièrement en dessus d'un noir peu brillant.

Tête assez grosse, à peine rétrécie postérieurement, lisse, assez convexe, avec les antennes d'un rouge ferrugineux.

Corselet plus large que la tête, moins long que large, assez court, presque arrondi, un peu rétréci postérieurement et légèrement convexe, avec quelques rides ondulées et une ligne médiane fine assez marquée; de chaque côté de la base, une petite impression presque arrondie, fortement marquée; le bord antérieur légèrement échancré; les angles antérieurs presque arrondis; les côtés légèrement rebordés; les angles postérieurs arrondis et presque pas marqués; la base coupée presque carrément.

Élytres plus larges que le corselet, peu allongées, presque parallèles, assez convexes, très-légèrement sinuées et presque tronquées un peu obliquement à l'extrémité, ayant chacune neuf stries lisses; les intervalles presque planes, sans aucun point enfoncé. Des ailes sous les élytres.

Dessous du corps, cuisses et jambes noirs, avec les tarses, les trocanters et les épines des jambes d'un brun ferrugineux.

Il se trouve en Autriche.

XIX. ANISODACTYLUS.

Harpalus. *Gyllenhal. Sturm. Dejean, Catalogue.*
Carabus. *Fabricius.*

Les deuxième, troisième et quatrième articles des quatre tarses antérieurs très-fortement dilatés dans les mâles; les deuxième et troisième des tarses antérieurs moins longs que larges et très-légèrement cordiformes; le quatrième très-fortement cordiforme et presque bilobé. Dernier article des palpes assez allongé, très-légèrement ovalaire, presque cylindrique et tronqué à l'extrémité. Antennes fili-

formes et assez courtes. Lèvre supérieure en carré moins long que large. Mandibules peu avancées, assez arquées et assez aiguës. Point de dent au milieu de l'échancrure du menton. Corps oblong plus ou moins allongé. Tête plus ou moins arrondie, un peu rétrécie postérieurement. Corselet plus ou moins carré ou trapézoïde. Élytres plus ou moins allongées, souvent presque parallèles, quelquefois en demi-ovale.

M. Dejean a établi ce genre sur les *Carabus Heros* et *Binotatus* de Fabricius, *Signatus* d'Illiger, et sur quelques autres espèces d'Europe, du Sénégal, de Java et de l'Amérique septentrionale, et lui a donné le nom d'*Anisodactylus*, tiré des deux mots grecs ἄνισος, inégal, et δάκτυλος, doigt.

Voici les caractères génériques que l'on observe sur toutes les espèces de ce genre; ils sont toujours constans:

La lèvre supérieure est presque plane ou très-légèrement convexe, en carré moins long que large, très-légèrement échancrée ou coupée carrément à sa partie antérieure. Les mandibules sont peu avancées, assez arquées et peu aiguës. Le menton est assez grand, légèrement concave, fortement échancré, et il n'a point de dent au milieu de son échancrure; mais il n'est point échancré en arc de cercle, et le fond de l'échancrure est coupé presque carrément. Les palpes extérieurs sont assez saillans; leur dernier article est assez allongé, très-légèrement ovalaire, presque cylindrique et tronqué à l'extrémité. Les antennes sont filiformes et ordinairement plus courtes que la tête et le corselet réunis; leur premier article est plus gros que les autres, et à peu près aussi long que les deux suivans réunis, qui sont très-légèrement obconiques; le second est le plus court de tous; le troisième est à peine plus long que le quatrième; celui-ci et les suivans sont cylindriques, très-légèrement comprimés et presque en carré allongé; le dernier est ovalaire et terminé en pointe obtuse. Le corps est oblong, plus ou moins allongé. La tête est plus ou moins arrondie et un peu rétrécie postérieurement. Le corselet est plus ou moins carré ou trapézoïde. Les élytres sont plus ou moins allongées, souvent presque parallèles, quelquefois en demi-ovale. Les pattes sont peu allongées et assez fortes pour la grosseur de l'insecte. Les jambes antérieures sont assez fortement échancrées. Le premier article des tarses antérieurs des mâles est triangulaire, et ne paraît pas sensiblement plus grand que dans les femelles; les trois suivans sont très-fortement dilatés, moins longs que larges et beaucoup plus grands que le premier; le deuxième et le troisième sont très-légèrement cordiformes ou en triangle dont les côtés sont arrondis, et le quatrième très-fortement cordiforme et presque bilobé. Les articles des tarses intermédiaires sont disposés comme ceux des tarses antérieurs; mais ils sont ordinairement moins larges et moins fortement dilatés, à l'exception toutefois des espèces qui se rapprochent par la forme des *Amara*, dans lesquelles ils sont presque aussi grands que ceux des tarses antérieurs; ces articles sont tous couverts en dessous de poils courts et serrés formant une espèce de brosse.

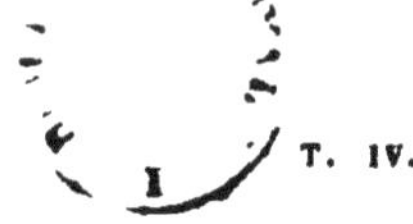

1. A. Heros.

Pl. 176. fig. 1.

Testaceus; thorace, pectore elytrisque dimidiato postice nigris.

Dej. *Spec.* iv. p. 134. n° 1.
Carabus Heros. Fabr. *Sys. El.* i. p. 204. n° 188.
Sch. *Syn. Ins.* i. p. 213. n° 254.
Harpalus Heros. Dej. *Cat.* p. 15.

Long. 4 ⅔, 5 ½ lignes. Larg. 1 ¾, 2 lignes.

A peu près de la taille de l'*Harpalus Æneus.*

Tête entièrement d'un jaune-testacé un peu roussâtre.

Corselet noir, tant en dessus qu'en dessous, avec une bordure latérale très-étroite d'un brun ferrugineux, plus large que la tête, moins long que large, assez court, presque carré, légèrement arrondi sur les côtés et un peu convexe, couvert de petites rides ondulées peu distinctes; la ligne médiane peu marquée; de chaque côté de la base une impression longitudinale assez large et fortement marquée; le bord antérieur assez échancré; les angles antérieurs presque arrondis; la base très-légèrement échancrée dans son milieu et presque coupée carrément.

Élytres striées, d'un jaune-testacé un peu roussâtre depuis la base jusqu'au tiers de leur longueur; toute la partie postérieure noire et paraissant former une grande tache cordiforme; trois points enfoncés bien distincts sur le troisième intervalle.

Dessous de la poitrine noir, avec l'abdomen et les pattes d'un jaune-testacé un peu plus pâle que la tête et la base des élytres.

Il se trouve sur la côte de Barbarie, dans le midi de l'Espagne et en Portugal.

2. A. Virens.

Pl. 176. fig. 2.

Supra viridi-æneus; thorace quadrato, postice utrinque foveolato, foveis punctulatis, angulis posticis rotundatis; elytris striatis, interstitio tertio postice punctis duobus vel tribus impresso; antennis basi rufis.

Dej. *Spec.* IV. p. 135. n° 2.

Long. 4 ½, 5 ½ lignes. Larg. 1 ¾, 2 ¼ lignes.

Ordinairement un peu plus petit que le *Binotatus*, proportionnellement plus étroit et d'un vert bronzé plus ou moins clair.

Corselet un peu plus étroit, moins court et un peu plus convexe que celui du *Binotatus*, avec la ligne médiane peu marquée; de chaque côté de la base, une impression longitudinale assez large et assez fortement marquée; le bord antérieur légèrement échancré; les angles antérieurs légèrement arrondis; les côtés assez fortement rebordés; les angles postérieurs arrondis; la base très-légèrement échancrée dans son milieu et coupée presque carrément.

Élytres un peu plus étroites et un peu plus allongées que celles du *Binotatus*, paraissant lisses, même avec une forte loupe, striées à peu près de la même manière; ordinairement, deux points enfoncés distincts sur le troisième intervalle.

Dessous du corps noir, avec le milieu un peu verdâtre ainsi que les cuisses et les trocanters; les jambes et les tarses d'un brun noirâtre.

Il se trouve assez communément dans le midi de la France.

3. A. Pseudoæneus.

Pl. 176. fig. 3.

Supra viridi-æneus; thorace quadrato, antice posticeque punctato, postice utrinque foveolato, angulis posticis obtusis; elytris obsolete punctulatis, interstitio tertio postice punctis duobus impresso; antennarum basi tarsisque rufis.

Dej. *Spec.* iv. p. 137. n° 3.
Harpalus Pseudoæneus. Steven.

Long. 5 $\frac{1}{4}$ lignes. Larg. 2 $\frac{1}{4}$ lignes.

A peu près de la taille du *Virens*, proportionnellement

un peu plus large et, comme lui, d'un vert bronzé en dessus.

Tête couverte de points enfoncés assez distincts et assez éloignés les uns des autres.

Corselet plus large, plus court et un peu plus arrondi sur les côtés, avec la ligne médiane plus marquée; l'impression de chaque côté de la base plus large; les côtés un peu moins rebordés; les angles postérieurs plus obtus et moins arrondis.

Élytres un peu plus larges que celles du *Virens*, paraissant, avec une forte loupe, couvertes de très-petits points enfoncés très-peu marqués et assez éloignés les uns des autres, striées à peu près de la même manière, et ayant de même deux points enfoncés sur le troisième intervalle.

Dessous du corps, cuisses et jambes, à peu près comme dans le *Virens*, avec les tarses d'un brun-ferrugineux un peu roussâtre.

Il se trouve en Crimée.

4. A. Signatus.

Pl. 176. fig. 4.

Niger, latior; thorace quadrato, obsolete punctato, postice profundius, utrinque obsolete foveolato; elytris obscure subæneis, striatis.

Dej. *Spec.* IV. p. 138. n° 4.

Carabus Signatus. Illiger. *Kæfer Preus.* 1. p. 174. n° 44.

Panzer. *Fauna German.* 38. n° 4.

Sch. *Syn. Ins.* 1. p. 181. n° 70.

Duftschmid. ii. p. 87. n° 97.

Harpalus Signatus. Sturm. iv. p. 22. n° 10.

Dej. *Cat.* p. 15.

Harpalus Eschscholtzii. Gebler.

Harpalus Scythicus. Mac-Leay.

Harpalus Rusticus. Dahl. *Coleopt. und Lepidopt.* p. 11.

Long. 5 $\frac{1}{4}$, 5 $\frac{3}{4}$ lignes. Larg. 2 $\frac{1}{4}$, 2 $\frac{2}{3}$ lignes.

Ordinairement plus grand que le *Binotatus*, toujours proportionnellement plus large, d'un noir assez brillant sur la tête et le corselet, et d'un noir obscur très-légèrement bronzé, et quelquefois un peu verdâtre, sur les élytres.

Tête plus large et un peu plus distinctement ponctuée, avec les antennes entièrement d'un brun obscur

Corselet plus large, surtout postérieurement, un peu plus court, point arrondi sur les côtés et un peu plus convexe, couvert de points enfoncés plus distincts, surtout vers la base : les côtés légèrement sinués et tombant carrément sur la base; la base un peu plus échancrée dans son milieu.

Élytres plus larges, un peu plus convexes, striées à peu près de la même manière, n'ayant aucun point enfoncé sur le troisième intervalle; le bord inférieur d'un brun roussâtre.

Dessous du corps, cuisses et jambes noirs.

Il se trouve en France, en Allemagne, en Hongrie, en Russie et en Sibérie.

5. A. Intermedius.

Pl. 177. fig. 1.

Niger; thorace quadrato, postice subangustato, utrinque foveolato; elytris striatis, interstitio tertio puncto impresso; antennarum articulo primo sublus tarsisque rufis.

Dej. *Spec.* IV. p. 139. n° 5.

Long. 6 $\frac{1}{4}$ lignes. Larg. 2 $\frac{1}{3}$ lignes.

Voisin du *Binotatus*, mais plus grand.

Le premier article des antennes ferrugineux, avec une grande tache d'un brun obscur en dessus.

Corselet un peu plus court, un peu rétréci postérieurement, moins sensiblement ponctué surtout vers sa base, un peu plus convexe, avec la ligne médiane moins marquée; l'impression de chaque côté de la base moins large et un peu plus profonde; le bord antérieur un peu moins échancré; les côtés un peu sinués et tombant plus carrément sur la base; le sommet des angles postérieurs légèrement arrondi et la base coupée un peu plus carrément.

Élytres ayant à peu près la même forme, striées et ponctuées à peu près de la même manière.

Dessous du corps et pattes à peu près comme dans le *Binotatus*.

Il se trouve aux environs de Perpignan.

6. A. Binotatus.

Pl. 177. fig. 2.

Niger ; thorace quadrato, postice punctulato, utrinque obsolete foveolato ; elytris striatis, interstitio tertio puncto impresso ; antennarum articulo primo tarsisque rufis.

Dej. *Spec.* iv. p. 140. n° 6.

Carabus Binotatus. Fabr. *Sys. El.* i. p. 193. n° 126.

Sch. *Syn. Ins.* i. p. 198. n° 176.

Duftschmid. ii. p. 78. n° 83.

Harpalus Binotatus. Gyllenhal. ii. p. 122. n° 34. et iv. p. 440. n° 34.

Sturm. iv. p. 92. n° 53.

Sahlberg. *Dissert. Entom. Ins. Fennica.* p. 239. n° 37.

Dej. *Cat.* p. 15.

Long. 4 $\frac{3}{4}$, 5 $\frac{1}{4}$ lignes. Larg. 1 $\frac{3}{4}$, 2 lignes.

Un peu plus grand que l'*Harpalus Æneus*, proportionnellement un peu plus large et d'un noir assez brillant, avec deux taches arrondies, souvent réunies, d'un brun rougeâtre, plus ou moins apparentes, quelquefois nulles, entre les yeux.

Tête presque arrondie, avec le premier article des antennes d'un rouge ferrugineux.

Corselet plus large que la tête, moins long que large, presque carré, légèrement arrondi sur les côtés et peu convexe, paraissant, avec une très-forte loupe, couvert de points enfoncés à peine sensibles, avec la ligne médiane assez marquée; de chaque côté de la base, une impression oblongue assez large, quelquefois presque arrondie et peu profonde; le bord antérieur assez fortement échancré; les angles antérieurs légèrement arrondis; les côtés rebordés et un peu déprimés, surtout vers la base, avec laquelle ils forment un angle droit; la base très-légèrement échancrée dans son milieu et coupée presque carrément.

Élytres plus larges que le corselet, assez allongées, très-légèrement ovales, presque parallèles, peu convexes et sinuées obliquement à l'extrémité, assez fortement striées; les intervalles un peu relevés; un point enfoncé bien marqué sur le troisième : des ailes sous les élytres.

Dessous du corps, cuisses et jambes noirs, avec les tarses et les épines des jambes d'un brun roussâtre.

Il se trouve communément dans les champs, en France, en Suède, en Allemagne, en Autriche, en Dalmatie, en Russie, en Sibérie et en Barbarie.

7. A. Spurcaticornis. *Ziegler*.

Pl. 177. fig. 3.

Niger; thorace quadrato, postice punctulato, utrinque ob-

solete foveolato; elytris striatis, interstitio tertio puncto impresso; antennarum articulo primo pedibusque rufis.

Dej. *Spec.* iv. p. 142. n° 7.
Harpalus Spurcaticornis. Dej. *Cat.* p. 15.
Carabus Binotatus. var. d. Duftschmid. ii. p. 78. n° 83.
Harpalus Binotatus. var. b. Sturm. iv. p. 92. n° 53.
Gyllenhal? ii. p. 122. n° 34. et iv. p. 440. n° 34.
Sahlberg. *Dissert. Entom. Ins. Fennica.* p. 239. n° 37.

Long. 4 $\frac{3}{4}$, 5 $\frac{1}{4}$ lignes. Larg. 1 $\frac{3}{4}$, 2 lignes.

Très-voisin du *Binotatus*, dont il n'est probablement qu'une variété : il n'en diffère que par les pattes et les trocanters, qui sont entièrement d'un rouge ferrugineux.

Il se trouve assez communément en France, en Italie, en Allemagne, en Autriche, en Dalmatie et en Volhynie.

8. A. Gilvipes. *Ziegler.*

Pl. 177. fig. 4.

Niger; thorace quadrato, postice punctulato, utrinque obsolete foveolato; elytris striatis brevioribus, interstitio tertio puncto impresso; antennarum articulo primo pedibusque testaceis.

Dej. *Spec.* iv. p. 143. n° 8.

Harpalus Gilvipes. Dej. *Cat*. p. 15.

Harpalus Rufipes. Bonelli.

Carabus Nemorivagus? Knoch. Duftschmid. II. p. 79. n° 84.

Harpalus Nemorivagus? Sturm. IV. p. 94. n° 54. T. 93. fig. a. A.

Long. 3 $\frac{1}{2}$, 4 $\frac{1}{4}$ lignes. Larg. 1 $\frac{1}{3}$, 1 $\frac{3}{4}$ ligne.

Très-voisin du *Sparcaticornis*, mais plus petit et proportionnellement moins allongé.

Élytres plus courtes et plus fortement sinuées à l'extrémité; les stries un peu moins marquées, et les intervalles un peu moins relevés.

Pattes et premier article des antennes d'une couleur un peu moins rouge et un peu plus jaune.

Il se trouve en France, en Italie, en Autriche, en Volhynie et en Styrie.

XX. BRADYBÆNUS.

Amara. *Dejean*, *Catalogue*. Carabus. *Olivier*.

Les quatre premiers articles des quatre tarses antérieurs très-légèrement dilatés dans les mâles : ceux des tarses postérieurs courts, serrés et triangulaires ou cordiformes; ceux des intermédiaires plus allongés et très-légèrement triangulaires. Dernier article des palpes très-légèrement ovalaire, presque cylindrique et tronqué à l'extrémité. Antennes courtes et filiformes. Lèvre supérieure en carré moins long que large. Mandibules peu avancées, arquées et peu aiguës. Menton échancré en arc de cercle; point de dent au milieu de son échancrure. Corps court et peu convexe. Tête presque arrondie, très-légèrement rétrécie postérieurement. Corselet moins long que large et presque carré. Élytres assez courtes et presque parallèles.

M. Dejean a établi ce nouveau genre sur le *Carabus Scalaris* d'Olivier et sur l'*Amara Dorsalis* de son catalogue, et il lui a donné le nom de *Bradybænus*, tiré des deux mots grecs βραδὺς, lent, paresseux, et βαίνω, je marche.

Ces deux insectes se rapprochent beaucoup des *Amara* par la forme; voici les caractères génériques qu'ils m'ont présentés.

La lèvre supérieure est presque plane ou très-légèrement convexe, en carré moins long que large, et très-légèrement échancrée à sa partie antérieure. Les mandibules sont peu avancées, arquées et peu aiguës. Le menton est court, légèrement concave, fortement échancré en arc de cercle, et il n'a point de dent au milieu de son échancrure. Les palpes sont peu saillans; leur dernier article est très-légèrement ovalaire, presque cylindrique et tronqué à l'extrémité. Les antennes sont filiformes et plus courtes que la tête et le corselet réunis; leur premier article est plus gros que les autres, presque cylindrique et presque aussi long que les deux suivans réunis; les trois suivans sont obconiques; le second est le plus court de tous; le troisième est un peu plus long que le quatrième;

les suivans sont égaux entre eux, très-légèrement comprimés, presque cylindriques et presque en carré, dont les angles sont arrondis; le dernier est ovalaire et terminé en pointe obtuse. Les pattes sont assez courtes et assez fortes pour la grosseur de l'insecte. Les jambes antérieures sont assez fortement échancrées. Les quatre premiers articles des tarses antérieurs sont courts, serrés et très-légèrement dilatés dans les mâles; les trois premiers sont triangulaires, et le quatrième très-légèrement cordiforme; ceux des tarses intermédiaires sont encore moins sensiblement dilatés que ceux des tarses antérieurs; ils sont plus allongés, très-légèrement triangulaires et presque cylindriques.

1. B. Scalaris.

Pl. 178. fig. 1.

Testaceus; thorace vittis duabus, elytris vitta lata subsuturali abbreviata medio dilatata obscure viridi-æneis.

Dej. *Spec.* iv. p. 161. n° 1.

Carabus Scalaris. Oliv. iii. 35. p. 79. n° 105. t. 10. fig. 114.

Sch. *Syn. Ins.* i. p. 205. n° 207.

Amara Signata. Dej. *Cat.* p. 9.

Long. 4 ½ lignes. Larg. 2 lignes.

Il se trouve au Sénégal.

XXI. GEODROMUS.

Les quatre premiers articles des quatre tarses antérieurs assez fortement dilatés dans les mâles, assez courts, assez serrés et triangulaires ou cordiformes. Dernier article des palpes assez allongé, très-légèrement ovalaire, presque cylindrique et tronqué à l'extrémité. Antennes courtes et filiformes. Lèvre supérieure en carré moins long que large et fortement échancrée antérieurement. Mandibules assez avancées, assez arquées et assez aiguës. Une dent simple au milieu de l'échancrure du menton. Corps peu allongé, assez large et peu convexe. Tête presque triangulaire, un peu rétrécie postérieurement. Corselet transversal et presque carré. Élytres peu allongées, légèrement ovales et presque parallèles.

Ce nouveau genre est formé sur un insecte assez commun au Sénégal, et le nom de *Geodromus*, qu'on lui a donné, est tiré des deux mots grecs γῆ, terre, et δρομεὺς, coureur.

Voici les caractères génériques qu'il m'a présentés.

La lèvre supérieure est presque plane, en carré moins long que large et assez fortement échancrée antérieurement. Les mandibules sont assez avancées, assez arquées et assez aiguës. Le menton est court, légèrement concave, très-fortement échancré, et il a une dent simple, obtuse et peu marquée au milieu de son échancrure. Les palpes extérieurs sont assez saillans; leur dernier article est assez allongé, très-légèrement ovalaire, presque cylindrique et tronqué à l'extrémité. Les antennes sont filiformes et plus courtes que la tête et le corselet réunis; le premier article est plus gros que les autres et presque aussi long que les deux suivans réunis; les trois suivans sont très-légèrement obconiques; le second est le plus court de tous; le troisième est à peine plus long que le quatrième; les suivans sont égaux entre eux, presque cylindriques, très-légèrement comprimés et presque en carré allongé dont les angles sont arrondis; le dernier est ovalaire et terminé en pointe obtuse. Les pattes sont courtes et assez fortes pour la grosseur de l'insecte. Les jambes antérieures sont assez fortement échancrées. Les quatre premiers articles des tarses antérieurs sont courts, serrés et assez fortement dilatés dans les mâles; les trois premiers sont triangulaires, et le quatrième légèrement cordiforme; ceux des tarses intermédiaires sont moins larges, plus allongés, mais toujours sensiblement dilatés.

1. G. Dumolinii.

Pl. 178. fig. 2.

Ovatus, nigro-piceus; thorace transverso, subquadrato, postice utrinque obsolete impresso; elytris striatis; antennis pedibusque testaceis.

Dej. *Spec.* IV. p. 165. n° 1.

Long. 4 $\frac{1}{2}$, 5 $\frac{1}{4}$ lignes. Larg. 2, 2 $\frac{1}{3}$ lignes.

Il se trouve au Sénégal.

XXII. HYPOLITHUS.

HARPALUS CHLÆNIUS. *Dejean, Catalogue.* CARABUS. *Olivier.*

Les quatre premiers articles des quatre tarses antérieurs assez fortement dilatés dans les mâles, au moins aussi longs que larges, légèrement triangulaires et bifides à l'extrémité. Dernier article des palpes très-légèrement ovalaire ou presque cylindrique et tronqué à l'extrémité. Antennes filiformes. Lèvre supérieure en carré moins long que large. Mandibules peu avancées, arquées et peu aiguës. Une dent simple, ordinairement obtuse et souvent à peine distincte au milieu de l'échancrure du menton. Corps oblong. Tête plus ou moins arrondie, ou triangulaire, rétrécie postérieurement. Corselet plus ou moins carré. Élytres plus ou moins allongées et presque parallèles.

M. Dejean a établi ce nouveau genre sur quelques espèces du Sénégal et de l'Amérique méridionale, et il lui a donné le nom d'*Hypolithus* tiré des deux mots grecs ὑπὸ, sous, et λίθος, pierre.

Les insectes qui le composent ont les plus grands rapports avec les *Harpalus*, dont ils ne diffèrent presque que par la forme des quatre tarses antérieurs des mâles; ils sont tous de taille moyenne, souvent même assez petits; leur corps est entièrement ponctué, souvent légèrement pubescent, et presque toujours de couleurs sombres ou brunâtres. Ils présentent les caractères suivans :

La lèvre supérieure est presque plane ou très-légèrement convexe, en carré moins long que large, et très légèrement échancrée ou coupée presque carrément à sa partie antérieure. Les mandibules sont peu avancées, arquées et peu aiguës. Le menton est assez court, légèrement concave, fortement échancré, et il a une dent simple, ordinairement peu saillante et obtuse et souvent à peine distincte au milieu de son échancrure, qui n'est jamais en arc de cercle, et dont le fond est presque coupé carrément. Les palpes extérieurs sont assez saillans; leur dernier article est assez allongé, très-légèrement ovalaire, presque cylindrique et tronqué à l'extrémité. Les antennes sont filiformes, et à peu près de la longueur de la tête et du corselet réunis; leur premier article est plus gros que tous les autres, presque aussi long que les deux suivans réunis et presque cylindrique; les deux suivans sont très-légèrement obconiques; le second est le plus court de tous; le troisième est un peu plus long que le quatrième; celui-ci et les suivans sont égaux entre eux, assez allongés, très-légèrement comprimés et presque cylindriques. Le corps est oblong. La tête est plus ou moins arrondie ou triangulaire, et rétrécie postérieurement. Le corselet est plus ou moins carré, et plus ou moins arrondi sur les côtés. Les élytres sont plus ou moins allongées, peu convexes, légèrement ovales et presque parallèles.

Les pattes sont peu allongées, et assez fortes pour la grosseur de l'insecte. Les jambes antérieures sont assez fortement échancrées. Les quatre premiers articles des tarses antérieurs sont assez fortement dilatés dans les mâles, au moins aussi longs que larges, légèrement triangulaires, et plus ou moins bifides à l'extrémité; ceux des tarses intermédiaires sont un peu moins larges et un peu moins fortement dilatés que ceux des tarses antérieurs; le premier article des uns et des autres est toujours plus long que les suivans; le quatrième au contraire est toujours un peu plus petit que les précédens, plus fortement bifide et presque cordiforme.

11. Saponarius.

Pl. 178. fig. 3.

Fuscus, pubescens, subtilissime rugosus; thorace subquadrato, angulis posticis obtusis; elytris striatis; thoracis limbo, elytris margine maculisque numerosis obsoletis ferrugineis; antennis testaceis; pedibus pallide testaceis.

Dej. *Spec.* iv. p. 169. n° 2.

Carabus Saponarius. Oliv. iii. 35. p. 69. n° 87. t. 3. fig. 26.

Sch. *Syn. Ins.* i. p. 225. n° 318.

Chlænius Saponarius. Dej. *Cat.* p. 8.

Long. 4 $\frac{1}{2}$, 5 $\frac{1}{4}$ lignes. Larg. 2, 2 $\frac{1}{3}$ lignes.

Il se trouve communément au Sénégal.

Olivier dans l'Encyclopédie dit, d'après M. Geoffroy-de-Villeneuve, que cet insecte est employé par les nègres du Sénégal pour faire une espèce de savon; il est plus que probable qu'ils se servent aussi pour cet usage des espèces voisines de celle-ci et de presque tous les Carabiques. D'après les notes qui nous ont été communiquées par M. Dumolin, les nègres du Sénégal composent ordinairement leur savon avec une espèce de *Thermes* et des cendres de Baobab; ainsi, les insectes, quels qu'ils soient, sont employés pour cet usage comme matière grasse et non comme alcali, comme on l'avait cru jusqu'à présent.

XXIII. GYNANDROMORPHUS.

Carabus. *Schœnh.* Harpalus. *Sturm.* Ophonus. *Dej., Cat.*

Les quatre premiers articles des quatre tarses antérieurs fortement dilatés dans les mâles; le premier des tarses antérieurs triangulaire; les 2e et 3e moins longs que larges et très-légèrement cordiformes; le 4e très-fortement cordiforme et presque bilobé. Le premier des tarses antérieurs des femelles triangulaire et fortement dilaté. Le dernier article des palpes assez allongé, très-légèrement ovalaire, presque cylindrique et tronqué à l'extrémité. Antennes filiformes. Lèvre supérieure en carré moins long que large. Mandibules peu avancées, assez arquées et assez aiguës. Une dent simple au milieu de l'échancrure du menton. Corps oblong. Tête presque triangulaire et rétrécie postérieurement. Corselet très-légèrement cordiforme. Élytres assez allongées et presque parallèles.

Le *Carabus Etruscus* de Schœnherr présente un caractère si remarquable dans la dilatation du premier article des tarses antérieurs des femelles, qu'il a paru indispensable à M. Dejean d'en former un nouveau genre, auquel il a donné le nom de *Gynandromorphus*, tiré des mots grecs γυνή, femelle, ανδρος, mâle, et μορφή, forme.

Voici les caractères génériques qu'il a observés sur la seule espèce qui jusqu'à présent compose ce genre.

La lèvre supérieure est presque plane ou très-légèrement convexe, en carré moins long que large, et très-légèrement échancrée à sa partie antérieure. Les mandibules sont assez fortes, peu avancées, assez arquées et assez aiguës. Le menton est assez court, légèrement concave, assez fortement échancré, et il a une dent simple au milieu de son échancrure. Les palpes extérieurs sont assez saillants; leur dernier article est assez allongé, très-légèrement ovalaire, presque cylindrique et tronqué à l'extrémité. Les antennes sont filiformes, et à peu près de la longueur de la tête et du corselet réunis; leur premier article est plus gros que les autres, presque cylindrique, et presque aussi long que les deux suivans réunis; les trois suivans sont très-légèrement obconiques; le second est le plus court de tous; le troisième est un peu plus long que le quatrième; les suivans sont égaux entre eux, légèrement comprimés, et presque en carré allongé dont les angles sont arrondis; le dernier est ovalaire, et terminé en pointe obtuse. Les pattes sont peu allongées, et assez fortes pour la grosseur de l'insecte. Les jambes antérieures sont fortement échancrées. Les quatre premiers articles des tarses antérieurs sont très-fortement dilatés dans les mâles; le premier est triangulaire et un peu moins large que les suivans; le second et le troisième sont moins longs que larges et très-légèrement cordiformes; le quatrième est très-fortement cordiforme et presque bilobé; ceux des tarses intermédiaires sont moins larges et moins fortement dilatés que ceux des tarses antérieurs; ils sont les uns et les autres couverts en dessus de poils courts et serrés formant une espèce de brosse. Le premier article des tarses antérieurs des femelles est triangulaire, trois fois aussi grand que les suivans, et même un peu plus grand que celui des mâles. Ce caractère est très-bien indiqué dans la figure de Sturm.

G. Etruscus.

Pl. 178. fig. 4.

Punctatus, subpubescens; capite nigro-piceo; thorace subcordato elytrorumque macula magna postica cyaneis; elytris striatis, antennis pedibusque ferrugineis.

Dej. *Spec.* iv. p. 188. n° 1.

Carabus Etruscus. Sch. *Syn. Ins.* i. p. 212. n° 253.

Harpalus Etruscus. Sturm. iv. p. 97. n° 56. t. 93. fig. c. C.

Ophonus Etruscus. Dej. *Cat.* p. 14.

Carabus Germanus. var. Rossi. *Fauna Etrusca.* i. p. 212. n° 522. *Mantissa.* i. p. 84. n° 191.

Long. 4 $\frac{1}{4}$, 4 $\frac{2}{3}$ lignes. Larg. 1 $\frac{1}{2}$, 1 $\frac{2}{3}$ ligne.

Il ressemble un peu, au premier coup d'œil, à l'*Har-*

palus Germanus; mais il est un peu plus grand et proportionnellement plus allongé; couvert d'un léger duvet qui le rend pubescent.

Tête d'un noir obscur, assez allongée, avec les antennes d'un rouge ferrugineux.

Corselet d'un bleu noirâtre, plus large que la tête, un peu moins long que large, légèrement arrondi sur les côtés antérieurement, un peu rétréci postérieurement, presque cordiforme et un peu convexe, couvert de points enfoncés assez gros, assez marqués, peu serrés, surtout dans le milieu; la ligne médiane fine et peu marquée; de chaque côté de la base une impression oblongue, presque arrondie et peu marquée; le bord antérieur légèrement échancré; les angles antérieurs arrondis, les côtés légèrement rebordés; les angles postérieurs obtus, arrondis et presque pas marqués; la base très-légèrement arrondie, coupée presque carrément.

Les élytres d'un bleu violet, avec la base d'un rouge ferrugineux plus ou moins clair, quelquefois un peu jaunâtre; la couleur ferrugineuse plus ou moins large, et se fondant insensiblement avec la couleur bleue; plus larges que le corselet, allongées, parallèles, peu convexes, légèrement arrondies, et presque tronquées à l'extrémité, couvertes de petits points enfoncés assez marqués et assez serrés, ayant chacune neuf stries assez marquées; des ailes sous les élytres.

Dessous du corps d'un noir obscur, avec les pattes d'un rouge ferrugineux.

Il se trouve assez communément sous les pierres dans le midi de la France, en Italie et en Espagne.

XXIV. HARPALUS. *Latreille.*

CARABUS. *Fabricius.* OPHONUS. *Ziegler. Dejean, Catalogue.*

Les quatre premiers articles des quatre tarses antérieurs très-fortement dilatés dans les mâles, moins longs que larges et très-fortement triangulaires ou cordiformes. Dernier article des palpes assez allongé, légèrement ovalaire, ou presque cylindrique et tronqué à l'extrémité. Antennes filiformes. Lèvre supérieure en carré moins long que large. Mandibules peu avancées, arquées et peu aiguës. Une dent simple et plus ou moins sensible au milieu de l'échancrure du menton. Corps oblong, plus ou moins allongé. Tête plus ou moins arrondie, rétrécie postérieurement. Corselet plus ou moins carré, cordiforme ou trapézoïde. Élytres plus ou moins allongées et presque parallèles.

Le genre *Harpalus* de Latreille, tel qu'il a été conçu dans son *Genera Crustaceorum et Insectorum*, comprenait alors tous les insectes réunis par M. Dejean dans les tribus des *Harpaliens* et des *Féroniens*, et les genres *Callistus, Oodes, Chlænius, Epomis* et *Dinodes*, et qui font partie de ses *Patellimanes*. Bonelli, dans le beau travail intitulé : *Observations entomologiques*, publié en 1809, réduisit ce genre aux insectes qui composent maintenant la tribu des *Harpaliens*. A l'époque de l'impression du Catalogue de M. Dejean, en 1821, MM. Ziegler et Megerle en avaient retranché les *Acinopus*, *Pangus*, *Ophonus* et *Stenolophus*. Depuis, dans le deuxième volume de l'*Entomographie de la Russie*, Fischer fit connaître le genre *Daptus* ; enfin Latreille, dans son ouvrage, *les Crustacés, les Arachnides et les Insectes*, créa les deux genres *Cyclosomus* et *Acupalpus*. Quant aux genres *Pelecium* de Kirby et *Eripus* de Hœpfner, ils n'appartiennent peut-être pas à cette tribu.

Dans le quatrième volume de son *Species*, M. Dejean a créé dix-huit nouveaux genres, mais il a cru devoir supprimer le genre *Ophonus* de Ziegler, et il l'a réuni de nouveau aux *Harpalus* ; les insectes qui composaient ce genre ne lui ont présenté aucun véritable caractère qui pût les faire distinguer des autres *Harpalus* ; ils ont comme eux une dent simple et distincte au milieu de l'échancrure du menton ; la lèvre supérieure, les mandibules, les palpes et les antennes ne lui ont offert aucune différence. Dans quelques espèces, il est vrai, les quatre tarses antérieurs des mâles sont garnis en dessous de poils nombreux et serrés, formant une brosse continue ; mais ce caractère manque dans plusieurs espèces, et on le rencontre dans quelques véritables *Harpalus* ; il ne resterait donc plus, pour distinguer les *Ophonus*, que la ponctuation dont le corps est entièrement couvert : mais cela ne peut suffire pour caractériser un genre.

Tel qu'il est maintenant, voici les caractères génériques que présentent toutes les espèces conservées dans ce genre.

La lèvre supérieure est presque plane, ou légèrement convexe, en carré moins long que large, et légèrement échancrée, ou coupée carrément à sa partie antérieure.

Les mandibules sont peu avancées, arquées et peu aiguës. Le menton est plus ou moins court, plus ou moins concave, fortement échancré, et il a, au milieu de son échancrure, une dent simple, quelquefois assez forte, quelquefois obtuse, très-petite, et à peine distincte; il n'est jamais échancré en demi-cercle, et le fond de l'échancrure, lorsque la dent est à peine distincte, paraît coupé presque carrément, et fait presque un angle distinct avec les parties latérales. Les palpes extérieurs sont assez saillans; leur dernier article est plus ou moins allongé, plus ou moins, mais toujours assez légèrement, ovalaire, souvent presque cylindrique et toujours tronqué à l'extrémité. Les antennes sont filiformes, et à peu près de la longueur de la tête et du corselet réunis; leur premier article est plus gros que les autres, presque cylindrique et presque aussi long que les deux suivans réunis; les trois suivans sont très-légèrement obconiques; le second est le plus court de tous; le troisième est un peu plus long que le quatrième; les suivans sont égaux entre eux, légèrement comprimés, presque cylindriques, et presque en carré plus ou moins allongé dont les angles sont arrondis; le dernier est ovalaire et terminé en pointe obtuse. Le corps est oblong, plus ou moins allongé ou raccourci, et plus ou moins épais. La tête est plus ou moins arrondie, quelquefois presque triangulaire, et plus ou moins rétrécie postérieurement. Le corselet est plus ou moins carré, quelquefois rétréci antérieurement et trapézoïde, quelquefois rétréci postérieurement et plus ou moins cordiforme. Les élytres sont plus ou moins allongées, plus ou moins convexes, légèrement ovales ou presque parallèles. Les pattes sont ordinairement peu allongées, et assez fortes pour la grosseur de l'insecte. Les jambes antérieures sont fortement échancrées. Les quatre premiers articles des tarses antérieurs sont moins longs que larges, et très-fortement dilatés dans les mâles; ceux des tarses intermédiaires sont un peu moins larges que ceux des tarses antérieurs, mais toujours très-fortement dilatés; les trois premiers articles des uns et des autres sont plus ou moins triangulaires ou cordiformes, et le quatrième très-fortement cordiforme et presque bilobé; ils sont garnis en dessous de poils assez longs et plus ou moins serrés.

Ce genre contenant encore à lui seul presque la moitié des espèces de cette tribu, M. Dejean aurait désiré pouvoir y établir plusieurs divisions; mais après plusieurs essais infructueux il a été obligé de se borner à placer dans une première division les *Ophonus* de Ziegler, et dans une seconde tous les autres *Harpalus*, et il ajoute même que cette coupe n'est pas encore bien tranchée, et que plusieurs espèces appartiennent aussi bien à l'une qu'à l'autre de ces divisions.

Les *Harpalus* paraissent répandus sur toute la surface de la terre; ils sont cependant plus communs dans les parties tempérées et boréales de l'hémisphère septentrional que dans les régions équinoxiales et dans l'hémisphère méridional; on les trouve ordinairement sous les pierres, de préférence dans les endroits arides ou sablonneux, courant par terre, dans les champs, et quelquefois sur les tiges des graminées.

PREMIÈRE DIVISION.

OPHONUS. *Ziegler*.

1. H. COLUMBINUS.

Pl. 179. fig. 1.

Oblongus, subpubescens; capite thoraceque nigro-piceo-subcyaneis, punctatis; thorace latiore, subquadrato, postice angustato, angulis posticis obtusis; elytris cyaneo-violaceis, subtilissime punctatis, striatis; antennis pedibusque rufis.

DEJ. *Spec.* IV. p. 193. n° 1.
Carabus Columbinus. GERMAR. *Reise nach Dalmatien*. p. 197. n° 84.
Ophonus Columbinus. DEJ. *Cat.* p. 13.
Harpalus Agricola. PEYROLERI.

Long. 5 ½, 8 lignes. Larg. 2, 3 ¼ lignes.

A peu près de la taille du *Ruficornis*, quelquefois un peu plus grand, quelquefois un peu plus petit, toujours proportionnellement moins large, et d'un brun noirâtre en dessus, souvent un peu bleuâtre sur la tête et le corselet, et d'un bleu violet, quelquefois très-légèrement verdâtre sur les élytres.

Tête oblongue, un peu triangulaire, avec les antennes ferrugineuses.

Corselet plus large que la tête, moins long que large, presque carré, arrondi sur les côtés, rétréci postérieurement, et très légèrement convexe, couvert, ainsi que la tête, de points enfoncés, assez gros; la ligne médiane fine et peu marquée; de chaque côté de la base une impression presque arrondie et peu marquée; le bord antérieur assez fortement échancré; les angles antérieurs assez arrondis; les côtés légèrement rebordés, tombant obliquement sur la base, et formant avec elle un angle obtus; la base très-légèrement échancrée en arc de cercle, et coupée presque carrément.

Elytres plus larges que le corselet, assez allongées, très-légèrement ovales, presque parallèles, assez convexes, très-légèrement sinuées obliquement à l'extrémité, et couverte de points enfoncés, plus petits et plus serrés que sur le corselet, ayant chacune neuf stries assez fines, assez marquées, paraissant lisses à la vue simple; le bord inférieur d'un brun noirâtre, souvent un peu bleuâtre; des ailes sous les élytres.

Dessous du corps d'un brun rougeâtre, avec les pattes d'un rouge ferrugineux.

Il se trouve communément en Dalmatie, en Italie, en Espagne, dans le midi de la France, et même aux environs de Paris.

2. H. SABULICOLA.

Pl. 179. fig. 2.

Oblongus, subpubescens; capite thoraceque nigro-piceis, punctatis; thorace subquadrato, postice angustato, angulis posticis obtusis; elytris viridi-cyaneis, subtilissime punctatis, striatis; antennis pedibusque rufis.

DEJ. *Spec.* IV. p. 195. n° 2.
STURM. IV. p. 87. n° 50. T. 92. fig. B.
Carabus Sabulicola. PANZER. *Fauna Germ.* p. 30. n° 4.
Ophonus Sabulicola. DEJ. *Cat.* p. 13.
Carabus Obscurus. DUFTSCHMID. II. p. 128. n° 164.
Carabus Obscurus. var. b. SCH. *Syn. Ins.* I. p. 197. n° 170.
Carabus Azureus. OLIV. III. 35. p. 76. n° 99. T. 12. fig. 135.

Long. 5 $\frac{2}{3}$, 6 $\frac{1}{3}$ lignes. Larg. 2 $\frac{1}{4}$, 2 $\frac{1}{2}$ lignes.

Très-voisin du *Columbinus* et souvent confondu avec lui, mais toujours plus petit.

Tête, corselet, n'ayant jamais de teinte bleuâtre, et élytres ordinairement d'un bleu verdâtre.

Corselet toujours un peu moins large antérieurement, moins arrondi sur les côtés, qui se redressent insensiblement près des angles postérieurs et tombent un peu moins obliquement sur la base; l'impression transversale postérieure aussi un peu plus distincte.

Il se trouve en France, en Allemagne, en Autriche et dans la Russie méridionale.

3. H. Monticola.

Pl. 179. fig. 3.

Oblongus, subparallelus, subpubescens, supra obscure virescens; capite thoraceque punctatis; thorace subquadrato, angulis posticis rotundatis; elytris subtilissime punctatis, striatis; antennis pedibusque rufis.

Dej. *Spec.* IV. p. 195. n° 2.

Long. 5 ½, 6 ½ lignes. Larg. 2, 2 ½ lignes.

Ressemble beaucoup au *Sabulicola*, mais un peu moins large, un peu plus parallèle et entièrement en dessus d'un vert-bronzé plus ou moins clair, plus ou moins obscur, quelquefois presque noirâtre.

Corselet plus carré, ne paraissant pas rétréci postérieurement, avec les angles postérieurs arrondis.

Élytres un peu plus étroites, moins ovales, plus parallèles et plus distinctement sinuées à l'extrémité; leur ponctuation plus fine et plus serrée.

Dessous du corps d'un brun moins rougeâtre, avec les antennes et les pattes un peu moins rouges.

Il se trouve dans les provinces orientales de la France ; il habite aussi l'Espagne, la Grèce et l'Autriche.

4. H. Diffinis.

Pl. 179. fig. 4.

Oblongus, subparallelus, subpubescens ; capite thoraceque nigro-piceis, punctatis ; thorace subquadrato, angulis posticis rotundatis ; elytris obscure viridi-cyaneis, subtilissime punctatis, striatis ; antennis pedibusque rufis.

Dej. *Spec.* iv. p. 196. n° 4.

Long. 4 $\frac{2}{3}$, 5 $\frac{1}{2}$ lignes. Larg. 1 $\frac{2}{3}$, 2 lignes.

Très-voisin du *Monticola*, mais ordinairement beaucoup plus petit et d'un brun noirâtre en dessus, quelquefois un peu bleuâtre sur la tête et le corselet, et d'un bleu-verdâtre plus ou moins obscur sur les élytres.

Corselet à peu près de la même forme, mais un peu plus convexe, avec les points plus rapprochés les uns des autres, et les angles postérieurs un peu plus arrondis.

Élytres à peu près de la même forme, striées et ponctuées à peu près de la même manière, moins distinctement sinuées à l'extrémité.

Antennes et pattes comme dans le *Sabulicola*.

Il se trouve communément dans le midi de la France, particulièrement dans le département des Basses-Alpes ; il habite aussi l'Italie et la Grèce.

5. H. Obscurus.

Pl. 179. fig. 5.

Oblongus, subpubescens ; capite thoraceque nigro-piceo-sub cyaneis, punctatis ; thorace breviore, subrotundato ; elytris cyano-violaceis, subtilissime punctatis, striatis ; antennis pedibusque rufis.

Dej. *Spec.* iv. p. 197. n° 5.
Sturm. iv. p. 85. n° 49. t. 92. fig. a. A.
Carabus Obscurus? Fabr. *Sys. El.* i. p. 192. n° 120.
Sch. *Syn. Ins.* i. p. 197. n° 170.
Ophonus Rotundicollis. Dej. *Cat.* p. 15.
Var. *Ophonus Opacus.* Dahl. *Coleopt. und Lepidopt.* p. 10.

Long. $4\frac{1}{2}$, 6 lignes. Larg. $1\frac{2}{3}$, $2\frac{1}{3}$ lignes.

Ordinairement un peu plus petit que le *Columbinus*, et à peu près de la même couleur.

Corselet plus arrondi sur les côtés, point rétréci postérieurement; les angles postérieurs tout-à-fait arrondis et pas marqués, un peu plus convexes; la ponctuation un peu moins forte et un peu plus serrée, et le bord antérieur un peu moins échancré.

Élytres à peu près de la même forme, striées et ponctuées à peu près de la même manière; la ponctuation plus fine et plus serrée.

Dessous du corps d'un brun moins rougeâtre.

Il se trouve dans le midi de la France, en Espagne, en Autriche, en Dalmatie et dans le midi de la Russie; il habite aussi la côte de Barbarie.

6. H. Quadricollis.

Pl. 180. fig. 1.

Oblongus, subpubescens; capite thoraceque nigro-piceis, obsolete punctatis; thorace subquadrato, angulis posticis rotundatis; elytris obscure cyaneis, obsolete punctatis, striatis; antennis pedibusque rufis.

Dej. *Spec.* v. *Suppl.* p. 838. n° 169.
Ophonus Quadricollis. Dahl.

Long. 5 $\frac{3}{4}$ lignes. Larg. 2 lignes.

A peu près de la taille de l'*Obscurus*, d'un brun noirâtre sur la tête et le corselet, et d'un bleu obscur sur les élytres.

Tête un peu moins rétrécie postérieurement, couverte de points plus petits.

Corselet à peu près comme celui du *Monticola*, mais plus arrondi sur les côtés et paraissant plus carré, couvert de points enfoncés beaucoup plus petits, moins marqués et peu distincts.

Élytres à peu près de même forme, striées de la même

manière, avec les points enfoncés des intervalles beaucoup moins marqués.

Dessous du corps et pattes à peu près comme dans l'*Obscurus*.

Il a été trouvé en Sicile par Dahl.

7. H. Oblongiusculus.

Pl. 180. fig. 2.

Elongato oblongus, subpubescens, piceus, subtilissime punctatus; thorace postice angustato, angulis posticis subrotundatis; elytris striatis; antennis pedibusque rufis.

Dej. *Spec.* IV. p. 198. n° 6.
Ophonus Oblongiusculus. Dej. *Cat.* p. 13.

Long. 5 $\frac{1}{4}$, 5 $\frac{3}{4}$ lignes. Larg. 2, 2 $\frac{1}{4}$ lignes.

Un peu plus petit que le *Sabulicola*, proportionnellement plus allongé, et entièrement en dessus d'un brun obscur.

Tête oblongue, presque triangulaire, un peu rétrécie postérieurement et très-légèrement convexe, couverte de points enfoncés plus serrés que dans le *Sabulicola* et les espèces voisines; les antennes d'un rouge ferrugineux.

Corselet plus large que la tête, moins long que large, arrondi sur les côtés, assez fortement rétréci postérieurement et très-légèrement convexe, entièrement couvert de points enfoncés un peu moins marqués et beaucoup plus serrés que dans le *Sabulicola ;* la ligne médiane assez marquée ; de chaque côté de la base, une légère impression oblongue et peu marquée ; le bord antérieur assez échancré ; les angles antérieurs arrondis ; les côtés légèrement rebordés et un peu déprimés ; les angles postérieurs très-obtus, presque arrondis et à peine marqués ; la base coupée presque carrément.

Élytres plus larges que le corselet, proportionnellement plus étroites et plus allongées que dans le *Sabulicola*, presque parallèles, peu convexes et légèrement sinuées à l'extrémité, striées et ponctuées à peu près de la même manière.

Dessous du corps et bords inférieurs des élytres d'un brun plus ou moins rougeâtre, avec les pattes d'un rouge-ferrugineux un peu obscur.

Il se trouve assez communément dans le midi de la France, dans les environs de Lyon, et quelquefois aux environs de Paris.

8. H. Ditomoides.

Pl. 180. fig. 3.

Elongato-oblongus, subpubescens, piceus, confertissime punctatus ; thorace cordato, postice subcoarctato, angulis posticis obtusis ; elytris striatis, striis profundioribus ; antennis pedibusque rufis.

Dej. *Spec.* iv. p. 199. n° 7.
Ophonus Ditomoides. Dej. *Cat.* p. 14.

Long. 5, 5 $\frac{2}{3}$ lignes. Larg. 1 $\frac{2}{3}$, 2 lignes.

Voisin de l'*Oblongiusculus*, mais moins couvert de duvet.

Tête plus petite et plus étroite.

Corselet le double plus large que la tête, moins long que large, en forme de cœur, très-rétréci postérieurement, très-arrondi antérieurement sur les côtés et légèrement convexe, couvert de points plus serrés et plus marqués, et souvent réunis; la ligne médiane plus marquée; le bord antérieur moins fortement échancré; les angles antérieurs plus arrondis; les côtés légèrement rebordés, ne paraissant pas déprimés, un peu sinués près de la base, et formant avec elle un angle obtus, mais nullement arrondi; la base très-légèrement échancrée en arc de cercle.

Élytres un peu plus étroites et un peu moins sinuées à l'extrémité; les points dont elles sont couvertes un peu plus gros, plus marqués et souvent réunis; les stries plus marquées; les intervalles plus étroits, moins planes et un peu relevés.

Dessous du corps d'un brun rougeâtre, avec les antennes et les pattes d'un rouge-ferrugineux un peu obscur.

Il se trouve dans les Hautes-Pyrénées, dans le département de l'Aude et dans l'île de Corfou.

9. H. Incisus.

Pl. 180. fig. 4.

Oblongus, subpubescens, nigro-piceus; capite thoraceque punctatis; thorace subcordato, angulis posticis rectis; elytris subtilissime punctatis, striatis, postice profunde sinuatis, subdentatis; antennis pedibusque rufis.

Dej. *Spec.* iv. p. 201. n° 8.
Ophonus Incisus. Dej. *Cat.* p. 13.

Long. 4 $\frac{3}{4}$, 6 lignes. Larg. 1 $\frac{3}{4}$, 2 $\frac{1}{3}$ lignes.

Ordinairement un peu plus petit que le *Sabulicola*, proportionnellement un peu plus large, et d'un brun noirâtre en dessus.

Tête assez petite, oblongue, presque triangulaire, un peu rétrécie postérieurement et très-légèrement convexe, avec les antennes d'un rouge ferrugineux.

Corselet plus large que la tête, moins long que large, arrondi sur les côtés antérieurement, un peu rétréci postérieurement, légèrement cordiforme et un peu convexe, couvert comme la tête de points enfoncés assez gros, assez serrés et assez marqués; la ligne médiane fine et peu marquée; de chaque côté de la base, une légère impression oblongue, presque arrondie et peu marquée; les deux impressions transversales peu distinctes; le bord antérieur légèrement échancré; les angles antérieurs peu arrondis; les côtés légèrement rebordés, sinués et un peu déprimés vers la base, avec laquelle ils forment un angle presque droit à sommet nullement arrondi; la base très-légèrement sinuée et coupée presque carrément.

Élytres plus larges que le corselet, assez allongées, légèrement ovales, presque parallèles et peu convexes, très-fortement sinuées et presque échancrées à l'extrémité, surtout dans les femelles, couvertes de points plus petits et plus serrés que dans les précédens; les stries assez marquées; les intervalles presque planes.

Dessous du corps d'un brun rougeâtre, avec les pattes d'un rouge ferrugineux.

Il se trouve en Espagne, en Italie, en Dalmatie, dans le midi de la France.

10. H. Punctatulus.

Pl. 180. fig. 5.

Oblongo ovatus, subpubescens, supra obscure viridi-æneus, subcyaneus; capite thoraceque punctatis; thorace subcordato, angulis posticis rectis; elytris subtilissime punctatis, striatis; antennis pedibusque rufis.

Dej. *Spec.* iv. p. 202. n° 9.
Sturm. iv. p. 101. n° 58. t. 93. fig. d. D.
Carabus Punctatulus. Duftschmid. ii. p. 89. n° 99.
Ophonus Punctatulus. Dej. *Cat.* p. 13.

Long. 3 $\frac{3}{4}$, 4 $\frac{1}{2}$ lignes. Larg. 1 $\frac{1}{2}$, 1 $\frac{3}{4}$ ligne.

Plus grand que le *Chlorophanus*, proportionnellement plus large, et d'un vert-bronzé plus ou moins obscur et quelquefois un peu bleuâtre.

Corselet un peu plus large et plus arrondi sur les côtés antérieurement, un peu plus rétréci postérieurement et presque cordiforme; la ligne médiane assez fortement marquée, surtout dans son milieu; les angles postérieurs coupés carrément, à sommet assez aigu et nullement arrondi; la base très-légèrement échancrée en arc de cercle.

Élytres un peu plus larges, moins allongées, plus ovales, moins parallèles et un peu plus sinuées à l'extrémité; leur ponctuation un peu plus fine; les stries un peu moins marquées; les intervalles un peu plus planes; des ailes sous les élytres.

Dessous du corps d'un brun rougeâtre, avec les antennes et les pattes d'un rouge-ferrugineux un peu jaunâtre.

Il se trouve dans les parties orientales de la France, en Allemagne, en Autriche et dans le midi de la Russie.

11. H. Laticollis. *Mannerheim.*

Pl. 181. fig. 1.

Oblongo-ovatus, subpubescens, supra cyaneo-violaceus; capite thoraceque punctatis; thorace subquadrato, postice subangustato, angulis posticis rectis; elytris subtilissime punctatis, striatis; antennis pedibusque rufis.

DEJ. *Spec.* IV. p. 203. n° 10.
Ophonus Laticollis. STURM. *Catal.* p. 179.

Long. 4 lignes. Larg. 1 $\frac{3}{4}$ ligne.

Plus grand que le *Chlorophanus*, et entièrement d'un bleu un peu violet.

Tête un peu moins large, plus allongée, moins arrondie, plus triangulaire.

Corselet un peu plus large et un peu plus rétréci postérieurement; sa ponctuation un peu moins forte et un peu plus serrée; les angles postérieurs coupés plus carrément, avec le sommet assez aigu; la base coupée plus carrément; les élytres sinuées un peu plus fortement à l'extrémité, leur ponctuation un peu plus fine et plus serrée; les stries un peu plus marquées; les intervalles un peu moins planes; des ailes sous les élytres.

Dessous du corps d'un brun un peu rougeâtre, avec les pattes d'un rouge ferrugineux.

Il se trouve en Sibérie.

12. H. SIMILIS.

Pl. 181. fig. 2.

Oblongo-ovatus, subpubescens; capite thoraceque nigro-piceis, profunde punctatis; thorace breviore, subquadrato, postice subangustato, angulis posticis subrectis; elytris cyaneo-violaceis, confertissime punctatis, striatis; antennis pedibusque rufis.

DEJ. *Spec.* IV. p. 204. n° 11.
Ophonus Similis. STURM. *Catal.* p. 179.

Long. 3 $\frac{1}{4}$, 4 lignes. Larg. 1 $\frac{1}{4}$, 1 $\frac{2}{3}$ ligne.

Ordinairement un peu plus grand que le *Chlorophanus*, et d'un brun noirâtre en dessus, quelquefois un peu bleuâtre sur la tête et le corselet, et d'un bleu violet sur les élytres.

Tête plus fortement ponctuée.

Corselet un peu plus court, un peu plus large et un peu plus arrondi sur les côtés antérieurement, un peu plus rétréci postérieurement et un peu plus convexe, avec les points enfoncés plus gros et plus marqués; l'impression de chaque côté de la base moins distincte; les angles postérieurs à peu près coupés de la même manière; la base légèrement échancrée en arc de cercle.

Élytres un peu plus fortement ponctuées; les stries un peu plus marquées; les intervalles moins planes et un peu relevés; des ailes sous les élytres.

Dessous du corps et pattes à peu près comme dans le *Chlorophanus*.

Il se trouve en Dalmatie et dans le midi de la France.

13. Chlorophanus. *Zenker.*

Pl. 181. fig. 3.

Oblongo-ovatus, subpubescens, supra viridi-æneus; capite thoraceque punctatis; thorace subquadrato, postice subangustato, angulis posticis subrectis; elytris subtilissime punctatis, striatis; antennis pedibusque rufis.

Dej. *Spec.* iv. p. 205. n° 12.
Sturm. iv. p. 108. n° 62.
Carabus Chlorophanus. Panzer. *Fauna German.* 73. n° 3.
Duftschmid. ii. p. 90. n° 100.
Ophonus Chlorophanus. Dej. *Cat.* p. 13.
Carabus Sabulicola? Fabr. *Sys. El.* i. p. 190. n° 110.

Long. 2 $\frac{3}{4}$, 3 $\frac{1}{3}$ lignes. Larg. 1, 1 $\frac{1}{3}$ ligne.

Beaucoup plus petit que l'*Æneus*, et d'un vert bronzé en dessus, quelquefois un peu bleuâtre, ordinairement un peu plus obscur sur la tête et le corselet et un peu plus clair sur les élytres, couvert de petits poils un peu roussâtres, très-courts et peu serrés, surtout sur la tête et le corselet, qui le font paraître légèrement pubescent.

Tête presque arrondie, un peu rétrécie postérieurement et à peine convexe, couverte de points assez marqués, avec les antennes d'un rouge ferrugineux.

Corselet plus large que la tête, moins long que large, presque carré, légèrement arrondi sur les côtés antérieurement, à peine rétréci postérieurement et un peu convexe, couvert de points enfoncés assez gros, assez marqués et peu rapprochés les uns des autres, surtout dans le milieu; la ligne médiane assez marquée; les deux impressions transversales peu distinctes; de chaque côté de la base, une légère impression presque arrondie et à peine sensible; le bord antérieur assez fortement échancré; les angles antérieurs arrondis; les côtés légèrement rebordés et un peu sinués près de la base, avec laquelle ils forment un angle presque droit à sommet légèrement arrondi; la base un peu sinuée et coupée presque carrément.

Élytres un peu plus larges que le corselet, assez allongées, légèrement ovales, presque parallèles, peu convexes et à peine sinuées à l'extrémité, couvertes de petits points enfoncés très-serrés et peu marqués; les stries fines et peu marquées; les intervalles presque planes; le plus souvent point d'ailes sous les élytres.

Dessous du corps d'un brun un peu rougeâtre, avec les pattes d'un rouge ferrugineux.

Il se trouve sous les pierres, en France, en Suisse et en Allemagne; il est très-commun aux environs de Paris.

14. H. Azureus.

Pl. 181. fig. 4.

Oblongo-ovatus, subpubescens, supra cyaneo-violaceus; ca-

pite thoraceque punctatis; thorace subquadrato, postice subangustato, angulis posticis obtusis; elytris subtilissime punctatis, striatis; antennis pedibusque rufis.

Dej. *Spec.* IV. p. 207. n° 13.
Carabus Azureus. Illiger. *Magazin.* I. p. 51. n° 36-37.
Sch. *Syn. Ins.* I. p. 203. n° 200.
Ophonus Azureus. Dej. *Cat.* p. 13.

Long. 3, 3 ½ lignes. Larg. 1 ¼, 1 ½ ligne.

Très-voisin du *Chlorophanus*, et souvent confondu avec lui; plus grand; d'un bleu violet, et quelquefois, mais très-rarement, un peu verdâtre.

Corselet un peu plus arrondi sur les côtés et un peu plus rétréci postérieurement; l'impression de chaque côté de la base un peu plus distincte; les côtés non sinués postérieurement, tombant plus obliquement sur la base, et formant avec elle un angle obtus à sommet presque arrondi; la base très-légèrement échancrée dans son milieu et coupée presque carrément.

Élytres un peu plus distinctement sinuées à l'extrémité, striées et ponctuées à peu près de la même manière; ordinairement des ailes sous les élytres.

Dessous du corps et pattes à peu près comme dans le *Chlorophanus*.

Il se trouve dans le midi de la France, en Espagne, en Autriche, en Dalmatie et dans la Russie méridionale.

15. H. Cribricollis.

Pl. 181. fig. 5.

Oblongo-ovatus, subpubescens, supra obscure cyaneo-violaceus; capite thoraceque confertissime punctatis; thorace subquadrato, postice subangustato, angulis posticis subrectis; elytris brevioribus, subtilissime punctatis, striatis; antennis, tibiis tarsisque rufis.

Dej. *Spec.* IV. p. 208. n° 14.
Ophonus Cribricollis. Steven.
Ophonus Tauricus. Godet.
Ophonus Punctatissimus. Orskay.

Long. 3, 3 $\frac{1}{3}$ lignes. Larg. 1 $\frac{1}{4}$, 1 $\frac{1}{3}$ ligne.

A peu près de la taille de l'*Azureus*, un peu moins allongé, et d'un bleu-violet obscur en dessus.

Tête moins arrondie.

Corselet un peu moins rétréci postérieurement, moins arrondi sur les côtés et un peu plus convexe; les points enfoncés plus serrés; le bord antérieur un peu moins échancré; les côtés tombant moins obliquement sur la base, et formant avec elle un angle presque droit à sommet presque arrondi.

Élytres plus courtes; leurs points plus fins et plus serrés; les stries un peu plus fines et un peu moins marquées; les intervalles un peu plus planes; des ailes sous les élytres.

Dessous du corps et cuisses d'un brun noirâtre, avec les jambes et les tarses d'un rouge ferrugineux.

Il se trouve en Hongrie, au Caucase, en Crimée et dans le midi de la France.

16. H. Cordicollis.

Pl. 182. fig. 1.

Oblongo-ovatus, subpubescens, nigro-piceus; capite thoraceque confertissime punctatis; thorace breviore, cordato, angulis posticis rectis; elytris subtilissime punctatis, striatis; antennis pedibusque rufis.

Dej. *Spec.* IV. p. 209. n° 15.
Ophonus Cordicollis. Dej. *Cat.* p. 13.

Long. 3 ½ lignes. Larg. 1 ⅓ ligne.

A peu près de la taille de l'*Azureus*, et d'un brun noirâtre en dessus.

Tête et corselet couverts de points enfoncés plus serrés. Tête moins arrondie, moins rétrécie postérieurement et presque triangulaire.

Corselet un peu plus court, cordiforme, arrondi antérieurement sur les côtés et rétréci postérieurement; le bord antérieur moins échancré; les côtés sinués près de la base, et formant avec elle un angle droit; la base légèrement échancrée dans son milieu.

Élytres un peu plus convexes ; leur ponctuation un peu plus fine et un peu plus serrée ; les stries plus marquées et paraissant très-légèrement ponctuées, avec une forte loupe ; les intervalles un peu plus relevés : des ailes sous les élytres.

Dessous du corps d'un brun un peu roussâtre, avec les pattes d'un rouge ferrugineux.

Il se trouve dans les provinces méridionales de la Russie.

17. H. Subquadratus.

Pl. 182. fig. 2.

Oblongus, subpubescens, nigro-piceus ; capite thoraceque punctatis ; thorace subquadrato, postice subangustato, angulis posticis subrectis ; elytris subtilissime punctatis, striatis ; antennis pedibusque rufis.

Dej. *Spec.* IV. p. 210. n° 16.
Ophonus Subquadratus. Dej. *Cat.* p. 13.

Long. 3, 3 $\frac{3}{4}$ lignes. Larg. 1, 1 $\frac{1}{2}$ ligne.

Un peu plus petit que le *Meridionalis*, quelquefois un peu plus grand, et lui ressemblant beaucoup par la forme, la couleur et la ponctuation.

Corselet un peu plus long, un peu moins rétréci postérieurement, avec les côtés un peu sinués près de la base, formant avec elle un angle presque droit, à sommet toujours un peu arrondi ; la base très-légèrement échancrée en arc de cercle.

Élytres, dessous du corps et pattes à peu près comme dans le *Meridionalis.*

Il se trouve dans le midi de la France et en Grèce.

18. H. Meridionalis.

Pl. 182. fig. 3.

Oblongus, subpubescens, nigro-piceus ; capite thoraceque punctatis ; thorace subquadrato, postice angustato, angulis posticis obtusis ; elytris subtilissime punctatis, striatis ; antennis pedibusque rufis.

Dej. *Spec.* IV. p. 210. n° 17.
Ophonus Meridionalis. Dej. *Cat.* p. 14.

Long. 3 $\frac{1}{4}$, 3 $\frac{1}{2}$ lignes. Larg. 1 $\frac{1}{4}$, 1 $\frac{1}{3}$ ligne.

A peu près de la taille de l'*Azureus*, un peu plus allongé, et d'un brun foncé presque noir en dessus.

Tête presque arrondie, un peu rétrécie postérieurement, avec les antennes d'un rouge ferrugineux.

Corselet plus large que la tête, moins long que large, presque carré, légèrement arrondi sur les côtés, un peu rétréci postérieurement et légèrement convexe, avec une bordure latérale très-étroite, d'un brun un peu roussâtre, couvert, comme la tête, de points enfoncés assez gros, assez marqués et un peu plus rapprochés les uns des autres vers la base et les côtés; la ligne médiane fine et assez marquée; de chaque côté de la base, une impression assez grande, presque arrondie et peu marquée; le bord antérieur assez échancré; les angles antérieurs arrondis; les côtés rebordés et un peu relevés, tombant obliquement sur la base, et formant avec elle un angle obtus à sommet un peu arrondi; la base coupée presque carrément.

Élytres plus larges que le corselet, allongées, presque parallèles, légèrement convexes et sinuées obliquement à l'extrémité, couvertes de petits points enfoncés très-serrés et assez marqués; les stries assez marquées, paraissant lisses à la vue simple, et très-légèrement ponctuées avec une forte loupe; les intervalles presque planes : des ailes sous les élytres.

Dessous du corps d'un brun plus ou moins rougeâtre, avec les pattes d'un rouge ferrugineux.

Il se trouve communément dans le midi de la France.

19. H. Pumilio.

Pl. 182. fig. 4.

Oblongus, subpubescens, nigro-piceus; capite punctato; thorace profunde punctato, subquadrato, postice angustato, angulis posticis obtusis; elytris subtilissime punctatis, striatis; antennis pedibusque rufis.

Dej. *Spec.* iv. p. 212. n° 18.

Long. 2 $\frac{2}{3}$ lignes. Larg. 1 ligne.

Très-voisin du *Meridionalis*, mais plus petit.

Corselet un peu plus étroit, plus arrondi sur les côtés, couvert de points plus marqués, moins nombreux et moins rapprochés.

Le reste comme dans le *Meridionalis*.

Il se trouve en Sicile.

20. H. Rotundatus.

Pl. 182. fig. 5.

Oblongus, subpubescens, nigro-piceus; capite thoraceque punctatis; thorace subquadrato, postice angustato, angulis posticis rotundatis; elytris subtilissime punctatis, striatis; antennis pedibusque rufis.

Dej. *Spec.* iv. p. 212. n° 19.
Ophonus Rotundatus. Dej. *Cat.* p. 14.

Long. 3, 3 $\frac{1}{3}$ lignes. Larg. 1, 1 $\frac{1}{4}$ ligne.

Très-voisin du *Meridionalis*, mais un peu plus petit et proportionnellement plus étroit et plus allongé.

Corselet un peu plus long, plus rétréci postérieurement, avec les angles postérieurs arrondis et à peine marqués.

Élytres un peu plus étroites, et sinuées un peu moins fortement et un peu moins obliquement à l'extrémité, striées et ponctuées à peu près de la même manière.

Dessous du corps et pattes à peu près comme dans le *Meridionalis*.

Il se trouve dans le midi de la France et en Dalmatie.

21. H. Cordatus.

Pl. 182. fig. 6.

Oblongo-ovatus, subpubescens, piceus, interdum rufus; capite thoraceque punctatis; thorace cordato, postice subcoarctato, angulis posticis rectis; elytris subtilissime punctatis, striatis; antennis pebibusque rufis.

Dej. *Spec.* iv. p. 214. n° 21.

Sturm. iv. p. 106. n° 61. t. 94. fig. c. C.

Carabus Cordatus. Duftschmid. ii. p. 169. n° 224.

Ophonus Cordatus. Dej. *Cat.* p. 13.

Carabus Porosus. Germar. *Reise nach Dalmat.* p. 196. n° 82.

Ophonus Denigratus. Sturm. *Catal.* p. 179.

Long. 3 ½, 4 ½ lignes. Larg. 1 ¼, 2 lignes.

Un peu plus grand que le *Puncticollis*, et d'un brun plus ou moins roussâtre en dessus, quelquefois d'un rouge ferrugineux à la base des élytres, et quelquefois entièrement ferrugineux.

Corselet beaucoup plus cordiforme, un peu plus rétréci et beaucoup plus arrondi sur les côtés antérieurement, plus rétréci postérieurement et un peu plus convexe, avec les points enfoncés plus marqués et plus serrés; l'impression de chaque côté de la base plus oblongue et un peu plus distincte.

Élytres un peu plus convexes et un peu moins sinuées à l'extrémité, ponctuées à peu près de la même manière; les stries paraissant légèrement ponctuées avec une forte loupe.

Dessous du corps d'un brun plus ou moins rougeâtre, avec les antennes et les pattes d'un rouge ferrugineux un peu moins pâle.

Il se trouve dans les provinces méridionales de la France, en Autriche et en Dalmatie.

22. H. SUBCORDATUS.

Pl. 183. fig. 1.

Elongato oblongus, subpubescens; capite thoraceque rufo-piceis, punctatis, thorace cordato, angulis posticis rectis; elytris-piceis, subtilissime punctatis, striatis; antennis pedibusque rufo-testaceis.

DEJ. *Spec.* IV. p. 215. n° 22.
Ophonus Subcordatus. DEJ. *Cat.* p. 13.
Ophonus Gracilis. ZIEGLER. STURM. *Catal.* p. 179.
Ophonus Nigripennis. STURM.
H. Rupicola? STURM. IV. p. 105. n° 60. T. 94. fig. b. B.

Long. 3, 4 lignes. Larg. 1, 1 ½ ligne.

Très-voisin du *Puncticollis*, mais un peu plus étroit, plus allongé et d'un brun un peu roussâtre sur la tête et le corselet : celui-ci un peu plus cordiforme, un peu plus arrondi sur les côtés antérieurement, un peu plus rétréci postérieurement, mais moins que dans le *Cordatus*, ponctué à peu près de la même manière.

Élytres un peu plus allongées et plus étroites, leur ponctuation un peu moins serrée et un peu plus marquée.

Dessous du corps, pattes et antennes, à peu près comme dans le *Puncticollis*.

Il se trouve en France, en Espagne, en Allemagne et en Dalmatie.

93. H. Puncticollis.

Pl. 183. fig. 2.

Oblongo-ovatus, subpubescens, piceus; capite thoraceque punctatis; thorace subcordato, angulis posticis rectis; elytris subtilissime punctatis, striatis; antennis pedibusque rufo-testaceis.

Dej. *Spec.* iv. p. 216. n° 23.

Gyllenhal. ii. p. 108. n° 25. et iv. p. 430. n° 25.

Sturm? iv. p. 103. n° 59. t. 94. fig. a. A.

Carabus Puncticollis. Payk. *Fauna Suecica*. i. p. 120. n° 31.

SCH. *Syn. Ins.* 1. p. 188. n° 102.
DUFTSCHMID. II. p. 169. n° 225.
Ophonus Puncticollis. DEJ. *Cat.* p. 13.
Carabus Foraminulosus. MARSHAM. *Entom. Britann.* 1. p. 457. n° 69.

Long. 2 $\frac{3}{4}$, 4 $\frac{1}{4}$ lignes. Larg. 1, 1 $\frac{3}{4}$ ligne.

De taille variable, d'un brun noirâtre en dessus et légèrement pubescent.

Tête assez allongée, avec les antennes d'un rouge ferrugineux assez pâle.

Corselet plus large que la tête, un peu moins long que large, légèrement cordiforme, plus ou moins large et plus ou moins arrondi sur les côtés antérieurement, couvert de points enfoncés assez gros et assez marqués, et plus ou moins rapprochés les uns des autres, mais jamais très-serrés; la ligne médiane assez marquée; de chaque côté de la base, une impression oblongue, presque arrondie et assez marquée; le bord antérieur assez échancré; les angles antérieurs arrondis; les côtés légèrement rebordés; les angles postérieurs coupés carrément; leur sommet assez aigu et nullement arrondi; la base coupée presque carrément.

Élytres un peu plus larges que le corselet, assez allongées, légèrement ovales, presque parallèles, peu convexes et très-légèrement sinuées obliquement à l'extrémité, couvertes de petits points enfoncés très-serrés et assez marqués, ayant chacune neuf stries fines assez marquées, paraissant lisses, même avec une forte loupe; les intervalles presque planes; une rangée de petits points enfoncés, quelquefois à peine sensibles et quelquefois assez distincts, sur les troisième, cinquième et septième; des ailes sous les élytres.

Dessous du corps et bord inférieur des élytres d'un brun plus ou moins rougeâtre, avec les pattes d'un rouge ferrugineux assez pâle.

Il se trouve en Suède, en Angleterre, en France, en Espagne, en Allemagne, en Autriche et en Dalmatie.

24. H. Brevicollis.

Pl. 183. fig. 3.

Oblongo-ovatus, subpubescens; capite thoraceque rufo-piceis, punctatis; thorace breviore, subquadrato, postice subangustato, angulis posticis rectis; elytris brevioribus, piceis, subtilissime punctatis, striatis; antennis pedibusque rufo-testaceis.

Dej. *Spec.* IV. p. 218. n° 24.

Ophonus Brevicollis. Dej. *Cat.* p. 13.

Harpalus Puncticollis. Sahlberg. *Dissert. Entom. Ins. Fennica.* p. 232. n° 26.

Carabus Foraminulosus? Marsham. *Entom. Britan.* I. p. 457. n° 69.

Long. 2 $\frac{2}{3}$, 3 $\frac{3}{4}$ lignes. Larg. 1, 1 $\frac{2}{3}$ ligne.

Très-voisin du *Puncticollis*, et souvent confondu avec

lui, mais un peu plus petit proportionnellement, plus court et d'un brun un peu rougeâtre sur la tête et le corselet.

Tête un peu plus grande, moins rétrécie postérieurement, avec la ponctuation un peu moins serrée.

Corselet plus large, plus court, avec les points enfoncés un peu moins marqués.

Élytres un peu plus larges, plus courtes, plus ovales et moins parallèles, avec la ponctuation plus fine et les stries un peu moins marquées.

Dessous du corps, pattes et antennes, à peu près comme dans le *Puncticollis*.

Il se trouve en France, en Angleterre, en Espagne, en Dalmatie, en Finlande et dans la Russie méridionale.

25. H. Parallelus.

Pl. 183. fig. 4.

Oblongo-ovatus, subparallelus, subpubescens, nigro-piceus; capite thoraceque confertissime punctatis; thorace subquadrato, postice subangustato, angulis posticis rectis; elytris brevioribus, subtilissime punctatis, striatis; antennis pedibusque rufo-testaceis.

Dej. *Spec.* IV. p. 219. n° 25.
Ophonus Parallelus. Dej. *Cat.* p. 14.

Long. 2 ⅔, 3 lignes. Larg. 1, 1 ¼ ligne.

Ordinairement plus petit que le *Brevicollis*, proportionnellement moins large et d'un brun noirâtre en dessus.

Tete un peu moins large, avec la ponctuation plus forte et plus serrée.

Corselet moins large, moins arrondi sur les côtés antérieurement et un peu moins rétréci postérieurement, avec les points plus marqués et plus serrés.

Élytres assez courtes, un peu moins larges, moins ovales et plus parallèles, striées et ponctuées à peu près de la même manière.

Dessous du corps et pattes à peu près comme dans le *Brevicollis*.

Il se trouve en Espagne.

26. H. Complanatus.

Pl. 183. fig. 5.

Oblongo-ovatus, subparallelus, subpubescens, nigro-piceus; capite obsolete punctato; thorace punctato, subquadrato, postice subangustato, angulis posticis rectis; elytris brevioribus, subtilissime punctatis, striatis; antennis pedibusque rufo-testaceis.

Dej. *Spec.* IV. p. 220. n° 26.
Ophonus Complanatus. Dej. *Cat.* p. 14.

Long. 2 $\frac{1}{4}$, 3 $\frac{1}{4}$ lignes. Larg. 1 $\frac{1}{4}$, 1 $\frac{1}{3}$ ligne.

Voisin du *Maculicornis*, mais ordinairement un peu

plus grand et proportionnellement un peu plus large, avec les antennes entièrement d'un rouge-ferrugineux un peu jaunâtre.

Corselet un peu plus large, avec les points enfoncés moins marqués et moins serrés, surtout dans le milieu.

Élytres un peu plus larges, striées et ponctuées à peu près de la même manière.

Pattes d'un jaune testacé un peu moins pâle.

Il se trouve en Styrie.

27. H. Maculicornis. *Megerle.*

Pl. 183. fig. 6.

Oblongo-ovatus, subpubescens, nigro-piceus; capite obsolete punctato; thorace subquadrato, postice subangustato, confertissime punctato; angulis posticis rectis; elytris subtilissime punctatis, striatis; antennarum basi pedibusque pallide testaceis.

Dej. *Spec.* iv. p. 221. n° 27.
Sturm. iv. p. 110. n° 63. t. 94. fig. d. D.
Carabus Maculicornis. Duftschmid. ii. p. 90. n° 101.
Ophonus Maculicornis. Dej. *Cat.* p. 14.
Ophonus Interstitialis. Sturm.

Long. 2 ½, 3 lignes. Larg. 1, 1 ¼ ligne.

Plus petit que le *Brevicollis*, proportionnellement un peu moins large, moins convexe, et d'un brun noirâtre en dessus.

Tête presque triangulaire, un peu rétrécie postérieurement et légèrement convexe, couverte de points enfoncés peu marqués et assez éloignés les uns des autres; antennes d'un brun roussâtre, avec les deux ou trois premiers articles d'un jaune testacé.

Corselet plus large que la tête, un peu moins long que large, presque carré, très-légèrement arrondi antérieurement sur les côtés, un peu rétréci postérieurement, peu convexe et presque plane, entièrement couvert de points enfoncés assez serrés et assez marqués; la ligne médiane fine et peu marquée; de chaque côté de la base, une impression oblongue assez large et assez marquée; le bord antérieur légèrement échancré; les angles antérieurs assez arrondis; les côtés légèrement rebordés et un peu sinués, tombant presque carrément sur la base; celle-ci un peu sinuée et très-légèrement échancrée en arc de cercle.

Élytres un peu plus larges que le corselet, peu allongées, légèrement ovales, presque parallèles, peu convexes et assez fortement sinuées obliquement à l'extrémité, entièrement couvertes de petits points enfoncés peu marqués; les stries fines et assez marquées; les intervalles presque planes; les trois rangées de petits points enfoncés des troisième, cinquième et septième intervalles, plus distinctes que dans les espèces précédentes; des ailes sous les élytres.

Dessous du corps d'un brun noirâtre, avec les pattes d'un jaune testacé assez pâle.

Il se trouve communément dans l'est et dans le midi de la France, en Suisse, en Autriche et en Dalmatie.

28. H. Signaticornis. *Megerle.*

Pl. 184. fig. 1.

Oblongo-ovatus, subpubescens, obscure niger; capite lævigato; thorace breviore, subquadrato, punctato, medio sublævigato, angulis posticis subrectis; elytris brevioribus, subtilissime punctatis, striatis; antennis, tibiis tarsisque rufo-testaceis.

Dej. *Spec.* iv. p. 223. n° 28.
Sturm. iv. p. 118. n° 68. r. 96. fig. b. B.
Carabus Signaticornis. Duftschmid. ii. p. 91. n° 102.
Ophonus Nigricans. Dej. *Cat.* p. 14.

Long. 2 $\frac{2}{3}$, 3 lignes. Larg. 1 $\frac{1}{4}$, 1 $\frac{1}{3}$ ligne.

Un peu plus petit que le *Chlorophanus*, proportionnellement un peu moins allongé, et d'un noir obscur en dessus.

Tête presque triangulaire, un peu rétrécie postérieurement et légèrement convexe; antennes d'un rouge-ferrugineux un peu jaunâtre, avec une tache peu distincte, obscure, sur le troisième et le quatrième article.

Corselet plus large que la tête, moins long que large, presque carré, très-légèrement convexe, couvert antérieurement, postérieurement et sur les côtés, de points enfoncés peu serrés; la ligne médiane assez marquée; de chaque côté de la base, une impression oblongue assez large; le bord antérieur légèrement échancré; les angles antérieurs arrondis; les côtés légèrement rebordés, tombant presque carrément sur la base et formant avec elle un angle presque droit; celle-ci très-légèrement sinuée et coupée presque carrément.

Élytres plus larges que le corselet, peu allongées, légèrement ovales, presque parallèles, peu convexes et légèrement sinuées obliquement à l'extrémité, couvertes de petits points enfoncés très-serrés et peu marqués; les stries fines, assez marquées et un peu plus profondes; les intervalles presque planes et un peu arrondis vers l'extrémité; un petit point enfoncé plus ou moins distinct sur le troisième; des ailes sous les élytres.

Dessous du corps et cuisses d'un brun noirâtre; jambes et tarses d'un rouge ferrugineux un peu jaunâtre.

Il se trouve en France, en Hongrie et en Styrie.

29. H. Hirsutulus.

Pl. 184. fig. 2.

Oblongo-ovatus, subpubescens, nigro-piceus; capite lævigato; thorace breviore, subquadrato, punctato, medio sublævigato, angulis posticis rectis; elytris subtilissime punctatis, striatis; antennis pedibusque rufo-testaceis.

Dej. *Spec.* iv. p. 226. n° 30.
Ophonus Hirsutulus. Stéven.
Harpalus Griseus. Sturm. *Catal.* p. 148.

Long. 3 $\frac{1}{2}$, 4 lignes. Larg. 1 $\frac{1}{2}$, 1 $\frac{3}{4}$ ligne.

A peu près de la taille du *Planicollis*, proportionnellement plus large et moins allongé, d'un brun noirâtre en dessus et couvert d'un duvet qui le fait paraître grisâtre.

Tête peu allongée, triangulaire, avec les antennes d'un rouge ferrugineux un peu jaunâtre.

Corselet plus large que la tête, moins long que large, assez court, presque carré, très-légèrement arrondi sur les côtés antérieurement, point rétréci postérieurement, peu convexe et presque plane, couvert de points enfoncés assez marqués et assez éloignés les uns des autres vers le bord antérieur et sur les côtés; la ligne médiane fine et peu marquée; de chaque côté de la base, une impression oblongue, assez large, presque arrondie et assez marquée; le bord antérieur légèrement échancré; les angles antérieurs arrondis; les côtés légèrement rebordés, tombant carrément sur la base et formant avec elle un angle droit; celle-ci coupée presque carrément.

Élytres plus larges que le corselet, assez allongées, légèrement ovales, presque parallèles, peu convexes et très-fortement sinuées obliquement à l'extrémité, couvertes de petits points enfoncés très-serrés et peu marqués; les stries fines, assez marquées; les intervalles planes; les trois rangées de points enfoncés des troisième, cinquième et septième intervalles, bien distinctes avec une forte loupe; des ailes sous les élytres.

Dessous du corps d'un brun noirâtre, avec les pattes d'un rouge-ferrugineux un peu jaunâtre.

Il se trouve aux environs de Perpignan, en Italie et au Caucase.

30. H. Planicollis. *Sanvitale.*

Pl. 184. fig. 3.

Elongato-oblongus, subpubescens, nigro-piceus; capite obsolete punctato; thorace subcordato, punctato, angulis posticis obtusis, subrotundatis; elytris subtilissime punctatis, striatis; antennis pedibusque rufis.

Dej. *Spec.* iv. p. 227. n° 31.
Ophonus Planicollis. Dej. *Cat.* p. 14.

Long. 2 $\frac{1}{4}$, 3 $\frac{3}{4}$ lignes. Larg. $\frac{3}{4}$, 1 $\frac{1}{3}$ ligne.

Un peu plus allongé et moins convexe que le *Puncticollis*, ordinairement plus petit et entièrement d'un brun noirâtre.

Tête oblongue, un peu rétrécie postérieurement, avec les antennes d'un rouge ferrugineux.

Corselet plus large que la tête, moins long que large, très-légèrement arrondi sur les côtés antérieurement, rétréci postérieurement, presque cordiforme, peu convexe et presque plane, couvert de points enfoncés peu marqués, assez éloignés les uns des autres: une bordure latérale très-étroite, d'un brun roussâtre; la ligne médiane assez marquée; de chaque côté de la base, une impression oblongue, assez large, presque arrondie; le bord antérieur fortement échancré; les angles antérieurs presque arrondis; les côtés légèrement rebordés, tombant un peu obliquement sur la base et formant avec elle un angle un peu obtus; celle-ci légèrement échancrée en arc de cercle.

Élytres un peu plus larges que le corselet, allongées, légèrement ovales, presque parallèles, peu convexes et assez fortement sinuées obliquement à l'extrémité, entièrement couvertes de petits points enfoncés très-serrés; les stries lisses, assez fortement marquées; les intervalles presque planes; les trois rangées de points enfoncés des troisième, cinquième et septième, bien distinctes avec une forte loupe; des ailes sous les élytres.

Dessous du corps d'un brun noirâtre, avec les pattes d'un rouge ferrugineux.

Il se trouve en Dalmatie, en Italie, en Sicile, en Espagne, en Portugal et sur la côte de Barbarie.

31. H. Mendax.

Pl. 184. fig. 4.

Oblongo-ovatus, subpubescens, nigro-piceus; capite thoraceque punctatis; thorace subquadrato, angulis posticis obtusis, subrotundatis; elytris obscure rufis, subtilissime punctatis, striatis; antennis pedibusque rufo-testaceis.

Dej. *Spec.* IV. p. 229. n° 32.

Carabus Mendax. Rossi. *Fauna Etrusca.* I. p. 225. n° 552. T. 2. fig. 10.

SCH. *Syn. Ins.* 1. p. 208. n° 224.
Ophonus Fulvipennis. MEGERLE. DEJ. *Cat.* p. 14.
Ophonus Reichenbachii. STURM. *Catal.* p. 179.

Long. 3, 3 ½ lignes. Larg. 1 ¼, 1 ⅓ ligne.

A peu près de la taille du *Chlorophanus*, moins convexe; d'un brun noirâtre sur la tête et le corselet, et d'un rouge-ferrugineux plus ou moins obscur sur les élytres.

Tête oblongue, presque triangulaire, un peu rétrécie postérieurement et légèrement convexe, couverte de points enfoncés, avec les antennes d'un rouge-ferrugineux un peu jaunâtre.

Corselet plus large que la tête, un peu moins long que large, presque carré, assez arrondi sur les côtés, très-légèrement convexe et presque plane, couvert de points enfoncés peu marqués, une bordure latérale étroite, d'un brun roussâtre; la ligne médiane fine et peu marquée; de chaque côté de la base, une impression oblongue, assez large et assez marquée; les angles antérieurs assez arrondis; les côtés très-légèrement rebordés; les angles postérieurs obtus, presque arrondis; la base un peu sinuée et très-légèrement échancrée dans son milieu.

Élytres un peu plus larges que le corselet, assez allongées, très-légèrement ovales, presque parallèles, peu convexes et assez fortement sinuées un peu obliquement à l'extrémité, entièrement couvertes de petits points enfoncés très-serrés et peu marqués; les stries lisses et assez fortement marquées; les intervalles planes; les trois rangées de points enfoncés des troisième, cinquième et septième, peu distinctes, même avec une forte loupe; des ailes sous les élytres.

Dessous du corps d'un brun noirâtre, avec les pattes d'un rouge ferrugineux assez pâle.

Il se trouve dans le midi de la France, en Italie et en Dalmatie.

32. H. Germanus.

Pl. 184. fig. 5.

Ovatus, subpubescens, confertissime punctatus; capite, elytris, antennis pedibusque rufo-testaceis; thorace cordato, elytrorumque macula communi, postica, cordata, cyaneis.

Dej. *Spec.* IV. p. 230. n° 33.
Sturm. IV. p. 99. n° 57.
Carabus Germanus. Fabr. *Sys. El.* I. p. 204. n° 187.
Oliv. III. 35. p. 100. n° 139. T. 5. fig. 56.
Sch. *Syn. Ins.* I. p. 212. n° 252.
Duftschmid. II. p. 170. n° 226.
Ophonus Germanus. Dej. *Cat.* p. 14.

Long. 3 $\frac{3}{4}$, 4 lignes. Larg. 1 $\frac{1}{2}$, 1 $\frac{2}{3}$ ligne.

Un peu plus petit que l'*Æneus*, proportionnellement un peu plus court, plus large et plus épais, et couvert en dessus de petits poils assez courts et assez serrés, qui le font paraître pubescent.

Tête d'un rouge ferrugineux un peu jaunâtre, assez grosse, presque triangulaire.

Corselet d'un bleu un peu violet, avec une bordure latérale très-étroite, d'un brun roussâtre; plus large que la tête, moins long que large, assez court, arrondi antérieurement sur les côtés, rétréci postérieurement, assez fortement cordiforme et légèrement convexe, couvert de points enfoncés un peu plus gros que ceux de la tête, très-serrés, se confondant souvent ensemble; la ligne médiane fine, assez marquée au milieu; de chaque côté de la base, une impression oblongue, assez fortement marquée; le bord antérieur assez fortement échancré; les angles antérieurs arrondis; les côtés légèrement rebordés, tombant carrément sur la base et formant avec elle un angle droit; la base coupée presque carrément; l'écusson noirâtre.

Élytres d'un rouge-ferrugineux assez pâle et un peu jaunâtre, avec une grande tache commune, presque en forme de cœur, d'un bleu violet, placée vers l'extrémité; plus larges que le corselet, peu allongées, légèrement ovales, presque parallèles, assez convexes et assez fortement sinuées un peu obliquement, couvertes de points enfoncés très-serrés; les stries lisses, assez marquées; les intervalles presque planes; des ailes sous les élytres.

Dessous du corselet, poitrine et abdomen, d'un noir quelquefois un peu bleuâtre, avec les pattes d'un rouge-ferrugineux assez pâle.

Il se trouve assez communément sous les pierres et sur les tiges des graminées, en France, en Espagne, en Italie, en Allemagne et en Dalmatie.

33. H. Obsoletus.

Pl. 184. fig. 6.

Oblongo-ovatus, subpubescens, punctatus, testaceus; thorace subcordato, postice utrinque impresso; elytris striatis, macula magna oblonga nigro-picea.

Dej. *Spec.* iv. p. 232. n° 34.
Ophonus Obsoletus. Dej. *Cat.* p. 14.
Ophonus Cerinus. Stéven. Sturm. *Catal.* p. 179.

Long. 3, 3 $\frac{1}{2}$ lignes. Larg. 1 $\frac{1}{4}$, 1 $\frac{1}{2}$ ligne.

Ordinairement un peu plus grand que le *Pubescens*, proportionnellement moins allongé, plus large, plus convexe, avec le duvet plus court et plus serré, d'un jaune-testacé ordinairement un peu rougeâtre sur la tête et le corselet, et un peu plus pâle sur les élytres.

Tête et corselet couverts de points enfoncés moins gros, moins marqués et un peu plus serrés.

Corselet un peu plus large, moins cordiforme, moins arrondi sur les côtés antérieurement et moins rétréci postérieurement; la ligne médiane plus fine et un peu moins marquée.

Élytres un peu plus larges, plus courtes, plus ovales, moins parallèles et un peu plus convexes, ayant ordinairement chacune une tache noirâtre, oblongue, plus ou moins marquée, qui s'étend à peu près de la première à la cinquième strie et du tiers aux trois quarts des élytres; leur ponctuation un peu plus fine et plus serrée; les stries ne paraissant pas ponctuées.

Dessous du corps d'un jaune-testacé un peu roussâtre, avec les antennes et les pattes d'un jaune-testacé assez pâle.

Il se trouve dans le sable, sur les bords de la mer et des eaux salées, dans le midi de la France, en Espagne, en Sicile, en Dalmatie et dans les provinces méridionales de la Russie.

34. H. Dorsalis.

Pl. 185. fig. 1.

Oblongo-ovatus, subpubescens, punctatus, testaceus; thorace subquadrato, postice angustato, utrinque impresso; elytris striatis, macula magna oblonga nigro-picea.

Dej. *Spec.* iv. p. 233. n° 35.
Ophonus Dorsalis. Dej. *Cat.* p. 13.

Long. 3 $\frac{1}{4}$ lignes. Larg. 1 $\frac{1}{3}$ ligne.

Très-voisin de l'*Obsoletus*, dont il n'est peut-être qu'une variété.

Corselet moins cordiforme, moins arrondi antérieurement sur les côtés, moins rétréci postérieurement et dont les côtés paraissent tomber presque un peu obliquement sur la base.

Élytres et dessous du corps comme dans l'*Obsoletus.*

Il se trouve en Bretagne et aux environs d'Amiens.

35. H. Chloroticus.

Pl. 185. fig. 2.

Oblongus, subpubescens, subtilissime punctatus ; capite thoraceque rufo-testaceis ; thorace cordato, postice utrinque impresso; elytris testaceis, striatis, macula magna oblonga nigro-picea ; antennis pedibusque testaceis.

Dej. *Spec.* iv. p. 234. n° 36.

Long. 2 $\frac{3}{4}$ lignes. Larg. 1 ligne.

Très-voisin du *Pallidus.*

Tête et corselet d'une couleur un peu plus rougeâtre, un peu plus ponctuée.

Corselet un peu moins court, avec les impressions transversales plus marquées; les angles postérieurs et la base coupés plus carrément.

Élytres un peu plus convexes; leur ponctuation un peu plus fine et moins marquée; la tache noirâtre moins grande et se rapprochant moins de la base et de l'extrémité.

Il se trouve en Sicile.

36. H. Pallidus.

Pl. 185. fig. 3.

Oblongus, subpubescens, confertissime punctatus, testaceus; thorace cordato, postice utrinque impresso; elytris striatis, macula magna oblonga nigro-picea.

Dej. *Spec.* iv. p. 234. n° 37.
Ophonus Pallidus. Dej. *Cat.* p. 14.

Long. 2 $\frac{2}{3}$ lignes. Larg. 1 ligne.

Très-voisin du *Pubescens*, mais un peu plus petit, moins convexe, couvert de petits poils un peu plus courts et moins serrés, et d'un jaune-testacé un peu roussâtre sur la tête et le corselet, et un peu plus pâle sur les élytres.

Corselet moins arrondi antérieurement sur les côtés; la ligne médiane et les deux impressions transversales moins marquées; les angles postérieurs coupés un peu moins carrément et la base un peu plus sinuée.

Élytres moins convexes, ayant chacune une grande tache noirâtre dont les bords ne sont pas bien déterminés, et qui s'étend à peu près de la première à la cinquième strie sans toucher à la base ni à l'extrémité; les points enfoncés un peu moins marqués et plus nombreux; les stries ne paraissant pas ponctuées.

Dessous du corps d'un jaune testacé un peu roussâtre, avec les pattes d'un jaune-testacé assez pâle.

Il se trouve en Espagne et dans le midi de la France.

37. H. Ustulatus.

Pl. 185. fig. 4.

Oblongus, subpubescens, rufo-testaceus; capite thoraceque punctatis; thorace cordato, postice subcoarctato, utrinque impresso; elytris subtilissime punctatis, striatis, macula magna oblonga nigro-picea; antennis pedibusque testaceis.

Dej. *Spec.* iv. p. 235. n° 38.
Ophonus Ustulatus. Gebler.

Long. 2 $\frac{3}{4}$ lignes. Larg. 1 $\frac{1}{4}$ ligne.

Très-voisin du *Pubescens*, et d'un jaune-testacé un peu rougeâtre, surtout sur la tête et le corselet : ces derniers ponctués de même.

Corselet un peu plus arrondi sur les côtés antérieurement, et un peu plus rétréci postérieurement.

Élytres ayant à peu près la même forme; les points enfoncés plus petits, moins marqués et beaucoup plus serrés; les stries ne paraissant pas ponctuées : une grande tache noirâtre vers l'extrémité de chacune, placée à peu près comme dans le *Pubescens*.

Dessous du corps d'un jaune-testacé un peu roussâtre, avec les antennes et les pattes d'un jaune-testacé assez pâle.

Il se trouve au Caucase et en Sibérie.

38. H. Pubescens.

Pl. 185. fig. 5.

Oblongus, subpubescens, punctatus, piceus vel testaceus; thorace cordato, postice utrinque impresso; elytris striatis, striis obsolete punctatis.

Dej. *Spec.* iv. p. 236. n° 39.
Gyllenhal. ii. p. 109. n° 26. et iv. p. 431. n° 26.
Ahrens. *Faun. Ins. Europ.* ix. t. 3.
Carabus Pubescens. Payk. *Fauna Suecica.* i. p. 124. n° 36.
Sch. *Syn. Ins.* i. p. 190. n° 119.
Ophonus Pubescens. Dej. *Cat.* p. 14.

Long. 2 $\frac{2}{3}$, 3 lignes. Larg. 1, 1 $\frac{1}{4}$ ligne.

Plus petit que le *Puncticollis*, proportionnellement plus étroit et plus allongé, avec les petits poils moins serrés et un peu plus longs; de couleur variable. Les mâles ordinairement d'un brun roussâtre, avec une tache plus obscure sur la tête, une autre plus grande au milieu du corselet, et une autre oblongue, assez grande, à l'extrémité de chaque élytre; toutes ces taches plus ou moins grandes, et se réunissant quelquefois pour couvrir tout l'insecte. Les femelles ordinairement d'un jaune-testacé un peu roussâtre, ayant quelquefois sur chaque élytre une tache oblongue, d'un brun obscur, peu distincte.

Tête oblongue, presque triangulaire.

Corselet plus large que la tête, moins long que large, assez court, arrondi sur les côtés antérieurement, rétréci postérieurement, assez fortement cordiforme et légèrement convexe, couvert comme la tête de points enfoncés assez gros, assez marqués et peu rapprochés les uns des autres; la ligne médiane assez fortement marquée; de chaque côté de la base, une impression oblongue, fortement marquée; le bord antérieur légèrement échancré; les angles antérieurs arrondis; les côtés légèrement rebordés et un peu relevés vers les angles postérieurs, qui sont coupés presque carrément; la base très-légèrement sinuée et coupée presque carrément.

Élytres plus larges que le corselet, assez allongées, légèrement ovales, presque parallèles, peu convexes et très-légèrement sinuées à l'extrémité, couvertes de points enfoncés assez marqués, peu serrés et presque disposés en ligne longitudinale; les stries assez marquées; les intervalles planes; des ailes sous les élytres.

Dessous du corps à peu près de la couleur du dessus, avec les pattes d'un jaune testacé.

Il se trouve communément sur les bords de la mer, en Suède, en Angleterre et dans le nord de la France.

39. H. Stevenii.

Pl. 186. fig. 6.

Oblongo-ovatus, subpubescens, nigro-piceus; thorace subquadrato, punctis sparsis impressis, postice utrinque sub-

foveolato, foveis punctatis, angulis posticis subrotundatis; elytris striatis, punctatis, postice profunde sinuatis, subdentatis; antennis, tibiis tarsisque rufo-piceis.

DEJ. *Spec.* IV. p. 242. n° 43.
Ophonus Sabulicola. STÉVEN.

Long. 5 lignes. Larg. 1 $\frac{3}{4}$ ligne.

Très-voisin de l'*Hospes*, mais plus petit et d'un brun noirâtre, avec les bords du corselet roussâtre.

Tête presque semblable, avec les antennes entièrement d'un brun rougeâtre et les yeux plus gros.

Corselet plus carré, moins arrondi sur les côtés, couvert de points enfoncés assez marqués et assez éloignés; le bord antérieur moins échancré; les angles postérieurs moins arrondis et plus marqués; la base un peu sinuée et coupée presque carrément.

Élytres à peu près comme celles de l'*Hospes*, au moins dans le mâle (la femelle étant inconnue).

Dessous du corps et cuisses d'un brun noirâtre, avec les jambes et les tarses d'un brun rougeâtre.

Il se trouve au Caucase.

SECONDE DIVISION.

40. H. Hospes.

Pl. 186. fig. 1.

Oblongo-ovatus, subpubescens, supra obscure viridi-æneus; thorace subquadrato, postice utrinque subfoveolato, foveis punctatis, angulis posticis rotundatis; elytris striatis, postice profunde sinuatis, subdentatis, punctatis (feminæ subtilius punctatis); antennarum basi tarsisque rufo-piceis.

Dej. *Spec.* iv. p. 243. n° 44.
Sturm. iv. p. 88. n° 51. t. 92. fig. c. C.
Dej. *Cat.* p. 14.

Long. 5, 5 ½ lignes. Larg. 1 ¾, 2 lignes.

Un peu plus grand que l'*Æneus*, proportionnellement plus allongé, d'un vert obscur bronzé dans les mâles, et presque entièrement d'un noir obscur dans les femelles.

Tête presque triangulaire, un peu rétrécie postérieurement.

Corselet plus large que la tête, un peu moins long que large, presque carré, arrondi sur les côtés et légèrement convexe; la ligne médiane fine et peu marquée; de chaque côté de la base une impression oblongue assez large, presque arrondie, fortement ponctuée; le bord antérieur assez fortement échancré; les angles antérieurs arrondis; les côtés légèrement rebordés; les angles postérieurs arrondis et à peine marqués; la base légèrement échancrée en arc de cercle.

Élytres plus larges que le corselet, assez allongées, très-légèrement ovales, presque parallèles et peu convexes, fortement sinuées et presque échancrées à l'extrémité, surtout dans les femelles, couvertes de points enfoncés assez marqués, peu rapprochés les uns des autres, surtout vers la suture, dans les mâles, et plus petits et plus serrés dans les femelles; les stries lisses et assez fortement marquées; les intervalles presque planes dans les mâles; des ailes sous les élytres.

Dessous du corps d'un noir obscur, avec les cuisses et les jambes d'un brun noirâtre et les tarses d'un brun roussâtre.

Il se trouve en Hongrie.

41. H. Sturmii.

Pl. 186. fig. 2.

Oblongo-ovatus, subpubescens, supra obscure viridi-æneus, vel nigro-piceus; thorace subquadrato, postice utrinque subfoveolato, foveis punctatis, angulis posticis obtusis; elytris striatis, postice profunde sinuatis, subdentatis, punctatis (feminæ subtilius punctatis); antennis pedibusque rufo-piceis.

DEJ. *Spec.* IV. p. 245. n° 45.
H. Hospes. STURM.

Long. 5 $\frac{1}{2}$, 6 lignes. Larg. 2, 2 $\frac{1}{4}$ lignes.

Très-voisin de l'*Hospes*, mais un peu plus grand. Le mâle d'un vert bronzé en dessus, un peu roussâtre sur la tête et le corselet; la femelle d'un brun noirâtre.

Les antennes d'un brun roussâtre, avec une petite tache obscure sur le second et sur le troisième article.

Corselet plus carré, moins arrondi sur les côtés, avec les angles postérieurs moins arrondis.

Les pattes entièrement d'un brun roussâtre.

Il se trouve en Hongrie.

42. H. RUFICORNIS.

Pl. 186. fig. 3.

Oblongo-ovatus, subpubescens, nigro-piceus; thorace subquadrato, postice punctulato, utrinque obsolete foveolato, angulis posticis rectis; elytris subtilissime punctatis, striatis, antennis pedibusque rufis.

DEJ. *Spec.* IV. p. 249. n° 48.
GYLLENHAL. II. p. 107. n° 24. et IV. p. 430. n° 24.
STURM. IV. p. 8. n° 2. T. 77.
SAHLBERG. *Dissert. Entom. Ins. Fennica.* p. 231. n° 25.
DEJ. *Cat.* p. 14.

Carabus Ruficornis. Fabr. *Sys. El.* I. p. 180. n° 53.
Oliv. III. 35. p. 56. n° 67. t. 8. fig. 91.
Sch. *Syn. Ins.* I. p. 181. n° 71.
Duftschmid. II. p. 88. n° 98.
Le Bupreste noir velouté. Geoff. I. p. 160. n° 38.

Long. 6, 7 lignes. Larg. 2 $\frac{1}{3}$, 2 $\frac{3}{4}$ lignes.

D'un brun obscur, presque noirâtre, couvert d'un duvet court et assez serré sur les élytres, à peine sensible sur la tête et le corselet.

Tête assez grande, presque ovale, un peu rétrécie postérieurement, presque lisse et très-légèrement convexe, avec les antennes d'un rouge ferrugineux.

Corselet plus large que la tête, un peu moins long que large, presque carré, très-légèrement arrondi antérieurement sur les côtés, à peine sinué près de la base, très-peu convexe et presque plane; toute la base couverte de points enfoncés très-serrés, la ligne médiane fine, peu marquée; de chaque côté de la base une légère impression oblongue, assez large et peu marquée; le bord antérieur assez échancré; les angles antérieurs arrondis; les côtés légèrement rebordés et assez largement déprimés vers les angles postérieurs, se redressant un peu près de la base et formant avec elle un angle droit dont le sommet est assez aigu; la base très-légèrement échancrée en arc de cercle et coupée presque carrément.

Élytres un peu plus larges que le corselet, assez allongées, légèrement ovales, presque parallèles, peu convexes et assez fortement sinuées obliquement à l'extrémité, entièrement couvertes de très-petits points enfoncés très-serrés et peu marqués; les stries assez fines, lisses et assez marquées; les intervalles très-légèrement relevés; des ailes sous les élytres.

Dessous du corps d'un brun noirâtre, quelquefois un peu roussâtre, avec les pattes d'un rouge ferrugineux.

Il se trouve très-communément dans presque toute l'Europe et dans la Sibérie; M. Goudot l'a rapporté des environs de Tanger.

43. H. Griseus.

Pl. 186. fig. 4.

Oblongo-ovatus, subpubescens, nigro-piceus; thorace subquadrato, postice punctulato, utrinque obsolete foveolato, angulis posticis rectis; elytris subtilissime punctatis, striatis; antennis pedibusque pallide rufo-testaceis.

Dej. *Spec.* iv. p. 251. n° 49.

Dej. *Cat.* p. 14.

Carabus Griseus. Panzer. *Faun. Germ.* 38. n° 1.

H. Ruficornis. Gyllenhal. *var. c. d.* ii. p. 107. n° 24. et iv. p. 430. n° 24.

Sahlberg. *Dissert. Entom. Ins. Fennica.* p. 231. n° 25.

H. Ruficornis. var. b. Sturm. iv. p. 8. n° 2.

Carabus Ruficornis. var. b. Sch. *Syn. Ins.* p. 181. n° 71.

Carabus Ruficornis. var. d. e. Duftschmid. ii. p. 88. n° 98.

Long. 3 $\frac{3}{4}$, 5 $\frac{1}{4}$ lignes. Larg. 1 $\frac{1}{2}$, 2 lignes.

Très-voisin du *Ruficornis*, mais toujours plus petit.

Corselet plus lisse, avec la ponctuation de la base moins serrée.

Les antennes et les pattes d'un rouge ferrugineux plus pâle et un peu jaunâtre.

Le reste comme dans le *Ruficornis*.

Il se trouve aussi très-communément dans presque toute l'Europe.

44. H. Erosus. *Gebler*.

Pl. 186. fig. 5.

Oblongus, supra obscure cupreo-æneus; thorace quadrato, postice confertissime punctato; utrinque obsoletissime foveolato, angulis posticis rotundatis; elytris striatis, postice profunde sinuatis subdentatis; interstitio tertio puncto impresso: antennis pedibusque nigro-piceis.

Dej. *Spec.* IV. p. 266. n° 6.

Long. 5 $\frac{1}{2}$ lignes. Larg. 2 $\frac{1}{4}$ lignes.

Un peu plus grand que le *Distinguendus*, et d'un bronzé-obscur un peu cuivreux en dessus, surtout sur les élytres.

Tête un peu plus ovale et un peu plus allongée, avec les antennes entièrement d'un brun noirâtre.

Corselet plus convexe, un peu plus arrondi sur les côtés, ne paraissant nullement sinué près de la base; celle-ci couverte de points enfoncés assez marqués, très-serrés; l'impression de chaque côté de la base beaucoup moins marquée et peu distincte; le bord antérieur un peu moins échancré; les angles antérieurs plus arrondis; les postérieurs arrondis et peu marqués; la base un peu plus échancrée en arc de cercle.

Élytres à peu près de la même forme, striées et ponctuées à peu près de la même manière, sinuées et presque échancrées à l'extrémité, comme celles de l'*Æneus*.

Dessous du corps et pattes d'un brun noirâtre.

Il se trouve en Sibérie.

45. H. Dispar.

Pl. 186. fig. 6.

Oblongus, supra plerumque obscure viridi-æneus; thorace quadrato, postice punctato, utrinque subfoveolato, angulis posticis subrotundatis; elytris striatis, striis lateribusque obsolete punctulatis, postice subtruncatis, interstitio tertio puncto impresso; antennis pedibusque rufis, vel nigro-piceis.

Dej. *Spec.* iv. p. 267. n° 61.

Long. 4, 5 lignes. Larg. 1 $\frac{2}{3}$, 2 lignes.

Voisin de l'*Æneus* par la forme et la grandeur, et ordinairement en dessus d'un vert-bronzé très-obscur, quelquefois presque d'un brun noirâtre, et presque toujours d'un vert-bronzé assez clair et brillant sur les élytres des mâles.

Tête à peu près comme celle de l'*Æneus*, avec les antennes d'un rouge ferrugineux, ou d'un brun obscur.

Corselet un peu plus court que celui de l'*Æneus*; toute la base couverte de points enfoncés très-serrés; les angles postérieurs coupés moins carrément et légèrement arrondis.

Élytres à peu près de la même forme, avec l'extrémité légèrement arrondie dans les deux sexes, presque tronquée et nullement sinuée; les stries très-légèrement ponctuées, plus distinctement dans les mâles que dans les femelles.

Dessous du corps d'un noir quelquefois un peu brunâtre, avec les pattes, tantôt d'un rouge ferrugineux, tantôt d'un brun noirâtre.

Il se trouve assez communément dans le midi de la France; il habite aussi la Dalmatie.

46. H. Semi-Punctatus.

Pl. 187. fig. 1.

Oblongus, supra nigro-piceus; thorace quadrato, postice utrinque subfoveolato, foveis punctatis, angulis posticis subrotundatis; elytris striatis, lateribus obsolete punctulatis, postice profunde sinuatis subdentatis, interstitio tertio puncto impresso; antennis pedibusque rufis.

DEJ. *Spec.* IV. p. 268. n° 62.
DEJ. *Cat.* p. 14.

Long. 5, 5 ½ lignes. Larg. 2, 2 ¼ lignes.

Très-voisin de l'*Æneus*, mais ordinairement un peu plus grand et d'un noir un peu brunâtre en dessus.

Corselet un peu plus convexe, un peu plus arrondi sur les côtés, avec les angles postérieurs coupés moins carrément et légèrement arrondis.

Élytres ayant à peu près la même forme, striées et ponctuées à peu près de la même manière; le bord inférieur d'un brun un peu roussâtre.

Dessous du corps d'un noir quelquefois un peu roussâtre, avec les antennes et les pattes d'un rouge ferrugineux.

Il se trouve en Espagne, en Calabre et dans la Russie méridionale.

47. H. ÆNEUS.

Pl. 187. fig. 2.

Oblongus, supra plerumque viridi-æneus; thorace quadrato, postice utrinque subfoveolato, foveis punctatis, angulis posticis subrectis; elytris striatis, lateribus obsolete punctulatis, postice profunde sinuatis subdentatis, interstitio tertio puncto impresso; antennis pedibusque rufis.

DEJ. *Spec.* IV. p. 269. n° 63.
GYLLENHAL. II. p. 116. n° 31. et IV. p. 431. n° 31.
STURM. VI. p. 36. n° 19.
SAHLBERG. *Dissert. Entom. Ins. Fennica.* p. 235. n° 31.
DEJ. *Cat.* p. 14.
Carabus Æneus. FABR. *Sys. El.* p. 197. n° 146.
SCH. *Syn. Ins.* I. p. 203. n° 201.
DUFTSCHMID. II. p. 74. n° 79.
VAR. *Carabus Smaragdinus.* DUFTSCHMID. II. p. 78. n° 2.

Long. 3 $\frac{2}{3}$, 5 lignes. Larg. 1 $\frac{1}{2}$, 2 lignes.

D'un vert-bronzé plus ou moins clair et brillant, plus ou moins obscur, quelquefois un peu cuivreux, quelquefois d'un brun noirâtre, quelquefois même presque tout-à-fait noir, avec tous les passages intermédiaires.

Tête presque arrondie, peu rétrécie postérieurement, avec les antennes d'un rouge ferrugineux quelquefois un peu obscur.

Corselet plus large que la tête, moins long que large, presque carré, très-légèrement arrondi sur les côtés antérieurement et peu convexe; la ligne médiane assez marquée; de chaque côté de la base une impression oblongue, assez large et peu marquée, couverte de points enfoncés plus ou moins gros, plus ou moins serrés et plus ou moins marqués; le bord antérieur légèrement échancré; les angles antérieurs arrondis; les côtés légèrement rebordés, tombant carrément sur la base et formant avec elle un angle droit à sommet un peu arrondi; la base légèrement échancrée en arc de cercle.

Élytres plus larges que le corselet, peu allongées, très-légèrement ovales, presque parallèles, peu convexes, fortement sinuées et presque échancrées à l'extrémité, surtout dans la femelle, où la partie extérieure de l'échancrure forme presque une dent saillante; les stries fines, lisses et assez marquées; les intervalles presque planes; un point enfoncé distinct sur le troisième intervalle; les bords latéraux, avec une forte loupe, très-légèrement pubescens et couverts de très-petits points enfoncés, s'avançant quelquefois jusqu'à la quatrième strie et quelquefois ne dépassant pas la huitième; des ailes sous les élytres.

Dessous du corps noir, quelquefois un peu verdâtre, avec les pattes d'un rouge ferrugineux.

Il se trouve très-communément dans presque toute l'Europe et en Sibérie, sous les pierres, principalement dans les lieux secs et arides.

48. H. Confusus.

Pl. 187. fig. 3.

Oblongus, supra plerumque viridi-æneus; thorace quadrato, postice utrinque subfoveolato, foveis punctatis, angulis posticis subrectis; elytris striatis, lateribus obsolete punctulatis, postice profunde sinuatis subdentatis, interstitio tertio puncto impresso; antennis basi rufis; pedibus nigropiceis.

DEJ. *Spec.* IV. p. 271. n° 64.
DEJ. *Cat.* p. 14.
Harpalus Æneus. var. GYLLENHAL. II. p. 116. n° 31. et IV. p. 451. n° 31.
STURM. VI. p. 36. n° 19.
SAHLBERG. *Dissert. Entom. Ins. Fennic.* p. 233. n° 31.
SCH. *Syn. Ins.* I. p. 203. n° 201.
DUFTSCHMID. II. p. 74. n° 79.

Long. 4, 5 lignes. Larg. 1 $\frac{1}{2}$, 2 lignes.

Très-voisin de l'*Æneus*, dont il n'est peut-être qu'une variété; variant de même pour la couleur et pouvant même devenir d'un bleu violet.

Premier article des antennes d'un rouge ferrugineux; les autres d'un brun obscur, quelquefois aussi d'un rouge ferrugineux, avec une tache obscure à la base des second et troisième articles.

Cuisses d'un noir un peu brunâtre, avec les jambes et les tarses d'un brun quelquefois un peu noirâtre.

Le reste comme dans l'*Æneus*.

Il se trouve assez communément en Suède, en France, en Allemagne et en Autriche.

49. H. Oblitus.

Pl. 187. fig. 4.

Oblongus, supra obscure viridi-æneus; thorace quadrato, postice punctato, utrinque subfoveolato, angulis posticis subrotundatis; elytris striatis, postice subsinuatis, interstitio tertio puncto impresso; antennis basi rufis; pedibus nigro-piceis.

Dej. *Spec.* iv. p. 273. n° 66.
Dej. *Cat.* p. 14.

Long. 4 $\frac{1}{2}$ lignes. Larg. 1 $\frac{2}{3}$ ligne.

Voisin du *Distinguendus*, mais paraissant un peu plus allongé, d'un vert-bronzé obscur et presque noirâtre sur la tête et le corselet, et plus clair à la base de ce dernier et sur les élytres.

Corselet ne paraissant pas rétréci postérieurement, nullement sinué près de la base; cette dernière entièrement couverte de petits points enfoncés assez distincts; les angles postérieurs légèrement arrondis et peu marqués.

Élytres ayant à peu près la même forme, striées et ponctuées à peu près de la même manière, paraissant un peu plus fortement sinuées à l'extrémité, mais beaucoup moins que dans l'*Æneus*.

Pattes entièrement d'un brun noirâtre.

Il a été découvert en Dalmatie, par M. Dejean.

50. H. Diversus.

Pl. 187. fig. 5.

Oblongus, supra obscure viridi-æneus; thorace quadrato, postice punctato, utrinque subfoveolato, angulis posticis subrotundatis; elytris striatis, postice subsinuatis; interstitio tertio puncto impresso; antennarum basi pedibusque rufis.

Dej. *Spec.* iv. p. 273. n° 67.
Dej. *Cat.* p. 14.

Long. 4 ½ lignes. Larg. 1 ⅔ ligne.

Très-voisin de l'*Oblitus* par la forme, la grandeur et la couleur.

Corselet un peu plus arrondi sur les côtés, couvert de rides transversales ondulées plus nombreuses et plus marquées.

Pattes entièrement d'un rouge ferrugineux.

Il a aussi été découvert en Dalmatie par M. Dejean.

51. H. Distinguendus.

Pl. 187. fig. 6.

Oblongus, supra plerumque, viridi-æneus; thorace quadrato, postice utrinque subfoveolato, foveis punctatis, angulis posticis rectis; elytris striatis, postice subsinuatis, interstitio tertio puncto impresso; antennis basi rufis; femoribus nigris.

Dej. *Spec.* iv. p. 274. n° 68.
Sturm. iv. p. 39. n° 20. t. 83. fig. a. A.
Dej. *Cat.* p. 14.
Carabus Distinguendus. Duftschmid. ii. p. 76. n° 80.
Le Bupreste Verdet? Geoff. i. p. 159. n° 35.

Long. 3 ½, 5 lignes. Larg. 1 ½, 2 lignes.

Voisin de l'*Æneus*, avec lequel il a souvent été confondu malgré les caractères qui les séparent; à peu près de la même taille, variant de même par la couleur et devenant quelquefois, en outre, d'un beau bleu violet.

Le premier article des antennes d'un rouge ferrugineux; les autres d'un brun obscur.

Corselet comme celui de l'*Æneus*, seulement avec les côtés très-légèrement sinués près de la base, ce qui le fait paraître un peu rétréci postérieurement; les angles postérieurs coupés un peu plus carrément et leur sommet ne paraissant pas arrondi; la base légèrement sinuée et paraissant moins échancrée en arc de cercle.

Élytres ayant à peu près la même forme, mais presque arrondies et très-légèrement sinuées à l'extrémité dans les deux sexes, striées à peu près de la même manière et ayant de même un point enfoncé sur le troisième intervalle, et un autre sur l'extrémité de la septième strie, les bords latéraux et l'extrémité paraissant tout-à-fait lisses avec une forte loupe.

Dessous du corps à peu près comme dans l'*Æneus*, avec les cuisses noires, les jambes d'un brun roussâtre, quelquefois même d'un rouge ferrugineux, et les tarses d'un brun noirâtre, quelquefois un peu roussâtre.

Il se trouve très-communément en France, en Espagne, en Allemagne, en Autriche, en Dalmatie, en Grèce et dans la Russie méridionale.

52. H. Patruelis.

Pl. 188. fig. 1.

Oblongus, supra obscure viridi-æneus; thorace quadrato, postice utrinque subfoveolato, foveis punctatis, angulis posticis subrotundatis; elytris striatis, postice subsinuatis, interstitio tertio puncto impresso; antennis basi rufis; pedibus nigro-piceis.

Dej. *Spec.* IV. p. 276. n° 69.
H. Roserii. Sturm. *Catal.* p. 149.

Long. 4 ½ lignes. Larg. 1 ¾ ligne.

Très-voisin du *Distinguendus*, à peu près de la même grandeur et d'un vert-bronzé obscur en dessus.

Corselet un peu plus convexe, très légèrement arrondi

sur les côtés, le bord antérieur moins échancré et les angles postérieurs légèrement arrondis.

Élytres paraissant un peu plus fortement sinuées à l'extrémité, mais beaucoup moins que dans l'*Æneus*.

Cuisses d'un brun noirâtre, avec les jambes et les tarses d'un brun roussâtre.

Il se trouve en Espagne et dans le midi de la France.

53. H. Fastiditus.

Pl. 183. fig. 2.

Oblongus, supra viridi-æneus; thorace quadrato, postice utrinque subfoveolato, foveis punctatis, angulis posticis subrotundatis; elytris striatis, postice sinuatis, interstitio tertio puncto impresso; antennis basi rufis; pedibus nigro-piceis.

Dej. *Spec.* iv. p. 276. n° 70.
Dej. *Cat.* p. 14.

Long. 3 ½ lignes. Larg. 1 ½ ligne.

Très-voisin du *Distinguendus*, mais plus petit et d'un vert-bronzé un peu plus clair et plus brillant sur le corselet que sur la tête et les élytres.

Corselet un peu plus convexe, ne paraissant nullement sinué sur les côtés, les angles postérieurs légèrement arrondis et peu marqués; la base coupée un peu plus carrément.

Élytres ayant à peu près la même forme, striées et ponctuées de la même manière, plus fortement sinuées à l'extrémité, surtout dans la femelle, mais un peu moins que dans l'*Æneus*.

Les pattes entièrement d'un brun noirâtre.

Il se trouve en Espagne.

54. H. Contemptus.

Pl. 188. fig. 3.

Oblongo-ovatus, supra obscure cupreo-æneus; thorace quadrato, postice punctato, utrinque subfoveolato, angulis posticis subrectis; elytris striatis, postice subsinuatis, interstitio tertio puncto impresso, antennis basi rufis; pedibus nigro-piceis.

Dej. *Spec.* iv. p. 277. n° 71.
Dej. *Cat.* p. 14.

Long. 3 ¾ lignes. Larg. 1 ⅔ ligne.

Un peu plus petit que le *Distinguendus*, proportionnellement un peu plus large, plus épais et d'un bronzé-obscur un peu cuivreux en dessus.

Corselet un peu plus convexe; toute la base couverte

de petits points enfoncés assez distincts ; les angles postérieurs coupés un peu moins carrément, et leur sommet un peu arrondi ; la base un peu plus échancrée en arc de cercle.

Élytres un peu plus courtes, un peu plus ovales, un peu moins parallèles et un peu plus convexes, striées, ponctuées et sinuées à l'extrémité à peu près de la même manière.

Pattes d'un brun noirâtre.

Il se trouve en Espagne.

55. H. Minutus.

Pl. 188. fig. 4.

Oblongus, supra viridi-æneus; thorace quadrato, postice utrinque foveolato, foveis punctatis, angulis posticis subrectis; elytris striatis, postice sinuatis, interstitio tertio puncto impresso; antennis basi rufis; pedibus nigro-piceis.

Dej. *Spec.* IV. p. 278. n° 72.
Dej. *Cat.* p. 14.

Long. 2 $\frac{1}{4}$, 4 lignes. Larg. 1 ligne.

Très-voisin du *Distinguendus*, mais beaucoup plus petit et d'un bronzé assez obscur sur la tête, plus clair et plus brillant sur le corselet et sur les élytres.

Corselet un peu plus arrondi sur les côtés et ne paraissant nullement sinué près de la base, couvert de rides transversales ondulées assez fortement marquées; les angles postérieurs coupés moins carrément, et leur sommet un peu arrondi.

Élytres ayant à peu près la même forme, striées et ponctuées de la même manière, mais plus fortement sinuées à l'extrémité, quoiqu'un peu moins que dans *l'Æneus*.

Pattes d'un brun noirâtre.

Décrit sur un individu mâle trouvé en Espagne par M. Dejean.

56. H. Lateralis.

Pl. 188. fig. 5.

Oblongus, supra viridi-æneus; thorace quadrato, postice utrinque foveolato, foveis punctatis, angulis posticis subrotundatis; elytris striatis, postice sinuatis, interstitio tertio puncto impresso; elytrorum margine lato, antennis pedibusque pallide testaceis.

Dej. *Spec.* IV. p. 278. n° 73.
Dej. *Cat.* p. 14.

Long. 3 ½, 4 lignes. Larg. 1 ⅓, 1 ⅔ ligne.

Ordinairement un peu plus petit que le *Distinguendus*,

et d'un vert-bronzé assez brillant sur le corselet et plus obscur sur les élytres.

Corselet un peu plus court que celui du *Distinguendus*, ne paraissant pas sinué près de la base; l'impression de chaque côté de cette dernière plus fortement marquée; le bord antérieur moins échancré; les angles antérieurs plus arrondis; les postérieurs légèrement arrondis et la base coupée presque carrément.

Élytres ayant une large bordure qui s'étend jusque près de la quatrième strie et l'extrémité d'un jaune-testacé assez pâle, striées et ponctuées à peu près de la même manière, mais plus fortement sinuées à l'extrémité, quoiqu'un peu moins que dans l'*Æneus*.

Dessous du corps d'un brun noirâtre, avec les pattes d'un jaune-testacé assez pâle.

Il se trouve en Espagne.

57. H. Cupreus.

Pl. 188. fig. 6.

Oblongo-ovatus, latior, supra plerumque viridi-æneus; thorace quadrato, postice obsolete punctato, utrinque subfoveolato, angulis posticis subrectis; elytris striatis, postice subsinuatis, interstitio tertio puncto impresso; antennis basi rufis; pedibus nigro-piceis vel rufis.

Dej. *Spec.* IV. p. 281. n° 75.
Dej. *Cat.* p. 14.
H. Metallicus. Godet.

Long. 5, $5\frac{3}{4}$ lignes. Larg. 2, $2\frac{1}{2}$ lignes.

Plus grand que le *Distinguendus*, proportionnellement plus large et ordinairement en dessus d'un vert-bronzé plus ou moins clair et brillant, et quelquefois d'un bronzé-obscur un peu cuivreux.

Tête et antennes à peu près comme dans le *Distinguendus*.

Corselet plus carré, un peu plus large postérieurement et nullement sinué près de la base; cette dernière entièrement couverte de petits points enfoncés peu marqués et assez serrés; le bord antérieur un peu moins échancré; les angles postérieurs coupés carrément, avec le sommet un peu arrondi; la base légèrement sinuée et paraissant coupée presque carrément.

Élytres plus larges, striées, ponctuées et sinuées à l'extrémité à peu près de la même manière.

Dessous du corps à peu près comme dans le *Distinguendus*.

Pattes ordinairement d'un brun noirâtre, et quelquefois entièrement d'un rouge ferrugineux.

Il se trouve assez communément aux environs de Lyon, dans le midi de la France, en Espagne, en Italie, en Dalmatie et en Crimée.

58. H. Honestus. *Andersch.*

Pl. 189. fig. 1

Oblongo-ovatus, supra plerumque viridi æneus, vel cyaneus, nitidus; thorace subquadrato, postice subangustato, utrinque foveolato, angulis posticis rectis; elytris striatis, postice subsinuatis, interstitiis tertio puncto, septimo plerumque punctis pluribus posticis impressis; antennarum basi tarsisque rufis.

Dej. *Spec.* iv. p. 299. n° 88.
Dej. *Cat.* p. 14.
Carabus Honestus. Duftschmid. ii. p. 85. n° 93.
Carabus Ignavus. Creutzer. Duftschmid. ii. p. 85. n° 94.
H. Ignavus. Sturm. iv. p. 44. n° 23. t. 83. fig. d. D.
H. Nitidus. Sturm. iv. p. 40. n° 21. t. 83. fig. b. B.
H. Gravenhorstii. Kollar. Dahl. *Coleopt. und Lepidopt.* p. 10.
Var. *H. Confinis.* Dej. *Cat.* p. 14.
H. Frölichii? Megerle. Sturm. iv. p. 117. n° 67. t. 96. fig. a. A.

Long. 3, 4 ½ lignes. Larg. 1 ¼, 2 lignes.

De taille variable, mais ordinairement plus petit que le *Distinguendus*, proportionnellement un peu plus court, tantôt d'un vert-bronzé plus ou moins clair, tantôt d'un bleu violet et quelquefois tout-à-fait noir, avec tous les passages intermédiaires.

Tête à peu près comme celle du *Distinguendus*; le premier article des antennes d'un rouge ferrugineux, et les autres d'un brun obscur.

Corselet plus lisse, un peu plus sinué près de la base et un peu plus rétréci postérieurement; l'impression de chaque côté de la base moins large, plus profonde et plus distincte; les angles antérieurs plus arrondis; le bord antérieur moins échancré; les angles postérieurs coupés carrément: la base très-légèrement sinuée et coupée presque carrément.

Les élytres un peu plus courtes et un peu plus larges que celles du *Distinguendus*; l'extrémité sinuée un peu plus obliquement; les stries très-lisses, moins fines et plus marquées, surtout dans les mâles; de même un point enfoncé sur le troisième intervalle, et un autre sur l'extrémité de la septième strie; quelquefois de quatre à six points enfoncés, assez gros, à l'extrémité du septième intervalle; tantôt des ailes sous les élytres, et tantôt point d'ailes.

Dessous du corps d'un brun noirâtre, quelquefois un peu verdâtre ou bleuâtre, suivant la couleur du dessus; cuisses d'un brun noirâtre; jambes d'un brun plus ou moins roussâtre, avec la base ordinairement un peu plus claire; les tarses et les épines des jambes d'un rouge-ferrugineux quelquefois un peu obscur.

Il se trouve communément en France, en Espagne, en Allemagne, en Autriche et en Dalmatie; il habite aussi la côte de Coromandel.

59. H. Impressipennis.

Pl. 189. fig. 2.

Oblongo-ovatus, niger; thorace subquadrato, postice utrinque foveolato, angulis posticis subrectis; elytris striatis, postice subsinuatis, antice punctis duobus transversis, in terstitiis tertio puncto, septimoque punctis pluribus posticis impressis; antennarum basi tarsisque rufis.

Dej. *Spec.* IV. p. 301. n° 89.
Dej. *Cat.* p. 14.

Long. 3 ½, 4 lignes. Larg. 1 ½, 1 ⅔ ligne.

A peu près de la taille de l'*Honestus*, et d'un noir assez brillant en dessus.

Corselet un peu plus arrondi sur les côtés, ne paraissant pas sinué près de la base; les angles postérieurs coupés moins carrément, avec le sommet un peu arrondi.

Élytres ayant à peu près la même forme, striées à peu près de la même manière; un point enfoncé sur le troisième intervalle; trois ou quatre à l'extrémité du septième; en outre, vers la base, un point enfoncé, transversal, occupant toute la largeur du quatrième intervalle, et un autre un peu plus bas sur le troisième; des ailes sous les élytres.

Dessous du corps, cuisses et jambes, noirs, avec les tarses d'un rouge ferrugineux.

Il se trouve en Espagne.

60. H. Sulphuripes. *Koronini.*

Pl. 189. fig. 3.

Oblongus, supra nigro-subcyaneus; thorace subquadrato, postice subangustato, utrinque foveolato, angulis posticis subrectis; elytris striatis, postice subsinuatis, interstitio tertio puncto impresso; antennis, tibiis tarsisque rufis.

Dej. *Spec.* iv. p. 302. n° 90.
Germar. *Coleopt. Sp. Nov.* p. 24. n° 39.
Dej. *Cat.* p. 14.
H. Chalybeipennis. Sturm. *Catal.* p. 148.

Long. 3 $\frac{1}{4}$, 4 $\frac{1}{4}$ lignes. Larg. 1 $\frac{1}{4}$, 1 $\frac{2}{3}$ ligne.

Ordinairement un peu plus petit que l'*Honestus*, proportionnellement un peu moins large et d'un noir un peu bleuâtre en dessus, surtout sur les élytres.

Tête à peu près comme celle de l'*Honestus*, avec les antennes entièrement d'un rouge-ferrugineux.

Corselet un peu moins large et un peu plus rétréci postérieurement; les angles postérieurs coupés un peu moins carrément et la base très-légèrement échancrée en arc de cercle dans son milieu.

Élytres un peu moins larges, avec l'extrémité sinuée un peu plus distinctement, striées et ponctuées à peu près de la même manière, mais sans points enfoncés à l'extrémité des septième et cinquième intervalles; point d'ailes sous les élytres.

Dessous du corps et cuisses d'un brun noirâtre, quelquefois un peu bleuâtre, avec les jambes et les tarses d'un rouge ferrugineux.

Il se trouve communément en Dalmatie et dans le midi de la France.

61. H. Consentaneus.

Pl. 189. fig. 4.

Oblongus, niger; thorace subquadrato, postice subangustato, utrinque foveolato, foveis punctatis, angulis posticis rectis; elytris profunde striatis, postice subsinuatis, interstitio tertio puncto impresso; antennis, tibiis tarsisque rufis.

Dej. *Spec.* iv. p. 302. n° 91.
Dej. *Cat.* p. 14.
H. Desertus. Stéven.
H. Sardeus. Dahl.

Long. $3\frac{1}{2}$, 4 lignes. Larg. $1\frac{1}{3}$, $1\frac{2}{3}$ ligne.

Très-voisin du *Sulphuripes*, mais ordinairement un peu plus grand, proportionnellement un peu plus allongé et d'un noir assez brillant, sans aucun reflet bleuâtre.

Tête comme celle du *Sulphuripes*.

Corselet moins rétréci postérieurement; l'impression de chaque côté de la base plus large, couverte de points enfoncés assez fortement marqués; les angles postérieurs et la base coupés plus carrément.

Élytres un peu plus allongées, un peu plus parallèles et un peu moins ovales, sinuées de la même manière à l'extrémité; les stries plus fortement marquées, surtout dans les mâles; des ailes sous les élytres.

Dessous du corps et cuisses d'un brun noirâtre, avec les jambes et les tarses d'un rouge ferrugineux.

Il se trouve en Espagne, dans le midi de la France, en Dalmatie, en Crimée et en Sardaigne.

62. H. Pygmæus.

Pl. 189. fig. 5.

Oblongus, subparallelus, nigro piceus; thorace quadrato, postice punctato, utrinque subfoveolato, angulis posticis subrectis; elytris striatis, postice subsinuatis, interstitio tertio puncto impresso; antennis, tibiis tarsisque rufo-brunneis.

DEJ. *Spec.* IV. p. 303. n° 92.
DEJ. *Cat.* p. 14.
H. Brunnicornis. STURM. *Catal.* p. 148.

Long. 2 $\frac{2}{3}$, 3 $\frac{1}{3}$ lignes. Larg. $\frac{3}{4}$, 1 $\frac{1}{4}$ ligne.

Beaucoup plus petit que le *Distinguendus*, proportionnellement moins large, un peu plus parallèle et d'un brun-noirâtre plus ou moins foncé en dessus.

Tête comme dans le *Distinguendus*, avec les antennes entièrement d'un brun ferrugineux.

Corselet un peu moins large et un peu moins sinué sur les côtés près de la base; cette dernière couverte de points enfoncés assez serrés et assez marqués; le bord antérieur un peu moins échancré; les angles antérieurs un peu plus arrondis; les postérieurs coupés un peu moins carrément; la base très-légèrement échancrée en arc de cercle dans son milieu.

Élytres un peu plus étroites, plus parallèles, presque tronquées et très-légèrement sinuées à l'extrémité, striées et ponctuées à peu près de la même manière; des ailes sous les élytres.

Dessous du corps et cuisses d'un brun noirâtre, avec les jambes et les tarses d'un brun-ferrugineux assez clair.

Il se trouve en Espagne, en Dalmatie et dans le midi de la France.

63. H. Goudotii.

Pl. 189. fig. 6.

Oblongo-ovatus, supra niger, nitidus; thorace subquadrato, postice subangustato, utrinque foveolato, angulis posticis subrectis; elytris striatis, postice subsinuatis, interstitio tertio puncto impresso, antennis pedibusque rufis.

Dej. *Spec.* iv. p. 304. n° 93.

Long. 3, 3 $\frac{1}{3}$ lignes. Larg. 1 $\frac{1}{4}$, 1 $\frac{1}{3}$ ligne.

Un peu plus petit que le *Sulphuripes*, et d'un noir brillant en dessus.

Corselet un peu plus rétréci postérieurement; les angles postérieurs un peu plus relevés et presque saillans.

Élytres un peu moins allongées, striées, ponctuées et sinuées à l'extrémité, à peu près de la même manière; point d'ailes sous les élytres.

Dessous du corps d'un brun noirâtre, avec les pattes entièrement d'un rouge ferrugineux.

Il se trouve dans le département des Basses-Alpes et sur la côte d'Afrique.

64. H. Pumilus.

Pl. 190. fig. 1.

Oblongus, obscure niger; thorace quadrato, postice utrinque obsolete bifoveolato, angulis posticis subrectis; elytris striatis, postice sinuatis, interstitio tertio puncto impresso; antennis tibiarum basi tarsisque rufis.

Dej. *Spec.* iv. p. 305. n° 94.
H. Femoralis. Sturm. *Catal.* p. 148.
H. Tibialis. Sturm. *Catal.* p. 149.

Long. 3, 3 $\frac{1}{4}$ lignes. Larg. 1 $\frac{1}{4}$, 1 $\frac{1}{3}$ ligne.

A peu près de la taille du *Pygmæus*, mais un peu plus large et d'un noir obscur en dessus.

Antennes d'un rouge-ferrugineux un peu obscur.

Corselet un peu plus large et plus lisse, avec la base non ponctuée; de chaque côté de cette dernière deux petites impressions oblongues et peu marquées, paraissant, avec une forte loupe, un peu ponctuées dans leur fond.

Élytres un peu plus larges, un peu plus courtes, un peu plus ovales et un peu moins parallèles, striées et ponctuées à peu près de la même manière; l'extrémité un peu plus fortement et plus obliquement sinuée; des ailes sous les élytres.

Dessous du corps, cuisses et extrémité des jambes d'un

brun noirâtre, avec la base de ces dernières et les tarses d'un rouge-ferrugineux un peu obscur.

Il se trouve dans le midi de la France, en Autriche et en Illyrie.

65. H. Neglectus.

Pl. 190. fig. 2.

Oblongo-ovatus, niger; thorace quadrato, postice utrinque foveolato, angulis posticis obtusis; elytris brevioribus, striatis; postice sinuatis, interstitio tertio puncto impresso; antennarum basi tarsisque rufis.

Dej. *Spec.* IV. p. 306. n° 95.
Dej. *Cat.* p. 14.
H. Piger. Gyllenhal. IV. p. 438. n° 33-34.
H. Capucinus. Schœnherr.

Long. 3, 3 $\frac{2}{3}$ lignes. Larg. 1 $\frac{1}{4}$, 1 $\frac{1}{2}$ ligne.

Ordinairement un peu plus petit que l'*Honestus*, proportionnellement un peu plus court, et d'un noir assez brillant, un peu terne sur les élytres des femelles.

Tête et antennes à peu près comme dans l'*Honestus*.

Corselet un peu plus court, un peu plus convexe, plus arrondi sur les côtés et nullement sinué près de la base; le bord antérieur un peu plus échancré: les angles postérieurs obtus; leur sommet un peu arrondi, surtout dans les mâles; la base très-légèrement échancrée dans son milieu.

Élytres un peu plus courtes, plus ovales, moins parallèles et un peu plus fortement sinuées à l'extrémité; de même un point enfoncé sur le troisième intervalle, et un autre sur l'extrémité de la septième strie, mais jamais aucun sur l'extrémité des cinquième et septième intervalles; point d'ailes sous les élytres.

Dessous du corps d'un noir obscur, avec les jambes et les cuisses d'un brun noirâtre, et les tarses et les épines des jambes d'un rouge ferrugineux.

Il se trouve en Suède, en Espagne, en Portugal, et en France, sur les bords de l'Océan depuis Dunkerque jusqu'à Bayonne.

66. H. Decipiens.

Pl. 190. fig. 3.

Oblongus, niger; thorace quadrato, postice utrinque foveolato, angulis posticis subrectis; elytris striatis, postice oblique subsinuatis, interstitiis tertio puncto, septimo quintoque punctis pluribus posticis impressis; antennarum basi tarsisque rufis.

Dej. *Spec.* iv. p. 313. n° 101.

Long. 4 ½ lignes. Larg. 1 ¾ ligne.

Très-voisin de l'*Honestus*, mais ordinairement un peu plus grand, plus allongé et d'un noir assez brillant en dessus.

Tete à peu près comme dans l'*Honestus*, avec le premier article des antennes d'un rouge ferrugineux, et les autres d'un brun obscur.

Corselet un peu plus court, légèrement arrondi sur les côtés, point rétréci postérieurement et nullement sinué près de la base; la ligne médiane et les impressions transversales moins marquées; les angles postérieurs coupés moins carrément, et leur sommet un peu arrondi; la base coupée plus carrément.

Élytres coupées un peu plus obliquement à l'extrémité, striées à peu près de la même manière, ayant un point enfoncé sur le troisième intervalle, cinq ou six à l'extrémité du septième et deux sur celle du cinquième.

Dessous du corps, cuisses et jambes d'un brun noirâtre, avec les tarses d'un rouge ferrugineux.

Il se trouve dans le midi de la France.

67. H. Perplexus.

Pl. 190. fig. 4

Oblongus nigro-piceus; thorace quadrato, postice punctato, utrinque subfoveolato, angulis posticis rectis; ely tris (maris obscure viridi-æneis) striatis, postice oblique sinuatis; interstitio tertio puncto impresso; antennis pedibusque rufis.

DEJ. *Spec.* IV. p. 314. n° 102.
GYLLENHAL. IV. p. 434. n° 32-33.
DEJ. *Cat.* p. 14.
Carabus Petifii. MEGERLE. DUFTSCHMID. II. p. 82. n° 89.
H. Petifii. STURM. IV. p. 11. n° 3. T. 78. fig. c. C.
H. Glaberellus. ZIEGLER.-STURM. IV. p. 57. n° 31. T. 86. fig. b. B.
H. Flaviventris? STURM. IV. p. 47. n° 25. T. 84. fig. b. B.
H. Propinquus. FALDERMANN.

Long. 5 ¾, 5 lignes. Larg. 1 ½, 2 lignes.

A peu près de la taille du *Distinguendus*, et d'un brun noirâtre en dessus, ordinairement assez brillant, sur la tête et le corselet dans les deux sexes, d'un brun terne ordinairement un peu plus clair sur les élytres des femelles, et d'un vert-bronzé plus ou moins obscur sur celles des mâles.

Tête à peu près comme dans le *Distinguendus*, avec les antennes entièrement d'un rouge ferrugineux.

Corselet un peu plus large postérieurement; les côtés moins sensiblement sinués près de la base, quelquefois un peu roussâtres; la base couverte de points enfoncés plus ou moins serrés, plus ou moins marqués, et qui, quelquefois, ne sont sensibles que dans le fond et sur les bords de l'impression latérale; les côtés assez fortement déprimés vers les angles postérieurs, qui sont coupés carrément; la base un peu plus échancrée en arc de cercle.

Élytres un peu plus allongées, coupées obliquement et plus distinctement sinuées à leur extrémité, striées et ponctuées à peu près de la même manière; des ailes sous les élytres.

Dessous du corps d'un brun noirâtre, quelquefois un peu roussâtre, avec les pattes entièrement d'un rouge ferrugineux, quelquefois un peu jaunâtre.

Il se trouve en Suède, en France, en Espagne, en Allemagne, en Autriche, en Dalmatie, en Russie et en Sibérie.

68. H. Saxicola. *Godet.*

Pl. 190. fig. 5

Oblongus, obscure nigro-subæneus; thorace quadrato, postice punctato, utrinque subfoveolato, angulis posticis rectis; elytris striatis, postice sinuatis, striis obsoletissime punctatis, interstitio tertio puncto impresso; antennis tarsisque rufis; femoribus tibiisque piceis.

Dej. *Spec.* IV. p. 316. n° 103.

Long. 4 $\frac{3}{4}$ lignes. Larg. 1 $\frac{3}{4}$ ligne.

Très-voisin du *Perplexus*, d'un noir-obscur un peu brunâtre et très légèrement bronzé.

Tête un peu moins avancée, moins rétrécie postérieurement et un peu plus large que celle du *Perplexus*.

Côtés du corselet nullement sinués près de la base, ne paraissant pas déprimés vers les angles postérieurs; ceux-ci coupés carrément, avec le sommet moins aigu; le bord antérieur moins échancré; les angles antérieurs plus arrondis; la base un peu sinuée, légèrement échancrée en arc de cercle dans son milieu.

Élytres un peu moins allongées, plus convexes et sinuées moins obliquement à l'extrémité; les stries un peu plus marquées, et paraissant, à l'aide d'une forte loupe, très-légèrement ponctuées.

Dessous du corps d'un brun noirâtre, avec les cuisses et les jambes d'un brun roussâtre et les tarses d'un rouge-ferrugineux.

Il se trouve en Crimée et en Illyrie.

69. H. Siculus.

Pl. 190. fig. 6.

Oblongus; capite thoraceque nigro-subæneis; thorace quadrato, postice punctato, utrinque subfoveolato, angulis posticis rectis; elytris obscure viridi-cyaneis, striatis, postice subsinuatis, interstitio tertio puncto impresso; antennarum tibiarumque basi tarsisque rufis.

Dej. *Spec.* iv. p. 317. n° 104.

Long. 5 lignes. Larg. 2 lignes.

A peu près de la taille et de la forme du *Perplexus*, d'un bronzé-obscur presque noirâtre sur la tête et le corselet, et d'un bleu-verdâtre obscur sur les élytres.

Tête assez grande, assez avancée, presque triangulaire, un peu rétrécie postérieurement et légèrement convexe.

Corselet plus large que la tête, moins long que large, carré, très-légèrement arrondi sur les côtés antérieurement et peu convexe, couvert de rides transversales ondulées, peu distinctes; la ligne médiane fine et peu marquée; les deux impressions transversales peu distinctes; toute la base couverte de points assez serrés et peu marqués; de chaque côté une impression oblongue, assez large et peu marquée; le bord antérieur très-légèrement échancré; les angles antérieurs arrondis; les côtés rebordés; les angles postérieurs coupés carrément, avec le sommet obtus et presque arrondi; la base très-légèrement sinuée et coupée presque carrément.

Élytres un peu plus larges que le corselet, assez allongées, presque parallèles, assez convexes et très-légèrement sinuées à l'extrémité; les stries lisses et assez fortement marquées; les intervalles presque planes; un point enfoncé assez distinct sur le troisième, près de la seconde strie, et un autre sur l'extrémité de la septième strie; le bord inférieur d'un brun roussâtre; des ailes sous les élytres.

Dessous du corps et cuisses noirs, avec les jambes d'un rouge ferrugineux.

Il se trouve en Sicile.

70. H. INCERTUS.

Pl. 191. fig. 1.

Oblongus, plerumque obscure fusco-æneus; thorace quadrato, obsoletissime punctato, postice profundius, utrinque subfoveolato, angulis posticis rotundatis; elytris striatis, postice sinuatis, interstitio tertio puncto impresso; antennarum basi tarsisque rufis.

DEJ. *Spec.* IV. p. 318. n° 105.
DEJ. *Cat.* p. 14.

Long. 4 ½, 5 lignes. Larg. 1 ¾, 2 lignes.

Un peu plus grand que le *Punctatostriatus*, et d'un brun noirâtre en dessus, presque toujours légèrement bronzé.

Tête à peu près comme celle du *Punctatostriatus*.

Corselet ne paraissant pas sinué sur les côtés, avec les angles postérieurs légèrement arrondis.

Élytres un peu plus distinctement sinuées à l'extrémité; les stries un peu plus marquées, paraissant tout-à-fait lisses; les intervalles un peu moins planes; de même un point enfoncé sur le troisième intervalle, et un autre sur l'extrémité de la septième strie.

Dessous du corps et cuisses d'un brun noirâtre, avec les jambes d'un brun un peu roussâtre.

Il se trouve en Dalmatie et en Toscane.

71. H. Punctatostriatus. *Ziegler.*

Pl. 191. fig. 2.

Oblongus, nigro-piceus; thorace quadrato, obsoletissime punctato, postice profundius, utrinque subfoveolato; angulis posticis rectis; elytris obscure viridi-æneis, striato-punctatis, postice subsinuatis, interstitio tertio puncto impresso; antennarum basi, tibiis tarsisque rufis. •

Dej. *Spec.* iv. p. 319. n° 106.
Dej. *Cat.* p. 14.
H. Gentilis. Parreys.

Long. 3 ½, 5 lignes. Larg. 1 ⅓, 2 lignes.

A peu près de la taille du *Distinguendus*, ordinairement un peu plus allongé, et d'un brun noirâtre sur la tête et le corselet, dans les deux sexes, d'un vert-bronzé plus ou moins obscur sur les élytres des mâles, d'un brun-terne très-légèrement verdâtre, ou bronzé, sur celles des femelles.

Tête à peu près comme celle du *Distinguendus*.

Corselet à peu près de la même forme, mais entièrement couvert de points enfoncés très-petits, peu marqués et assez éloignés les uns des autres, vers le bord antérieur et sur les côtés, à peine sensibles au milieu, et plus fortement marqués, très-serrés et souvent réunis vers la base; le bord antérieur moins échancré; les angles antérieurs plus arrondis; les côtés un peu roussâtres et légèrement déprimés; les angles postérieurs coupés carrément et presque saillans; la base aussi coupée presque carrément.

Élytres un peu plus parallèles, surtout dans les mâles; leur extrémité sinuée à peu près de la même manière; les stries ordinairement assez fortement ponctuées, mais quelquefois très-légèrement; un point enfoncé sur le troisième intervalle, un autre sur l'extrémité de la septième strie; quelquefois quatre ou cinq à l'extrémité du septième intervalle; des ailes sous les élytres.

Dessous du corps et cuisses d'un brun noirâtre, avec les jambes et les tarses d'un rouge ferrugineux.

Il se trouve assez communément en Espagne, dans le midi de la France, en Dalmatie, et aux environs de Tanger, sur les côtes d'Afrique.

72. H. Calcatus. *Creutzer.*

Pl. 191. fig. 3.

Oblongo-ovatus, niger; thorace quadrato, postice punctulato, utrinque subfoveolato, angulis posticis rectis; elytris profunde striatis, postice oblique subsinuatis; antennis tarsisque rufis.

Dej. *Spec.* iv. p. 320. n° 107.
Sturm. iv. p. 23. n° 11. t. 81. fig. a. A.
Dej. *Cat.* p. 14.
Carabus Calceatus. Duftschmid. ii. p. 81. n° 87.

Long. 4 $\frac{3}{4}$, 6 $\frac{1}{4}$ lignes. Larg. 2, 2 $\frac{2}{3}$ lignes.

Ressemble un peu au *Ruficornis*, mais ordinairement plus petit et d'un noir assez brillant en dessus.

Tête assez grosse, presque triangulaire, avec les antennes d'un rouge ferrugineux.

Corselet plus large que la tête, moins long que large, assez court, carré, très-légèrement arrondi sur les côtés antérieurement et peu convexe; la ligne médiane assez fine, assez marquée, ne dépassant guère les deux impressions transversales; toute la base couverte de points enfoncés très-serrés et souvent réunis; de chaque côté une impression assez grande, presque arrondie, mais peu distincte; le bord antérieur légèrement échancré; les angles antérieurs presque arrondis; les côtés légèrement rebordés, assez fortement déprimés vers les angles postérieurs; ceux-ci coupés carrément; la base très-légèrement échancrée et coupée presque carrément.

Elytres un peu plus larges que le corselet, assez allongées, légèrement ovales, presque parallèles, peu convexes et très-légèrement sinuées obliquement à l'extrémité; les stries lisses et fortement marquées; les intervalles très-légèrement relevés; pas de point enfoncé sur le troisième, quelquefois trois ou quatre peu distincts à l'extrémité du septième; des ailes sous les élytres.

Dessous du corps, cuisses et jambes d'un brun noirâtre, avec les tarses d'un rouge ferrugineux.

Il se trouve en France, en Allemagne, en Autriche, en Dalmatie, en Russie et en Sibérie; il est très-commun aux environs de Paris.

73. H. Ferrugineus.

Pl. 191. fig. 4.

Oblongo-ovatus, ferrugineus; thorace quadrato, postice utrinque foveolato, foveis obsolete punctatis, angulis posticis rectis; elytris profunde striatis, postice oblique subsinuatis.

Dej. *Spec.* iv. p. 322. n° 108.
Dej. *Cat.* p. 15.
Carabus Ferrugineus. Fabr. *Sys. El.* 1. p. 197. n° 150.
Sch. *Syn. Ins.* 1. p. 205. n° 204.
Amara Ferruginea. Sturm. vi. p. 15. n° 4.

Long. 5 $\frac{1}{4}$, 6 lignes. Larg. 2 $\frac{1}{4}$, 2 $\frac{1}{2}$ lignes.

A peu près de la taille du *Calceatus*, un peu plus large, moins convexe et d'un jaune-ferrugineux un peu roussâtre sur la tête et le corselet, et un peu plus pâle sur les élytres, surtout dans les femelles.

Tete à peu près comme celle du *Calceatus*, avec les antennes d'un jaune-ferrugineux un peu plus pâle que la tête.

Corselet un peu plus court, un peu plus arrondi antérieurement sur les côtés et un peu sinué près de la base; l'impression de chaque côté de cette dernière plus fortement marquée; le bord antérieur moins échancré; les angles antérieurs plus arrondis; les postérieurs coupés plus carrément, avec le sommet plus aigu.

Élytres un peu plus courtes, plus larges, un peu plus ovales et moins convexes; les stries aussi fortement marquées, paraissant quelquefois très-légèrement ponctuées avec une forte loupe; pas de points enfoncés sur le troisième intervalle, ni sur le septième.

Dessous du corps et pattes à peu près de la couleur des élytres.

Il se trouve dans les lieux sablonneux, en Prusse et dans le nord de l'Allemagne.

74. H. Hottentotta.

Pl. 191. fig. 5.

Oblongo-ovatus, niger; thorace subquadrato, postice utrinque sinuato, foveolato, foveis obsolete punctatis, angulis posticis rectis; elytris striatis, postice subsinuatis, interstitio tertio puncto impresso; antennis, tibiis tarsisque rufis.

DEJ. *Spec.* IV. p. 524. n° 110.
STURM. IV. p. 25. n° 12. T. 81. fig. c. C.
Carabus Hottentotta. DUFTSCHMID. II. p. 80. n° 85.
H. Conformis. DEJ. *Cat.* p. 14.
H. Deplanatus. GODET.
VAR. *Carabus Subsinuatus?* DUFTSCHMID. II. p. 80. n° 86.
H. Subsinuatus? STURM. IV. p. 52. n° 28. T. 85. fig. b. B.
H. Ruficeps. OESKAY.

Long. 4 $\frac{1}{4}$, 5 $\frac{3}{4}$ lignes. Larg. 1 $\frac{3}{4}$, 2 $\frac{1}{3}$ lignes.

Plus grand que le *Distinguendus*, proportionnellement plus large et d'un noir assez brillant en dessus.

Tête assez grande, presque ovale, avec les antennes d'un rouge ferrugineux.

Corselet plus large que la tête, un peu moins long que large, presque carré, très-légèrement arrondi antérieurement sur les côtés, un peu sinué près de la base, peu convexe et presque plane; la ligne médiane fine, peu marquée; de chaque côté de la base, une impression oblongue, assez large, peu marquée et ponctuée; le bord antérieur légèrement échancré; les angles antérieurs arrondis; les côtés légèrement rebordés; les angles postérieurs coupés carrément; la base très-légèrement échancrée et coupée presque carrément.

Élytres un peu plus larges que le corselet, peu allongées, légèrement ovales, presque parallèles, peu convexes, très-légèrement sinuées à l'extrémité; les stries lisses et assez profondément marquées; les intervalles planes; un point enfoncé sur le troisième, près de la seconde strie, à peu près aux deux tiers de l'élytre; un autre sur l'extrémité de la septième strie, et quelquefois trois ou quatre points peu distincts sur l'extrémité du septième intervalle; point d'ailes sous les élytres.

Dessous du corps noir, avec les cuisses d'un brun noirâtre, et les jambes et les tarses d'un rouge ferrugineux.

Quelquefois les cuisses de la couleur des jambes.

Il se trouve en France, en Allemagne, en Autriche, en Dalmatie, en Russie, en Crimée et en Sibérie.

75. H. Quadripunctatus.

Pl. 191. fig. 6.

Oblongus, niger; thorace quadrato, postice obsolete punctato, utrinque foveolato, angulis posticis obtusis; elytris striatis, postice subsinuatis, interstitio tertio punctis duobus impresso; antennis pedibusque rufis.

Dej. *Spec.* iv. p. 326. n° 111.
Dej. *Cat.* p. 14.
H. Seriepunctatus? Gyllenhal. iv. p. 434. n° 32-33.

Long. 4 ½, 5 lignes. Larg. 1 ¾, 2 lignes.

Très-voisin du *Limbatus*, mais un peu plus grand et proportionnellement plus allongé.

Corselet sans bordure roussâtre; la ponctuation de la base moins marquée, quelquefois à peine distincte; l'impression de chaque côté moins large, mais plus fortement marquée.

Élytres plus allongées; sur le troisième intervalle, deux points enfoncés plus gros et plus marqués que dans le *Limbatus;* quelquefois un troisième point.

Dessous du corps et pattes ordinairement comme dans le *Limbatus.*

Il se trouve en Suède, en France, particulièrement dans le département des Basses-Alpes, et en Russie.

76. H. Limbatus.

Pl. 192. fig. 1.

Oblongus, niger; thorace quadrato, postice punctato, utrinque subforeolato, angulis posticis obtusis; elytris brevioribus, striatis, postice subsinuatis, interstitio tertio puncto impresso; antennis pedibusque rufis.

Dej. *Spec.* IV. p. 327. n° 112.

Gyllenhal. IV. p. 453. n° 32-33.

Sturm. IV. p. 50. n° 27. T. 85. fig. a. A.

Sahlberg. *Dissert. Entom. Ins. Fennica.* p. 236. n° 33.

Carabus Limbatus. Duftschmid. II. p. 84. n° 92.

H. Nitidus. Ziegler. Dej. *Cat.* p. 14.

H. Rubripes. var. b. c. d. e. f. Gyllenhal. II. p. 118. n° 32.

H. Flaviventris. Sturm. IV. p. 47. n° 25. T. 84. fig. b. B.

Long. 3 $\frac{2}{3}$, 4 $\frac{1}{4}$ lignes. Larg. 1 $\frac{1}{2}$, 1 $\frac{3}{4}$ ligne.

A peu près de la taille du *Distinguendus*, et d'un noir assez brillant dans les mâles et un peu terne sur les élytres des femelles.

Tête assez grosse, presque ovale, peu rétrécie postérieurement, avec les antennes d'un rouge ferrugineux.

Corselet plus large que la tête, moins long que large, carré, très-légèrement arrondi antérieurement sur les côtés, peu convexe, avec une bordure latérale très-étroite, d'un brun roussâtre; la ligne médiane fine, peu marquée; toute la base couverte de points enfoncés très-serrés, souvent réunis; de chaque côté une impression oblongue, assez large, presque arrondie, ponctuée dans le fond; le bord antérieur assez échancré; les angles antérieurs arrondis; les côtés légèrement rebordés; les angles postérieurs coupés carrément; la base très-légèrement échancrée dans son milieu et coupée presque carrément.

Élytres un peu plus larges que le corselet, peu allongées, assez courtes, légèrement ovales, presque parallèles, peu convexes et très-légèrement sinuées à l'extrémité; les stries lisses, assez fortement marquées dans les mâles, et un peu moins dans les femelles; les intervalles très-légèrement relevés dans les mâles; un point enfoncé distinct sur le troisième, près de la seconde strie; un point enfoncé sur l'extrémité de la septième strie; des ailes sous les élytres.

Dessous du corps d'un brun noirâtre, avec les pattes d'un rouge ferrugineux.

Il se trouve en Suède, en France, en Allemagne, en Autriche, en Russie et en Sibérie.

77. H. MAXILLOSUS. *Steven.*

Pl. 192. fig. 2.

Oblongus, niger; thorace quadrato, postice utrinque foveolato, foveis punctatis, angulis posticis rectis; elytris striatis, postice oblique subsinuatis, interstitio tertio puncto impresso; antennis pedibusque rufis.

DEJ. *Spec.* IV. p. 329. n° 113.

Long. 4 lignes. Larg. 1 2/3 ligne.

A peu près de la taille du *Limbatus*, mais un peu moins large et plus allongé.

Tête un peu plus étroite; les mandibules d'un brun roussâtre, avec l'extrémité noirâtre.

Corselet un peu moins large et un peu sinué sur les côtés près de la base; la ponctuation de la base guère plus sensible que dans le fond et sur le bord des impressions latérales; celles-ci moins larges, mais plus fortement marquées; les angles postérieurs coupés carrément, avec le sommet assez aigu.

Élytres plus allongées; leur extrémité coupée plus obliquement et un peu plus distinctement sinuées, striées et ponctuées à peu près de la même manière.

Dessous du corps et pattes à peu près comme dans le *Limbatus*.

Il se trouve dans le midi de la France, en Autriche et au Caucase.

78. H. LUTEICORNIS.

Pl. 192. fig. 3.

Brevior, nigro-piceus; thorace quadrato, postice utrinque punctato, foveolato, angulis posticis subrectis; elytris brevioribus, striatis, postice subsinuatis, interstitio tertio puncto impresso; antennis pedibusque rufis.

DEJ. *Spec.* IV. p. 329. n° 114.
STURM. IV. p. 60. n° 33. T. 87. fig. a. A.
GYLLENHAL. IV. p. 435. n° 32-33.
Carabus Luteicornis. DUFTSCHMID. II. p. 86. n° 95.
H. Limbatus. DEJ. *Cat.* p. 15.
H. Serotinus. CREUTZER. DAHL. *Coleoptera und Lepi doptera.* p. 11.

Long. 3, 3 $\frac{1}{2}$ lignes. Larg. 1 $\frac{1}{4}$, 1 $\frac{1}{2}$ ligne.

Très-voisin du *Limbatus*, mais beaucoup plus petit proportionnellement, et d'un brun noirâtre plus ou moins foncé en dessus.

Tête et antennes à peu près comme dans le *Limbatus*.

Corselet avec la ponctuation de la base un peu moins

marquée et à peine sensible dans son milieu; les angles postérieurs coupés un peu plus carrément; leur sommet moins obtus et moins arrondi.

Élytres un peu plus courtes, striées et ponctuées à peu près de la même manière.

Dessous du corps et pattes à peu près comme dans le *Limbatus*.

Il se trouve en Suède, en Allemagne, en Autriche et en Volhynie.

79. H. Satyrus. *Knoch.*

Pl. 192. fig. 4.

Oblongus, nigro-piceus; thorace subcordato, postice utrinque punctato, foveolato, angulis posticis rectis; elytris striatis, postice oblique subsinuatis, interstitio tertio puncto impresso; antennarum basi pedibusque rufo-testaceis.

Dej. *Spec.* iv. p. 330. n° 115.
H. Satyrus. Sturm. iv. p. 122. n° 70. t. 96. fig. c. C.
Carabus Lævicollis. Duftschmid. ii. p. 163. n° 215.
H. Lævicollis. Sturm. iv. p. 112. n° 64. t. 95. fig. a. A.
H. Castaneus. Ziegler. Dej. *Cat.* p. 15.
H. Glabricollis. Sturm. Dej. *Cat.* p. 15.

Long. 3, 3 $\frac{1}{4}$ lignes. Larg. 1 $\frac{1}{4}$, 1 $\frac{2}{3}$ ligne.

A peu près de la taille du *Luteicornis*, proportionnellement plus allongé et d'un brun noirâtre en dessus, quelquefois presque noir, et quelquefois presque d'un rouge ferrugineux.

Tête ovale, presque triangulaire, avec les antennes ordinairement d'un brun obscur.

[illegible] plus large que la tête, moins long que large, rétréci postérieurement, presque cordiforme, peu convexe et presque plane; la ligne médiane assez fortement marquée; de chaque côté de la base une impression oblongue, un peu oblique et fortement marquée; le fond, les bords de cette impression et la partie de la base comprise entre elle et l'angle postérieur, couverts de points enfoncés assez marqués, très-serrés et souvent réunis; le bord antérieur assez fortement échancré; les angles antérieurs arrondis; les côtés assez fortement rebordés; les angles postérieurs coupés carrément et presque aigus; la base coupée presque carrément.

Élytres plus larges que le corselet, assez allongées, légèrement ovales, peu convexes et légèrement sinuées obliquement à l'extrémité; les stries fines, lisses et assez marquées; les intervalles planes; un point enfoncé sur le troisième, près de la seconde strie, à peu près aux deux tiers de l'élytre; [illegible] point semblable sur l'extrémité de la septième strie. [illegible] aptère, et tantôt ailé.

Dessous du corps d'un brun noirâtre, souvent un peu roussâtre, avec les pattes entièrement d'un jaune ferrugineux.

Il se trouve dans les montagnes des parties orientales de la France, en Suisse, en Allemagne, en Autriche, en Styrie et en Croatie.

80. H. Solitaris. *Eschscholtz.*

Pl. 192. fig. 5.

Oblongus, niger; thorace quadrato, postice punctato, utrinque subfoveolato, angulis posticis obtusis; elytris substriatis, postice subsinuatis, interstitio tertio puncto impresso; antennis, tibiis tarsisque rufis.

Dej. *Spec.* iv. p. 557. n° 120.

Long. 4 ⅔ lignes. Larg. 1 ¾ ligne.

Un peu plus grand que le *Limbatus*, et proportionnellement un peu plus allongé.

Corselet un peu plus court et légèrement arrondi sur les côtés; ceux-ci sans bordure roussâtre; l'impression de chaque côté de la base moins marquée; les côtés un peu déprimés vers les angles postérieurs et tombant un peu obliquement sur la base, avec laquelle ils forment un angle obtus à sommet légèrement arrondi; la base très-légèrement sinuée et coupée presque carrément.

Élytres un peu plus allongées, striées et ponctuées à peu près de la même manière; leur extrémité coupée un peu plus obliquement et un peu plus distinctement sinuée; quelques points enfoncés épars çà et là sur les intervalles, paraissant accidentels.

Dessous du corps et cuisses d'un brun noirâtre, avec les jambes et les tarses d'un rouge ferrugineux.

Il se trouve au Kamtschatka et dans le nord de la Laponie.

81. H. MARGINELLUS. *Ziegler*.

Pl. 192. fig. 6.

Oblongus, latior, niger, nitidus; thorace quadrato, postice utrinque punctato, subfoveolato, angulis posticis subrectis; elytris brevioribus, striatis, postice subsinuatis, interstitiis tertio puncto septimoque punctis pluribus posticis impressis; antennis pedibusque rufis.

DEJ. *Spec.* IV. p. 338. n° 121.
DEJ. *Cat.* p. 14.

Long. 5 lignes. Larg. 2 lignes.

Très-voisin du *Limbatus*, mais plus grand et proportionnellement un peu plus large.

Corselet ayant la ponctuation de la base un peu moins marquée sur les côtés et paraissant entièrement effacée au milieu; le bord antérieur plus fortement échancré; les angles postérieurs coupés plus carrément et leur sommet moins obtus.

Élytres à peu près de la même forme, striées et ponctuées de la même manière; toujours quatre ou cinq points

enfoncés à l'extrémité du septième intervalle, et souvent arrondis à l'extrémité du cinquième.

Dessous du corps et pattes comme dans le *Limbatus*.

Il se trouve dans les Alpes de la Styrie.

82. H. Rubripes. *Creutzer.*

Pl. 193. fig. 1.

Oblongo-ovatus; thorace quadrato, postice utrinque punctato, subfoveolato, angulis posticis rectis; elytris striatis, postice subsinuatis, interstitiis tertio puncto septimoque punctis pluribus posticis impressis; antennis pedibusque plerumque rufis.

Mas. Supra nitidus, plerumque cyaneo-violaceus, vel viridi-æneus.

Femina. Plerumque capite thoraceque nigro-subcyaneis; elytris opacis, nigris.

Dej. *Spec.* iv. p. 339. n° 122.
Sturm. iv. p. 55. n° 30. t. 86. fig. a. A.
Gyllenhal. ii. p. 118. n° 32.
Dej. *Cat.* p. 14.
Carabus Rubripes. Duftschmid. ii. p. 77. n° 81.
H. Azurescens. Gyllenhal. iv. p. 432.
H. Azureus? Sturm. iv. p. 42. n° 22. t. 83. fig. c. C.
H. Viridinitens. Dahl. *Coleopt. und Lepidopt.* p. 11.
H. Viridicyaneus. Godet.
H. Glaberellus. Ziegler.

Long. 3 $\frac{3}{4}$, 5 $\frac{1}{4}$ lignes. Larg. 1 $\frac{2}{3}$, 2 $\frac{1}{4}$ lignes.

A peu près de la taille du *Distinguendus*, proportionnellement un peu plus court, plus large et plus ovale. Le mâle tantôt en dessus d'un beau bleu violet, tantôt d'un vert bronzé plus ou moins clair et brillant, quelquefois presque tout-à-fait noir, avec les passages intermédiaires. La femelle ordinairement d'un noir un peu bleuâtre sur la tête et le corselet, et d'un noir opaque sur les élytres.

Tête assez grande, presque ovale, peu rétrécie postérieurement, lisse, avec les antennes d'un rouge ferrugineux.

Corselet plus large que la tête, moins long que large, carré, un peu arrondi sur les côtés antérieurement, très-légèrement sinué près de la base et peu convexe; la ligne médiane fine et assez marquée; la base légèrement ponctuée sur les côtés, presque lisse dans le milieu; l'impression latérale peu marquée; le bord antérieur assez échancré; les angles antérieurs arrondis; les côtés légèrement rebordés, un peu déprimés vers les angles postérieurs; ceux-ci coupés carrément, la base très-légèrement échancrée dans son milieu.

Élytres un peu plus larges que le corselet, peu allongées, légèrement ovales, presque parallèles, peu convexes et légèrement sinuées un peu obliquement à l'extrémité; les stries lisses, fines et assez marquées; les intervalles planes; un point enfoncé assez distinct sur le troisième, près de la seconde strie, à peu près au deux tiers de leur longueur; un point semblable sur l'extrémité de la septième strie, et six ou sept autres très-rapprochés à l'extrémité du septième intervalle; des ailes sous les élytres.

Dessous du corps d'un brun noirâtre, quelquefois un peu verdâtre, quelquefois un peu bleuâtre, suivant la couleur du dessus.

Les pattes ordinairement d'un rouge ferrugineux; quelquefois les cuisses d'un brun noirâtre.

Il se trouve en Suède, en France, en Allemagne, en Autriche, en Dalmatie et dans les provinces méridionales de la Russie.

83. H. Sobrinus.

Pl. 193. fig. 2.

Oblongus, supra nigro subcyaneus; thorace quadrato, postice utrinque punctato, foveolato, angulis posticis rectis; elytris striatis, postice subsinuatis, interstitiis tertio puncto septimoque punctis pluribus posticis impressis; antennis, tibiis tarsisque rufis.

Dej. *Spec.* IV. p. 341. n° 123.

Long. 4, 4 ½ lignes. Larg. 1 ½, 1 ¾ ligne.

Très-voisin du *Rubripes*, mais ordinairement plus petit, proportionnellement un peu plus étroit et d'un noir un peu bleuâtre.

Corselet un peu plus sinué près de la base; l'impression

que l'on voit de chaque côté de cette dernière plus marquée, avec la ponctuation un peu plus rare et moins distincte.

Élytres un peu plus étroites, striées et ponctuées à peu près de la même manière.

Dessous du corps et cuisses d'un brun noirâtre, avec les jambes et les tarses d'un rouge ferrugineux.

Il se trouve dans les Pyrénées-Orientales.

84. H. Salinus.

Pl 193. fig. 3.

Oblongus, niger; thorace breviore, quadrato, postice utrinque foveolato, angulis posticis subrotundatis; elytris elongatis, subparallelis, striatis, postice oblique subsinuatis, interstitiis tertio punctis remotis linea dispositis, quinto antice posticeque septimoque postice punctis pluribus impressis; antennis pedibusque rufis.

Dej. *Spec.* iv. p. 341. n° 124.
Abax Salinus. Fischer.

Long. 6, 6 ½ lignes. Larg. 2 ½, 2 ⅔ lignes.

Ressemble un peu, par la forme et la taille, au *Zabrus Gibbus*, et d'un noir assez brillant en dessus.

Tête assez allongée, presque ovale, avec les antennes d'un rouge-ferrugineux un peu brunâtre.

Corselet à peu près le double plus large que la tête,

moins long que large, assez court, presque carré, légèrement arrondi sur les côtés et assez convexe, couvert de rides ondulées, à peine distinctes; la ligne médiane fine et très-peu marquée; de chaque côté de la base, une impression oblongue assez profonde, un peu rugueuse; le bord antérieur légèrement échancré; les angles antérieurs arrondis; les côtés légèrement rebordés, assez fortement déprimés vers les angles postérieurs; ceux-ci presque arrondis et peu marqués; la base un peu sinuée et coupée presque carrément.

Élytres un peu plus larges que le corselet, allongées. presque parallèles, peu convexes, et légèrement sinuées obliquement à l'extrémité; les stries lisses, fines et assez marquées; les intervalles planes; sur le troisième une rangée de petits points enfoncés assez éloignés les uns des autres; en outre, quatre ou cinq points enfoncés à la base du cinquième intervalle, et trois ou quatre, à son extrémité, et cinq ou six sur celle du septième; des ailes sous les élytres.

Dessous du corps d'un noir un peu brunâtre, avec les pattes d'un rouge ferrugineux.

Il se trouve en Sibérie.

85. H. Zabroides.

Pl. 193. fig. 4.

Oblongo-ovatus, latior, niger; thorace subquadrato, antice subangustato, postice utrinque subsinuato, subforcolato, angulis posticis rectis subacutis; elytris striatis, postice oblique subsinuatis, interstitio tertio puncto impresso; tarsis rufis.

DEJ. *Spec.* IV. p. 343. n° 125.

Long. 6 $\frac{1}{4}$, 6 $\frac{2}{3}$ lignes. Larg. 2 $\frac{2}{3}$, 3 lignes.

Ordinairement un peu plus grand que l'*Hirtipes*; plus ovale, un peu plus allongé, plus convexe et d'un noir assez brillant en dessus dans les deux sexes.

Tête et antennes comme dans l'*Hirtipes*.

Corselet moins large, moins court, un peu rétréci antérieurement et plus convexe; la ligne médiane plus marquée; l'impression de chaque côté de la base, au contraire, un peu moins marquée; les côtés à peine un peu déprimés vers les angles postérieurs, un peu sinués près de la base, formant avec elle un angle presque aigu.

Élytres un peu plus allongées, plus convexes et plus ovales; leur plus grande largeur un peu au-delà du milieu, et leur extrémité coupée un peu plus obliquement et un peu plus distinctement sinuée; les stries un peu plus marquées; les intervalles un peu moins planes.

Dessous du corps et pattes à peu près comme dans l'*Hirtipes*.

Il se trouve en Russie.

86. H. Brevicornis. *Gebler.*

Pl. 193. fig. 5.

Ovatus, latior, subconvexus, niger; thorace breviore, subquadrato, postice utrinque subfoveolato, angulis posticis subrectis; elytris striatis, postice subsinuatis, interstitio tertio puncto impresso; antennis tarsisque rufis.

Dej. *Spec.* iv. p. 344. n° 126.
Germar. *Coleopt. Sp. Nov.* p. 27. n° 43.

Long. 5 $\frac{2}{3}$, 6 $\frac{1}{3}$ lignes. Larg. 2 $\frac{2}{3}$, 3 lignes.

A peu près de la taille de l'*Hirtipes*, proportionnellement un peu plus large et plus convexe.

Tête et palpes à peu près comme dans l'*Hirtipes*; antennes d'un rouge-ferrugineux un peu brunâtre, avec une tache d'un brun noirâtre à la base du second et du troisième article.

Corselet plus convexe; le bord antérieur moins fortement échancré; l'impression de chaque côté de la base moins marquée, et les côtés à peine un peu déprimés vers les angles postérieurs.

Élytres ne paraissant pas d'un noir plus terne dans les femelles que dans les mâles, un peu plus larges, un peu plus courtes et plus convexes; les stries un peu plus marquées et les intervalles un peu moins planes.

Dessous du corps et pattes à peu près comme dans l'*Hirtipes.*

Il se trouve en Sibérie.

87. H. Hirtipes.

Pl. 193. fig. C.

Ovatus, latior, niger; thorace breviore, subquadrato, postice utrinque subfoveolato, angulis posticis rectis; elytris striatis, postice subsinuatis, interstitio tertio puncto impresso; tarsis rufis.

Dej. *Spec.* iv. p. 345. n° 127.
Gyllenhal. ii. p. 123. n° 35. et iv. p. 441. n° 35.
Sturm. iv. p. 20. n° 9.
Dej. *Cat.* p. 15.
Carabus Hirtipes. Panzer. *Fauna German.* 38. n° 5.
Sch. *Syn. Ins.* i. p. 194. n° 150.
Duftschmid. ii. p. 95. n° 108.

Long. 5 $\frac{2}{3}$, 6 $\frac{1}{3}$ lignes. Larg. 2 $\frac{1}{3}$, 2 $\frac{3}{4}$ lignes.

Ordinairement plus grand que le *Semiviolaceus*, proportionnellement plus court, plus large, et d'un noir assez brillant en dessus dans les mâles et un peu terne sur les élytres des femelles.

Tête assez grande, ovale, peu rétrécie postérieurement, lisse, très-légèrement convexe; antennes ayant les trois ou quatre premiers articles d'un brun noirâtre, et les autres d'un brun roussâtre.

Corselet presque le double plus large que la tête, moins long que large, assez court, presque carré, presque transversal, très-légèrement arrondi antérieurement sur les côtés et peu convexe; la ligne médiane assez fine, peu marquée : de chaque côté de la base, une impression oblongue, assez courte, peu marquée, quelquefois un peu rugueuse; le bord antérieur assez fortement échancré; les angles antérieurs arrondis; les côtés très-légèrement rebordés et assez largement déprimés, surtout vers les angles postérieurs; ceux-ci coupés carrément, avec le sommet un peu arrondi; la base légèrement échancrée en arc de cercle.

Élytres plus larges que le corselet, assez courtes, légèrement ovales, presque parallèles, peu convexes et légèrement sinuées un peu obliquement à l'extrémité; les stries lisses, assez fines et assez marquées; les intervalles très-légèrement relevés et presque planes; un point enfoncé assez marqué sur le troisième, près de la seconde strie, à peu près aux deux tiers de l'élytre; un point semblable sur l'extrémité de la septième strie; des ailes sous les élytres.

Dessous du corps et cuisses noirs; jambes d'un brun noirâtre, avec les tarses d'un rouge ferrugineux.

Il se trouve, mais assez rarement, en Suède, en Allemagne, et plus communément en Hongrie, en Podolie et dans les provinces méridionales de la Russie.

88. H. Semiviolaceus. *Brongniart.*

Pl. 194. fig. 1.

Ovatus; thorace plerumque nigro-viridi-cyaneo, vel violaceo, subquadrato, antice subangustato, postice punctulato, utrinque subfoveolato, angulis posticis subrectis; elytris plerumque nigris, striatis, postice subsinuatis, interstitiis tertio puncto, septimo quintoque punctis pluribus posticis impressis; antennis basi rufis.

Dej. *Spec.* iv. p. 346. n° 128.
Dej. *Cat.* p. 14.
Carabus Corvus. Duftschmid. ii. p. 97. n° 111.
H. Corvus. Sturm. iv. p. 17. n° 7.
Carabus Depressus. Duftschmid. ii. p. 73. n° 77.
H. Depressus. Sturm. iv. p. 15. n° 6. t. 80. fig. a. A.
Carabus Melampus. Duftschmid. ii. p. 96. n° 110.
H. Melampus. Sturm. iv. p. 19. n° 8. t. 80. fig. b. B.
Carabus Schreibersii? Duftschmid. ii. p. 94. n° 106.
H. Schreibersii? Sturm. iv. p. 12. n° 4. t. 79. fig. a. A.
Carabus Crassipes? Duftschmid. ii. p. 95. n° 107.
H. Crassipes? Sturm. iv. p. 14. n° 5. t. 79. fig. b. B.
Carabus Caspius. Stéven. *Mémoires de la Société impériale des Naturalistes de Moscou.* i. p. 160. n° 4. t. 10. fig. 3.
Carabus Planicollis. Kugelann.
Var. *H. Vicinus.* Dej. *Cat.* p. 14.

Long. 4 $\frac{1}{3}$, 6 $\frac{1}{3}$ lignes. Larg. 1 $\frac{3}{4}$, 2 $\frac{3}{4}$ lignes.

Varie pour la taille. Ordinairement en dessus d'un noir assez brillant sur la tête et les élytres, et d'un bleu verdâtre ou violet plus ou moins brillant sur le corselet; élytres des mâles quelquefois aussi d'un bleu verdâtre ou violet; quelquefois entièrement noir en dessus.

Tête assez grande, assez allongée, presque ovale, peu rétrécie postérieurement, lisse, peu convexe, avec les antennes d'un brun obscur un peu roussâtre, à l'exception du premier article, qui est ferrugineux.

Corselet plus large que la tête, moins long que large, presque carré, un peu rétréci antérieurement, très-légèrement arrondi sur les côtés et peu convexe; la ligne médiane très-fine, peu marquée; toute la base couverte de petits points enfoncés très-serrés et souvent réunis; de chaque côté une impression oblongue, assez large et peu marquée; le bord antérieur assez fortement échancré; les angles antérieurs arrondis; les côtés légèrement rebordés; les angles postérieurs coupés presque carrément, avec le sommet un peu arrondi, la base légèrement échancrée en arc de cercle.

Élytres un peu plus larges que le corselet, peu allongées, très-légèrement ovales, presque parallèles, assez convexes et très-légèrement sinuées à l'extrémité; les stries assez marquées, presque toujours tout-à-fait lisses; les intervalles très-légèrement relevés et presque planes; un point enfoncé sur le troisième, près de la seconde strie, à peu près aux deux tiers de l'élytre; plusieurs points très-rapprochés les uns des autres à l'extrémité des septième et cinquième intervalles; des ailes sous les élytres.

Dessous du corps d'un noir quelquefois un peu bleuâtre; les cuisses et les jambes noires, avec les tarses d'un brun noirâtre.

Il se trouve très-communément en France, en Espagne, dans les provinces méridionales de l'Autriche, en Dalmatie, en Grèce, et dans le midi de la Russie; il habite aussi la côte de Barbarie.

89. H. Hypocrita.

Pl. 194. fig. 2.

Oblongo-ovatus, niger; thorace subquadrato, antice subangustato, postice punctato, utrinque subfoveolato, angulis posticis obtusis subrotundatis; elytris striatis, postice sub sinuatis, interstitiis tertio puncto, septimo quintoque punctis pluribus posticis impressis; antennarum basi tarsisque rufis.

Dej. *Spec.* iv. p. 349. n° 129.

Long. 4 ½ lignes. Larg. 1 ¾ ligne.

Voisin du *Semiviolaceus*, mais plus petit, proportionnellement plus étroit et d'un noir assez brillant.

Tête, palpes et antennes, à peu près comme dans le *Semiviolaceus*.

Corselet moins large, plus arrondi sur les côtés et un peu plus convexe; la ponctuation de la base un peu plus marquée; le bord antérieur un peu moins échancré; les angles postérieurs coupés moins carrément, avec le sommet presque arrondi.

Élytres moins larges, avec l'extrémité coupée plus carrément et très-légèrement sinuée, striées et ponctuées à peu près de la même manière; cinq points enfoncés à l'extrémité du septième intervalle, et deux sur celle du cinquième dans l'individu que nous avons sous les yeux.

Dessous du corps, cuisses et jambes d'un noir un peu brunâtre, avec les tarses d'un rouge-ferrugineux un peu brunâtre.

Il se trouve en Espagne.

90. H. Optabilis. *Faldermann.*

Pl. 194. fig. 3.

Oblongo-ovatus, niger; thorace subquadrato, antice angustato, postice utrinque obsolete punctato, subfoveolato; angulis posticis rectis; elytris striatis, postice oblique subsinuatis, interstitiis tertio puncto, septimo quintoque punctis pluribus posticis impressis; antennis tarsisque rufis.

Dej. *Spec.* iv. p. 350. n° 130.
Var. *H. Oodioides.* Faldermann.

Long. 5, 6 lignes. Larg. 2, 2 ½ lignes.

Ordinairement plus petit et proportionnellement moins large que le *Semiviolaceus*. Tête ovale, presque arrondie, avec les antennes d'un rouge-ferrugineux un peu brunâtre.

Corselet plus large que la tête, moins long que large, rétréci antérieurement, presque trapézoïde, très-légèrement arrondi sur les côtés et assez convexe, couvert de rides ondulées; la ligne médiane fine et peu marquée; de chaque côté de la base une impression oblongue assez large, presque arrondie et peu marquée, ponctuée; le bord antérieur légèrement échancré; le milieu coupé presque carrément et formant presque un angle de chaque côté; les angles antérieurs arrondis; les côtés légèrement rebordés, assez fortement et largement déprimés vers les angles postérieurs, qui sont coupés carrément; la base très-légèrement échancrée en arc de cercle et coupée presque carrément.

Élytres un peu convexes et très-légèrement sinuées obliquement à l'extrémité; les stries lisses, fines et assez marquées; les intervalles planes; un point enfoncé assez distinct sur le troisième près de la seconde strie, à peu près aux deux tiers de l'élytre; cinq ou six points très-rapprochés à l'extrémité du septième et deux sur celle du cinquième; des ailes sous les élytres.

Dessous du corps et cuisses noirs, avec les jambes d'un brun noirâtre et les tarses d'un rouge ferrugineux.

Il se trouve en Sibérie.

91. H. Lumbaris. *Eschscholtz.*

Pl. 194. fig. 4.

Oblongus, nigro-piceus; thorace subquadrato, antice subangustato, postice utrinque foveolato, angulis posticis rectis; elytris striatis, postice subsinuatis, interstitiis tertio quintoque punctis remotis linea dispositis, septimoque punctis pluribus posticis impressis; antennis pedibusque rufo-testaceis.

Dej. *Spec.* iv. p. 352. n° 131.
Sturm. *Catal.* p. 149.

Long. 4, 5 ½ lignes. Larg. 1 ⅔, 2 ⅓ lignes.

Voisin du *Perplexus* par la forme et la taille, et d'un brun noirâtre en dessus; quelquefois tout-à-fait noir, et quelquefois plus ou moins roussâtre.

Tête ovale, assez allongée, presque triangulaire, à peine rétrécie postérieurement, lisse, avec les antennes d'un rouge-ferrugineux plus ou moins jaunâtre.

Corselet plus large, moins long que large, presque carré, un peu rétréci antérieurement, légèrement arrondi antérieurement sur les côtés et peu convexe; la ligne médiane fine, très-peu marquée; de chaque côté de la base une impression assez large, presque arrondie et assez marquée, ridée et un peu rugueuse; le bord antérieur légèrement échancré; les angles antérieurs arrondis; les côtés légèrement rebordés et assez fortement déprimés vers les angles postérieurs; ceux-ci coupés carrément, à sommet arrondi; la base très-légèrement échancrée en arc de cercle et coupée presque carrément.

Élytres un peu plus larges que le corselet, assez allongées, légèrement ovales, presque parallèles, peu convexes et légèrement sinuées à l'extrémité; les stries lisses, fines et assez marquées; les intervalles planes; une rangée de points enfoncés assez éloignés les uns des autres sur le troisième et sur le cinquième; en outre six à sept points assez rapprochés les uns des autres à l'extrémité du septième intervalle; des ailes sous les élytres.

Dessous du corps ordinairement d'un brun noirâtre, quelquefois plus ou moins roussâtre, avec les pattes d'un rouge-ferrugineux plus ou moins jaunâtre.

Il se trouve en Sibérie.

92. H. Impiger. *Megerle.*

Pl. 194. fig. 5.

Ovatus, nigro-piceus; thorace breviore, subquadrato, antice subangustato, postice utrinque foveolato, angulis posticis rectis; elytris striatis, postice subsinuatis, interstitiis tertio punctis duobus vel tribus septimoque punctis pluribus posticis impressis; antennis pedibusque rufis.

Dej. *Spec.* iv. p. 353. n° 132.
Sturm. iv. p. 30. n° 15. t. 82. fig. b. B.
Dej. *Cat.* p. 15.
Carabus Impiger. Duftschmid. ii. p. 103. n° 121.
H. Inunctus? Sturm. iv. p. 48. n° 26. t. 84. fig. c. C.
H. Sericpunctatus? Sturm. iv. p. 63. n° 35. t. 87. fig. c. C.

Long. 3 ½, 4 ½ lignes. Larg. 1 ¼, 1 ¾ ligne.

Voisin du *Tardus* par la forme, mais ordinairement un peu plus petit et en dessus d'un brun noirâtre, quelquefois presque noir, quelquefois un peu roussâtre, assez brillant dans les mâles, et assez terne sur les élytres des femelles.

Tête et pattes comme dans le *Tardus*.

Corselet un peu plus court et très-légèrement sinué près de la base; la ligne médiane et les deux impressions transversales un peu plus marquées; les angles postérieurs coupés carrément.

Élytres à peu près de la même forme, sinuées à l'extrémité à peu près de la même manière; les stries un peu plus fines et un peu moins marquées; les intervalles plus planes; ordinairement, sur le troisième, trois points enfoncés près de la seconde strie; en outre trois ou quatre petits points enfoncés à l'extrémité du septième intervalle; le bord inférieur d'un brun un peu roussâtre; point d'ailes sous les élytres.

Dessous du corps d'un brun noirâtre, avec les pattes d'un rouge ferrugineux.

Il se trouve en France, en Allemagne et en Autriche.

93. H. Tenebrosus.

Pl. 194. fig. 6.

Oblongus, supra nigro-subcyaneus; thorace subquadrato, antice subangustato, postice utrinque subfoveolato, foveis punctatis, angulis posticis subrectis; elytris striatis, postice oblique sinuatis, interstitio tertio puncto impresso; antennarum basi tarsisque rufis.

Dej. *Spec.* iv. p. 358. n° 135.
Dej. *Cat.* p. 14.
H. Coracinus? Sturm. iv. p. 45. n° 24. t. 84. fig. a. A.
H. Parallelus. Jenisson.

Long. 4, 5 lignes. Larg. 1 $\frac{1}{2}$, 2 lignes.

A peu près de la taille du *Distinguendus*, mais un peu plus allongé, un peu plus convexe et d'un noir assez brillant en dessus, ordinairement un peu bleuâtre sur les élytres.

Tête plus petite et plus rétrécie postérieurement, avec la base des antennes d'un rouge ferrugineux.

Corselet plus étroit, un peu rétréci antérieurement et nullement sinué près de la base; l'impression de chaque côté peu marquée et assez large, ponctuée; les côtés un peu déprimés vers les angles postérieurs; ceux-ci coupés carrément, à sommet obtus et presque arrondi; la base coupée presque carrément.

Élytres un peu plus allongées et plus convexes; leur extrémité coupée un peu obliquement et plus distinctement sinuée; les stries un peu plus marquées, surtout vers l'extrémité; de même un point enfoncé sur le troisième intervalle, et un autre assez gros et bien marqué sur l'extrémité de la septième strie; des ailes sous les élytres.

Dessous du corps, cuisses et jambes d'un brun noirâtre, avec les tarses d'un rouge ferrugineux.

Il se trouve en France, en Espagne, en Allemagne, en Autriche, en Dalmatie et sur la côte de Barbarie.

94. H. Solieri.

Pl. 195. fig. 1.

Oblongus, supra nigro-subcyaneus; thorace subquadrato, antice subangustato, postice utrinque subfoveolato, foveis punctatis, angulis posticis subrectis; elytris striatis, postice oblique sinuatis, interstitio tertio puncto, septimo quintoque punctis pluribus posticis impressis; antennis tarsisque rufis.

Dej. *Spec.* v. *Suppl.* p. 841. n° 173.

Long. 4 ¾ lignes. Larg. 1 ¾ ligne.

Très-voisin du *Tenebrosus.*

Palpes et antennes entièrement d'un rouge-ferrugineux peu jaunâtre.

Tête et corselet comme dans le *Tenebrosus*.

Élytres à peu près de la même forme, striées de la même manière; cinq ou six points enfoncés bien distincts sur l'extrémité du septième intervalle, et trois ou quatre sur celle du cinquième.

Dessous du corps et pattes comme dans le *Tenebrosus*.

Il se trouve dans le midi de la France.

95. H. Melancholicus.

Pl. 195. fig. 2.

Oblongo-ovatus, niger; thorace subquadrato, antice subangustato, postice utrinque obsolete punctato, subfoveolato, angulis posticis rectis; elytris striatis, striis obsoletissime punctatis, postice oblique sinuatis, interstitiis tertio puncto octavoque punctis pluribus posticis impressis; antennis tarsisque rufis.

Dej. *Spec.* IV. p. 359. n° 156.
Dej. *Cat.* p. 14.
H. Piciventris. Parreyss.

Long. 4, 5 lignes. Larg. 1 $\frac{2}{3}$, 2 $\frac{1}{4}$ lignes.

A peu près de la taille du *Perplexus*, mais un peu plus large, plus ovale, et d'un noir assez brillant dans les mâles et un peu plus terne dans les femelles.

Tête presque arrondie, peu avancée, légèrement convexe, avec les antennes d'un rouge-ferrugineux un peu jaunâtre.

Corselet à peu près le double plus large que la tête, moins long que large, presque carré, un peu rétréci antérieurement, très-légèrement arrondi sur les côtés et peu convexe; la ligne médiane fine, peu marquée, ne dépassant pas l'impression antérieure; de chaque côté de la base une impression oblongue, assez large, très-peu marquée, et quelques points enfoncés peu distincts et peu rapprochés les uns des autres, dans le fond et vers les angles postérieurs; le bord antérieur assez échancré; les angles antérieurs arrondis; les côtés très-légèrement rebordés, assez largement déprimés vers les angles postérieurs; ceux-ci coupés carrément; la base très-légèrement échancrée en arc de cercle dans son milieu et coupée presque carrément.

Élytres un peu plus larges que le corselet, assez allongées, légèrement ovales, presque parallèles, légèrement convexes et sinuées obliquement à l'extrémité; les stries fines et assez marquées, paraissant lisses à la vue simple et très-légèrement ponctuées avec une forte loupe; les intervalles planes; un point enfoncé distinct sur le troisième près de la seconde strie; cinq ou six autres plus petits et très-rapprochés à l'extrémité du huitième, et un autre un peu plus gros placé un peu plus bas, tout-à-fait sur la septième strie; des ailes sous les élytres.

Dessous du corps, cuisses et jambes d'un brun noirâtre, avec les tarses d'un rouge-ferrugineux quelquefois un peu brunâtre.

Il se trouve aux environs de Paris, en Prusse et en Morée.

96. H. Litigiosus.

Pl. 195. fig. 5.

Oblongo-ovatus, niger; thorace subquadrato, antice subangustato, postice utrinque punctato, subfoveolato, angulis posticis obtusis; elytris striatis, striis obsolete punctatis, postice oblique sinuatis, interstitiis tertio puncto octavoque punctis pluribus posticis impressis; antennis tarsisque rufis.

Dej. *Spec.* iv. p. 361. n° 137.

Long. 4 ¾, 5 ¼ lignes. Larg. 1 ¾, 2 ¼ lignes.

Très-voisin du *Melancholicus*, mais un peu moins large et un peu plus allongé.

Tête plus avancée et moins arrondie, avec les palpes et les antennes comme dans le *Melancholicus*.

Corselet un peu moins large et un peu plus arrondi sur les côtés; l'impression de chaque côté de la base un peu plus marquée, avec la ponctuation un peu plus serrée; les angles postérieurs coupés moins carrément, à sommet un peu obtus; la base un peu plus échancrée en arc de cercle dans son milieu.

Élytres un peu moins larges, moins ovales et plus parallèles; leurs stries un peu plus marquées et un peu plus distinctement ponctuées; les intervalles un peu moins planes et ponctués à peu près de la même manière.

Dessous du corps et pattes comme dans le *Melancholicus*.

Il se trouve dans le midi de la France et en Dalmatie.

97. H. Ineditus.

Pl. 195. fig. 4.

Oblongus, nigro-subcyaneus; thorace subquadrato, antice subangustato, postice utrinque subfoveolato, angulis posticis subrectis; elytris striatis striis tenue punctatis, postice oblique sinuatis, interstitiis tertio puncto octavoque punctis pluribus posticis impressis; antennis tarsisque rufis.

Dej. *Spec.* iv. p. 362. n° 138.
Dej. *Cat.* p. 15.

Long. 4 lignes. Larg. 1 ½ ligne.

Très-voisin du *Melancholicus*, mais plus petit et proportionnellement plus étroit, et d'un noir un peu bleuâtre.

Corselet un peu moins large postérieurement et un peu plus arrondi sur les côtés; les deux impressions transversales et celles de chaque côté de la base un peu plus marquées; les côtés un peu plus fortement déprimés vers les angles postérieurs; ceux-ci coupés moins carrément, à sommet un peu obtus.

Élytres plus étroites; les stries très-finement mais distinctement ponctuées; les intervalles plus planes, ponctués à peu près de la même manière.

Dessous du corps et pattes à peu près comme dans le *Melancholicus*.

Il se trouve à Fontainebleau.

98. H. Tardus.

Pl. 195. fig. 5.

Ovatus, niger; thorace subquadrato, antice subangustato, postice utrinque foveolato, angulis posticis rectis; elytris striatis, postice subsinuatis, interstitio tertio puncto impresso; antennis, tibiarum basi tarsisque rufis.

Dej. *Spec.* iv. p. 363. n° 139.
Gyllenhal ii. p. 120. n° 33. et iv. p. 436. n° 33.
Sturm? iv. p. 34. n° 18.
Sahlberg. *Dissert. Entom. Ins. Fennica.* p. 238. n° 36.
Dej. *Cat.* p. 14.
Carabus Tardus? Duftschmid. ii. p. 99. n° 114.
Carabus Fuliginosus. Duftschmid. ii. p. 83. n° 90.
H. Fuliginosus. Sturm. iv. p. 91. n° 52. t. 92. fig. d. D.
H. Fulvitarsis. Sturm. *Catal.* p. 148.
H. Saginatus? Eschscholtz.

Long. 3 $\frac{1}{2}$, 4 $\frac{2}{3}$ lignes. Larg. 1 $\frac{1}{2}$, 2 lignes.

A peu près de la taille du *Distinguendus*, plus large, plus convexe et d'un noir assez brillant dans les mâles et plus terne sur les élytres des femelles.

Tête assez grande, presque ovale, peu rétrécie postérieurement, lisse, légèrement convexe, avec les antennes d'un rouge-ferrugineux assez clair.

Corselet plus large que la tête, moins long que large, presque carré, un peu rétréci antérieurement et légèrement convexe; la ligne médiane fine et peu marquée; de chaque côté de la base une impression oblongue assez fortement marquée, rugueuse dans le fond; le bord antérieur assez échancré; les angles antérieurs arrondis; les côtés légèrement rebordés; les angles postérieurs coupés carrément, à sommet un peu arrondi; la base très-légèrement échancrée en arc de cercle.

Élytres un peu plus larges que le corselet, peu allongées, légèrement ovales, presque parallèles, assez convexes, coupées un peu obliquement et légèrement sinuées à l'extrémité; les stries lisses, assez marquées; les intervalles planes, un point enfoncé assez distinct sur le troisième près de la seconde strie; un autre sur l'extrémité de la septième; des ailes sous les élytres.

Dessous du corps noir; cuisses et extrémité des jambes d'un brun noirâtre; base des jambes et tarses d'un rouge ferrugineux.

Il se trouve communément dans toute l'Europe.

99. H. Segnis.

Pl. 195. fig. 6.

Ovatus, convexus, niger; thorace breviore, subquadrato, antice subangustato, postice utrinque foveolato, angulis posticis rectis; elytris striatis, postice subsinuatis, interstitio tertio puncto impresso; antennis tarsisque rufis.

Dej. *Spec.* iv. p. 365. n° 140.
H. Lentus? Sturm. iv. p. 28. n° 14. t. 82. fig. a. A.
H. Frölichii? Megerle. Sturm. iv. p. 117. n° 67. t. 96. fig. a. A.

Long. 3 ¾, 4 ¼ lignes. Larg. 1 ¾, 2 lignes.

A peu près de la taille du *Tardus*, mais un peu plus large et un peu plus convexe.

Tête un peu plus large, moins ovale, presque triangulaire.

Corselet plus court, un peu rétréci antérieurement et plus convexe; l'impression de chaque côté de la base un peu moins longue et un peu moins profonde.

Élytres un peu plus larges, plus courtes et plus convexes; les stries plus fortement marquées et les intervalles un peu relevés.

Dessous du corps et cuisses noirs, avec les jambes d'un brun noirâtre et les tarses d'un rouge ferrugineux.

Il se trouve en Autriche, en Allemagne et en France.

100. H. Flavicornis.

Pl. 196. fig. 1.

Ovatus, niger; thorace subquadrato, antice subangustato, postice utrinque subfoveolato, angulis posticis obtusis, elytris striatis, postice subsinuatis, interstitio tertio puncto impresso; antennis, tibiis tarsisque rufis.

Dej. *Spec.* iv. p. 366. n° 141.
Dej. *Cat.* p. 14.
H. Femoralis? Ullrich.
H. Lentus? Sturm. iv. p. 28. n° 14. t. 82. fig. a. A.

Long. 3 $\frac{1}{2}$, 4 lignes. Larg. 1 $\frac{1}{2}$, 1 $\frac{2}{3}$ ligne.

Très-voisin du *Tardus*, mais un peu plus petit et ordinairement un peu plus court.

Corselet un peu plus arrondi sur les côtés, avec l'impression de chaque côté de la base moins marquée; les angles postérieurs coupés un peu moins carrément, à sommet un peu plus arrondi; la base un peu plus échancrée dans son milieu.

Élytres ayant les stries un peu plus marquées; de même un point enfoncé sur le troisième intervalle, et un autre assez gros et assez marqué sur l'extrémité de la septième strie.

Jambes et tarses entièrement d'un rouge ferrugineux.

Il se trouve en Autriche et en Dalmatie.

101. H. Modestus.

Pl. 296. fig. 2.

Ovatus, niger; thorace subquadrato, antice subangustato, postice utrinque subfoveolato, angulis posticis obtusis; elytris striatis, postice subsinuatis, interstitio tertio puncto impresso; antennis, tibiarum basi tarsisque rufis.

Dej. *Spec.* iv. p. 367. n° 142.
Dej. *Cat.* p. 14.

Long. 2 $\frac{1}{3}$, 3 lignes. Larg. 1, 1 $\frac{1}{3}$ ligne.

Très-voisin du *Flavicornis*, mais plus petit et proportionnellement un peu plus court.

Corselet un peu plus court, avec la base un peu moins échancrée.

Élytres un peu plus courtes et coupées un peu obliquement à l'extrémité; les stries un peu moins marquées.

Les cuisses et l'extrémité des jambes d'un brun noirâtre, avec la base des jambes et les tarses d'un rouge-ferrugineux.

Il se trouve en Styrie.

102. H. Politus. *Faldermann.*

Pl. 196. fig. 3.

Oblongo-ovatus, subconvexus, niger; thorace subquadrato, antice angustato, postice utrinque foveolato, angulis posticis subrectis; elytris striatis, postice subsinuatis, interstitio tertio puncto impresso; antennis pedibusque rufis.

Dej. *Spec.* iv. p. 370. n° 145.

Long. 4 ½ lignes. Larg. 1 ⅔ ligne.

Très-voisin du *Serripes*, mais un peu plus petit et proportionnellement plus étroit.

Corselet un peu plus rétréci antérieurement.

Élytres striées et ponctuées de la même manière.

Palpes, antennes et pattes entièrement d'un rouge-ferrugineux un peu brunâtre.

Il se trouve en Sibérie.

103. H. Serripes.

Pl. 196. fig. 4.

Ovatus, subconvexus, niger; thorace subquadrato, antice angustato, postice utrinque foveolato, angulis posticis subrectis; elytris striatis, postice subsinuatis, interstitio tertio puncto impresso; antennarum basi tarsisque rufis.

Dej. *Spec.* iv. p. 371. n° 146.
Sturm. iv. p. 26. n° 13. t. 81. fig. b. B.
Gyllenhal. iv. p. 436. n° 33-34.
Dej. *Cat.* p. 14.
Carabus Serripes. Duftschmid. ii. p. 98. n° 112.
Sch.? *Syn. Ins.* i. p. 199. n° 184. t. 3. fig. 4.

Long. 4, 5 lignes. Larg. 1 $\frac{2}{3}$, 2 $\frac{1}{4}$ lignes.

Ordinairement un peu plus grand que le *Tardus*, un peu plus allongé, plus ovale, plus convexe et d'un noir assez brillant dans les mâles et un peu moins sur les élytres des femelles.

Tête ovale, presque triangulaire, peu rétrécie postérieurement, lisse, très-légèrement convexe, avec la base des antennes ferrugineuse.

Corselet plus large que la tête, moins long que large, presque carré, rétréci antérieurement, très-légèrement arrondi antérieurement sur les côtés et assez convexe; la ligne médiane fine, peu marquée; de chaque côté de la base une impression oblongue, assez courte et assez marquée, rugueuse; le bord antérieur légèrement échancré; les angles antérieurs arrondis; les côtés légèrement rebordés, tombant carrément sur la base et formant avec elle un angle droit à sommet un peu arrondi; la base très-légèrement échancrée en arc de cercle dans son milieu, et coupée presque carrément.

Élytres un peu plus larges que le corselet, peu allongées, légèrement ovales, presque parallèles, assez convexes et très-légèrement sinuées à l'extrémité; les stries lisses, fines et assez marquées; les intervalles presque planes; un point enfoncé assez distinct sur le troisième près de la seconde strie et un autre sur l'extrémité de la septième strie; des ailes sous les élytres.

Dessous du corps, cuisses et jambes d'un noir plus ou moins brunâtre, avec les tarses d'un rouge-ferrugineux un peu brunâtre.

Il se trouve très-communément en France, en Espagne, en Allemagne, en Autriche, et dans le midi de la Russie; il est plus rare en Suède; il habite aussi l'Amérique septentrionale.

104. H. Taciturnus.

Pl. 196. fig. 5.

Oblongo-ovatus, niger; thorace subquadrato, antice subangustato, postice utrinque foveolato, angulis posticis obtusis; elytris striatis, postice subsinuatis, interstitio tertio puncto impresso; antennarum basi tarsisque rufis.

Dej. *Spec.* IV. p. 373. n° 147.
Dej. *Cat.* p. 14.

Long. 3 $\frac{1}{2}$, 3 $\frac{3}{4}$ lignes. Larg. 1 $\frac{1}{3}$, 1 $\frac{1}{2}$ ligne.

Très-voisin du *Serripes*, mais plus petit et proportionnellement plus allongé.

Corselet moins rétréci antérieurement et un peu plus arrondi sur les côtés; les angles postérieurs coupés moins carrément, un peu obtus, à sommet un peu plus arrondi.

Élytres un peu plus étroites, striées et ponctuées à peu près de la même manière.

Dessous du corps et pattes à peu près comme dans le *Serripes*.

Il se trouve en Dalmatie.

105. H. Fuscipalpis. *Ziegler*.

Pl. 196. fig. 6.

Oblongo-ovatus, niger; thorace subquadrato, antice angustato, postice utrinque subforcolato, angulis posticis rectis; elytris striatis, postice oblique sinuatis, interstitio tertio puncto impresso; antennis basi rufis; palpis tarsisque fusco-piceis.

Dej. *Spec.* iv. p. 374. n° 148.
Dej. *Cat.* p. 14.
Sturm? iv. p. 66. n° 37. t. 88. fig. b. B.

Long. 3 $\frac{1}{3}$, 3 $\frac{1}{2}$ lignes. Larg. 1 $\frac{1}{2}$, 1 $\frac{2}{3}$ ligne.

Très-voisin de l'*Anxius*, mais ordinairement un peu plus grand.

Tête à peu près comme celle de l'*Anxius*: palpes d'un

brun noirâtre, avec l'extrémité de chaque article un peu roussâtre; antennes d'un rouge ferrugineux à la base.

Corselet plus court, avec la base coupée plus carrément.

Élytres à peu près de la même forme, striées et ponctuées à peu près de la même manière.

Dessous du corps et cuisses d'un noir quelquefois un peu brunâtre, avec les jambes d'un brun noirâtre et les tarses d'un brun un peu roussâtre.

Il se trouve en Autriche.

106. H. SUBCYLINDRICUS.

Pl. 197. fig. 1.

Oblongus, subparallelus, niger; thorace subquadrato, antice angustato, postice utrinque subfoveolato, angulis posticis subrectis; elytris striatis, postice oblique sinuatis, interstitio tertio puncto impresso; antennarum basi tarsisque rufis.

DEJ. *Spec.* IV. p. 374. n° 149.
DEJ. *Cat.* p. 14.

Long. 3 $\frac{1}{3}$, 3 $\frac{1}{2}$ lignes. Larg. 1 $\frac{1}{3}$, 1 $\frac{1}{2}$ ligne.

Voisin de l'*Anxius*, mais ordinairement un peu plus grand, proportionnellement un peu plus allongé, moins ovale et plus parallèle.

Tête et antennes à peu près comme dans l'*Anxius.*

Corselet un peu plus arrondi sur les côtés et un peu plus convexe; les angles postérieurs coupés un peu moins carrément; la base un peu plus échancrée en arc de cercle.

Élytres un peu plus allongées, moins ovales et plus parallèles; les stries un peu plus fines, moins marquées; les intervalles plus planes; les points disposés de la même manière.

Dessous du corps, cuisses et jambes ordinairement d'un brun noirâtre; tarses d'un rouge-ferrugineux un peu brunâtre.

Il se trouve en Espagne et dans le département des Pyrénées-Orientales.

107. H. Anxius.

Pl. 197. fig. 2.

Oblongo-ovatus, niger; thorace subquadrato, antice angustato, postice utrinque subfoveolato, angulis posticis rectis; elytris striatis, postice oblique sinuatis, interstitio tertio puncto impresso; antennarum tibiarumque basi tarsisque rufis.

Dej. *Spec.* iv. p. 375. n° 150.
Sturm. iv. p. 72. n° 41. t. 89. fig. b. B.
Gyllenhal. iv. p. 439. n° 33-34.
Carabus Anxius. Duftschmid. ii. p. 101. n° 116.

H. Tibialis. Dej. *Cat.* p. 15.

H. Nigripes? Sturm. iv. p. 69. n° 39. t. 88. fig. d. D.

Long. 3, 3 $\frac{1}{2}$ lignes. Larg. 1 $\frac{1}{4}$, 1 $\frac{1}{2}$ ligne.

A peu près de la forme et de la taille de l'*Amara Trivialis*, et ordinairement en dessus d'un noir assez brillant dans les mâles, et un peu plus terne sur les élytres des femelles.

Tête ovale, presque triangulaire, peu rétrécie postérieurement, lisse, très-légèrement convexe, avec la base des antennes d'un rouge ferrugineux.

Corselet plus large que la tête, moins long que large, presque carré, rétréci antérieurement, très-légèrement arrondi antérieurement sur les côtés et peu convexe; la ligne médiane fine et peu marquée; de chaque côté de la base une impression oblongue, peu marquée, à fond rugueux; le bord antérieur légèrement échancré; les angles antérieurs arrondis; les côtés légèrement rebordés; les angles postérieurs coupés carrément, à sommet peu aigu et presque arrondi; la base très-légèrement échancrée en arc de cercle et coupée presque carrément.

Élytres un peu plus larges que le corselet, assez allongées, légèrement ovales, presque parallèles, peu convexes et sinuées obliquement à l'extrémité; les stries lisses, fines, assez marquées dans les mâles et un peu moins dans les femelles; les intervalles planes; un point enfoncé sur le troisième, près de la seconde strie, et un autre à l'extrémité de la septième strie; des ailes sous les élytres.

Dessous du corps et cuisses noirs, quelquefois un peu

brunâtre; jambes ordinairement d'un rouge ferrugineux, avec l'extrémité noirâtre; tarses d'un rouge-ferrugineux un peu obscur.

Il se trouve communément en France, en Suisse, en Allemagne, en Autriche, en Dalmatie et dans les provinces méridionales de la Russie; il est plus rare en Suède.

108. H. Servus. *Creuzer.*

Pl. 197. fig. 8.

Ovatus, nigro-piceus; thorace antice angustato, postice utrinque subfoveolato, angulis posticis rectis; elytris interdum rufo-piceis, striatis, postice oblique sinuatis, interstitio tertio puncto impresso, antennis, tibiarum basi tarsisque rufis.

Dej. *Spec.* iv. p. 377. n° 151.
Gyllenhal. iv. p. 437. n° 33-34.
Dej. *Cat.* p. 15.
Sturm? iv. p. 73. n° 42. t. 89. fig. c. C.
Carabus Servus. Duftschmid. ii. p. 101. n° 117.
H. Complanatus. Sturm. iv. p. 64. n° 36. t. 88. fig. a. A.

Long. 3 ½, 4 lignes. Larg. 1 ½, 1 ¾ ligne.

Très-voisin de l'*Anxius*, mais ordinairement un peu plus grand, plus large, plus ovale et d'un brun noirâtre en dessus, souvent plus ou moins roussâtre sur les élytres.

Tête à peu près comme dans l'*Anxius*; palpes et antennes entièrement d'un rouge ferrugineux.

Corselet plus large postérieurement; l'impression de chaque côté de la base un peu plus large et un peu moins marquée; les côtés un peu déprimés vers les angles postérieurs; ceux-ci coupés plus carrément à sommet plus aigu; la base un peu plus échancrée en arc de cercle.

Élytres plus larges, striées et ponctuées à peu près de la même manière; des ailes sous les élytres.

Dessous du corps et cuisses d'un brun noirâtre, quelquefois un peu roussâtre; jambes d'un brun roussâtre, ordinairement un peu plus clair à la base et noirâtre vers l'extrémité; tarses d'un rouge-ferrugineux quelquefois un peu brunâtre.

Il se trouve en France, en Suède, en Allemagne, en Hongrie, en Volhynie et en Russie.

109. H. Flavitarsis.

Pl. 197. fig. 4.

Ovatus, nigro-piceus; thorace subquadrato, antice angustato, postice utrinque subfoveolato, angulis posticis subrotundatis; elytris brevioribus, striatis, oblique subsinuatis, interstitio tertio puncto impresso; antennis tarsisque rufo testaceis.

Dej. *Spec.* iv. p. 378. n° 152.
Sturm. *Catal.* p. 148.

Long. 2 $\frac{2}{3}$, 3 lignes. Larg. 1, 1 $\frac{1}{4}$ ligne.

Plus petit que l'*Anxius*, proportionnellement plus court et d'un brun noirâtre plus ou moins foncé.

Tête à peu près comme celle de *l'Anxius*, avec les palpes et les antennes entièrement d'un jaune testacé un peu roussâtre.

Corselet plus court, un peu plus arrondi sur les côtés, avec les angles postérieurs obtus et presque arrondis.

Élytres plus courtes; leur extrémité plus légèrement sinuée; les stries et les points disposés de la même manière; mais celui du troisième intervalle souvent moins distinct ou effacé.

Dessous du corps, cuisses et jambes d'un brun noirâtre, quelquefois un peu roussâtre; tarses d'un jaune testacé un peu roussâtre.

Il se trouve en Allemagne.

110. H. Picipennis. *Megerle.*

Pl. 197. fig. 5.

Brevior, subparallelus, nigro-piceus; thorace subtransverso, postice utrinque foveolato, angulis posticis rotundatis; elytris striatis, postice subsinuatis; antennis, tibiis tarsisque rufo-testaceis.

Dej. *Spec.* iv. p. 379. n° 153.
Sturm. iv. p. 75. n° 43. t. 90. fig. a. A.
Gyllenhal. iv. p. 439. n° 33-34.
Carabus Picipennis. Duftschmid. ii. p. 102. n° 118.
H. Vernalis. Dej. *Cat.* p. 15.
Carabus Vernalis? Duftschmid. ii. p. 106. n° 126.
H. *Assimilis.* Sturm.

Long. 2 $\frac{1}{3}$, 2 $\frac{3}{4}$ lignes. Larg. 1, 1 $\frac{1}{4}$ ligne.

Plus petit que le *Pygmæus*, proportionnellement plus court, un peu plus large, et d'un brun noirâtre foncé en dessus.

Tête ovale, presque triangulaire, un peu rétrécie postérieurement, lisse, peu convexe, avec les palpes et les antennes d'un rouge-ferrugineux un peu jaunâtre.

Corselet plus large que la tête, moins long que large, assez court, presque transversal, légèrement arrondi sur les côtés et peu convexe; la ligne médiane très-fine et peu marquée; de chaque côté de la base une impression oblongue, ordinairement assez marquée, rugueuse dans le fond; le bord antérieur assez échancré, les angles antérieurs arrondis; les côtés légèrement rebordés; les angles postérieurs arrondis; la base coupée presque carrément.

Élytres un peu plus larges que le corselet, peu allongées, légèrement ovales, presque parallèles, assez convexes et légèrement sinuées un peu obliquement à l'extrémité; les stries fines, lisses et assez marquées; les intervalles planes; pas de point enfoncé sur le troisième; un point enfoncé assez distinct sur l'extrémité de la septième strie ; des ailes sous les élytres.

Dessous du corps et cuisses ordinairement d'un brun noirâtre ; jambes et tarses d'un rouge-ferrugineux un peu jaunâtre.

Il se trouve en France, en Suède, en Suisse, en Allemagne, en Autriche et dans la Russie méridionale.

111. H. Brachypus.

Pl. 197. fig. 6

Oblongus, subparallelus, niger ; thorace subtransverso, postice subrotundato, obsolete punctulato ; elytris elongatis, striatis, postice subsinuatis, interstitio septimo punctis pluribus posticis impresso ; antennis tarsisque rufis.

Dej. *Spec.* IV. p. 381. n° 154.

Carabus Brachypus. Stéven. *Mémoires de la Société imp. des Naturalistes de Moscou.* II. p. 38. n° 8.

Long. 4 lignes. Larg. 1 $\frac{1}{2}$ ligne.

Voisin par la forme du *Picipennis*, mais beaucoup plus grand et proportionnellement plus allongé, et d'un noir assez brillant en dessus.

Tête assez grosse, presque ovale, peu rétrécie postérieurement, légèrement convexe, avec les palpes et les antennes d'un rouge ferrugineux.

Corselet plus large que la tête, beaucoup moins long

que large, presque transversal, arrondi sur les côtés, un peu rétréci postérieurement et légèrement convexe; la ligne médiane fine et à peine sensible; toute la base couverte de petits points enfoncés très-peu marqués; point d'impression sur les côtés; le bord antérieur très-légèrement échancré; les angles antérieurs arrondis; les côtés assez fortement rebordés; les angles postérieurs très-arrondis et à peine marqués; le milieu de la base coupé carrément.

Élytres un peu plus larges que le corselet, allongées, très-légèrement ovales, presque parallèles, peu convexes, légèrement sinuées à l'extrémité; les stries fines et assez marquées; les intervalles planes; quatre ou cinq points enfoncés et peu marqués à l'extrémité du septième; des ailes sous les élytres.

Dessous du corps et cuisses d'un brun noirâtre; jambes d'un brun un peu roussâtre, avec les tarses d'un rouge ferrugineux.

Il se trouve, mais rarement, aux environs de Kislar, près de la mer Caspienne.

XXV. GEOBENUS.

CARABUS. *Illiger*. CALATHUS. *Eschscholtz*.

Les quatre premiers articles des tarses antérieurs assez fortement dilatés dans les mâles et triangulaires ou cordiformes; ceux des tarses intermédiaires très légèrement dilatés et presque cylindriques. Dernier article des palpes assez allongé, légèrement ovalaire et tronqué à l'extrémité. Antennes filiformes. Lèvre supérieure en carré moins long que large. Mandibules peu avancées, assez arquées et assez aiguës. Une dent simple et obtuse au milieu de l'échancrure du menton. Corps en ovale allongé. Tête presque triangulaire et rétrécie postérieurement. Corselet presque carré. Élytres légèrement ovales et assez allongées.

M. Dejean a formé ce nouveau genre sur le *Carabus Lateralis* d'Illiger, et il lui a donné le nom de *Geobænus*, tiré des deux mots grecs γῆ, terre, et βαίνω, je marche.

Cet insecte se rapproche beaucoup des *Calathus* par le *facies*, et M. Eschscholtz l'a placé dans ce genre; mais il en diffère essentiellement par ses caractères génériques. Voici ceux que l'on observe sur la seule espèce connue jusqu'à présent.

La lèvre supérieure est presque plane ou très-légèrement convexe, en carré moins long que large et très-légèrement échancrée à sa partie antérieure. Les mandibules sont peu avancées, assez arquées et assez aiguës. Le menton est assez court, légèrement concave, très-fortement échancré, et il a une dent simple et obtuse au milieu de son échancrure. Les palpes extérieurs sont assez saillants; leur dernier article est assez allongé, légèrement ovalaire, presque terminé en pointe, mais distinctement tronqué à l'extrémité. Les antennes sont filiformes et un peu plus courtes que la moitié du corps; leur premier article est un peu plus gros que les autres, presque cylindrique et presque aussi long que les deux suivants réunis; les trois suivants sont très-légèrement obconiques; le second est le plus court de tous; le troisième est un peu plus long que le quatrième; les suivants sont égaux entre eux, assez allongés, légèrement comprimés, presques cylindriques ou presque en carré allongé, dont les angles sont arrondis; le dernier est ovalaire et terminé en pointe obtuse. Les pattes sont assez allongées. Les jambes antérieures sont assez fortement échancrées. Les quatre premiers articles des tarses antérieurs sont assez fortement dilatés dans les mâles; le premier est un peu plus long et un peu moins large que les suivants, et légèrement triangulaire; le second et le troisième sont aussi longs que larges et légèrement cordiformes; le quatrième est fortement cordiforme et presque bilobé. Les quatre premiers articles des tarses intermédiaires sont à peine sensiblement dilatés; ils sont assez allongés, très-légèrement triangulaires et presque cylindriques; le premier est presque aussi long que les trois suivants réunis; le quatrième est plus court que le troisième.

G. LATERALIS.

Pl. 202. fig. 5.

Oblongo-ovatus, supra nigro-picco-subæneus; elytris tenue striatis, interstitio tertio punctis tribus impresso; thoracis elytrorumque margine, antennis pedibusque pallide testaceis.

DEJ. *Spec.* IV. p. 403. n° 1.
Carabus Lateralis. ILLIGER.
Calathus Nigropunctatus. ESCHSCHOLTZ.

Long. 2 $\frac{2}{3}$, 3 $\frac{1}{3}$ lignes. Larg. 1 $\frac{1}{3}$, 1 $\frac{1}{2}$ ligne.

Il se trouve au Cap de Bonne-Espérance.

XXVI. STENOLOPHUS. *Megerle.*

HARPALUS. *Gyllenhal. Sturm.* CARABUS. *Fabricius.*

Les quatre premiers articles des quatre tarses antérieurs fortement dilatés dans les mâles ; les trois premiers triangulaires ou cordiformes ; le quatrième très-fortement bilobé. Dernier article des palpes assez allongé, très-légèrement ovalaire, presque cylindrique et tronqué à l'extrémité. Antennes filiformes. Lèvre supérieure en carré moins long que large. Mandibules peu avancées, arquées et plus ou moins aiguës. Point de dent au milieu de l'échancrure du menton. Corps oblong. Tête presque triangulaire et rétrécie postérieurement. Corselet en carré dont les angles sont arrondis, ovalaire, ou presque arrondi. Élytres assez allongées, légèrement ovales et presque parallèles.

Ce genre a été établi par Megerle sur le *Carabus Vaporariorum* de Fabricius ; et caractérisé ainsi par M. Dejean :

La lèvre supérieure est plane, en carré moins long que large, et coupée carrément ou très-légèrement échancrée à sa partie antérieure. Les mandibules sont peu avancées, assez arquées et plus ou moins aiguës. Le menton est assez grand, légèrement concave, assez fortement échancré, et il n'a point de dent au milieu de son échancrure; mais il n'est point échancré en arc de cercle, et le fond de l'échancrure est coupé carrément. Les palpes extérieurs sont assez saillants; leur dernier article est allongé, très-légèrement ovalaire, presque cylindrique et tronqué à l'extrémité. Les antennes sont filiformes et à peu près de la longueur de la moitié du corps; le premier article est plus gros que les autres, presque cylindrique et presque aussi long que les deux suivants réunis, qui sont légèrement obconiques; le second est le plus court de tous; le troisième est un peu plus long que le quatrième; les suivants sont égaux entre eux, presque cylindriques, très-légèrement comprimés et presque en carré allongé, dont les angles sont arrondis; le dernier est ovalaire et terminé en pointe obtuse. Le corps est oblong et assez allongé. La tête est presque triangulaire et rétrécie postérieurement. Le corselet est ordinairement en carré dont les angles sont plus ou moins arrondis, quelquefois il est ovalaire et quelquefois même presque arrondi. Les élytres sont assez allongées, légèrement ovales et presque parallèles. Les pattes sont assez allongées. Les jambes antérieures sont assez fortement échancrées. Les quatre premiers articles des tarses antérieurs sont fortement dilatés dans les mâles; le premier est légèrement triangulaire; le second et le troisième sont un peu plus larges que le premier, aussi longs que larges et légèrement cordiformes; le quatrième est très-fortement bilobé. Les articles des tarses intermédiaires sont moins larges que ceux des tarses antérieurs, mais toujours assez fortement dilatés.

Les *Stenolophus* sont des insectes au-dessous de la taille moyenne, vifs et agiles, que l'on trouve ordinairement sous les pierres, dans les endroits humides. Les espèces qui composent ce genre appartiennent à l'Europe, à l'Amérique septentrionale, aux Indes Orientales, au Sénégal, et à l'Ile de France.

1. S. Vaporariorum.

Pl. 198. fig. 1.

Oblongus; capite, pectore abdomineque nigris; thorace rufo, quadrato, postice utrinque subfoveolato, angulis posticis rotundatis; elytris rufis, striatis, macula magna, communi, postica, nigro-subcyanea, interstitio tertio puncto impresso; antennarum basi pedibusque pallide testaceis.

Dej. *Spec.* IV. p. 407. n° 1.

Dej. *Cat.* p. 15.

Carabus Vaporariorum. Fabr. *Sys. El.* I. p. 206. n° 198.

Oliv. III. 35. p. 106. n° 147. t. 5. fig. 57. a. b.

Sch. *Syn. Ins.* I. p. 215. n° 266.

Duftschmid. II. p. 141. n° 184.

Harpalus Vaporariorum. Gyllenhal. II. p. 161. n° 68. et IV. p. 453. n° 68.

Sturm. IV. p. 120. n° 69.

Var. *S. Melanocephalus.* Findel. Sturm. *Catal.* p. 199.

S. Nigriceps. Ziegler.

Long. 2 ½, 3 lignes. Larg. 1, 1 ½ ligne.

Ressemble, au premier coup d'œil, au *Badister Bipustulatus.*

Tête noire, presque triangulaire; antennes d'un brun noirâtre, avec les deux premiers articles d'un jaune testacé pâle; les palpes d'un jaune testacé, avec une tache noire à la base du dernier article.

Corselet d'un rouge ferrugineux, plus large que la tête, un peu moins long que large, carré, légèrement arrondi sur les côtés, et peu convexe; la ligne médiane fine et très-peu marquée; de chaque côté de la base une impression oblongue et peu marquée; le bord antérieur légèrement échancré; les angles antérieurs arrondis; les côtés rebordés; les angles postérieurs arrondis, à peine marqués; la base coupée presque carrément.

Élytres de la couleur du corselet, avec une grande tache commune d'un noir un peu bleuâtre, s'étendant depuis le tiers de leur longueur jusqu'à l'extrémité et ne dépassant pas la huitième strie; cette tache est plus ou moins grande, plus ou moins marquée, s'étendant quelquefois jusqu'à la base et quelquefois ne dépassant pas la moitié des élytres; souvent elle s'oblitère et se fond avec le rouge, ou disparaît même complétement, et les élytres sont entièrement d'un rouge ferrugineux; celles-ci plus larges que le corselet, assez allongées, très-légèrement ovales, presque parallèles, peu convexes, et légèrement sinuées à l'extrémité, ayant chacune neuf stries et le commencement d'une dixième à la base; ces stries lisses et assez marquées, surtout vers l'extrémité; les intervalles planes; un point enfoncé sur le troisième et un autre sur l'extrémité du septième; des ailes sous les élytres.

Poitrine et abdomen noirs, avec les pattes d'un jaune-testacé assez pâle.

Il se trouve communément dans presque toute l'Europe.

Le *Melanocephalus* de Findel, *Nigriceps* de Ziegler, que l'on trouve dans le Bannat en Hongrie, paraît être une simple variété de cette espèce. Le corselet est un peu plus court, le milieu du bord antérieur est quelquefois un peu noirâtre, l'impression de chaque côté de la base est un peu plus large et plus distinctement ponctuée, et la tache des élytres est presque entièrement effacée; mais nous avons vu plusieurs individus de Hongrie et de différentes parties de l'Europe, qui formaient le passage entre cette variété et le véritable *Vaporariorum*, de manière qu'il est impossible d'en faire une espèce distincte.

2. S. Discophorus.

Pl. 198. fig. 2.

Oblongus; capite, pectore abdomineque nigris; thorace rufo, subquadrato, postice subangustato, utrinque foveolato, foveis punctatis, angulis posticis obtusis; elytris testaceis, striatis, macula communi media nigro-subcyanea, interstitio tertio puncto impresso; antennarum basi pedibusque pallide testaceis.

Dej. *Spec.* iv. p. 409. n° 2.

Fischer. *Entomographie de la Russie.* ii. p. 141. n° 1. t. 26. fig. 9.

S. Centromaculatus. Megerle. Dahl. *Coleoptera und Lepidoptera.* p. 11.

S. Vaporariorum. var. Dej. *Cat.* p. 15.

Long. 2 $\frac{1}{2}$, 3 $\frac{2}{3}$ lignes. Larg. 1, 1 $\frac{1}{3}$ ligne.

Très-voisin du *Vaporariorum*, ordinairement un peu plus grand, un peu plus allongé et plus parallèle; les palpes d'un jaune testacé assez pâle; les trois premiers articles des antennes de la même couleur.

Corselet un peu plus rétréci postérieurement et moins arrondi sur les côtés; l'impression de chaque côté de la base plus marquée, plus large, presque arrondie et assez fortement ponctuée; les angles postérieurs obtus, à sommet un peu arrondi.

Élytres d'une couleur un peu plus jaune et moins rouge; la tache commune d'un noir un peu bleuâtre, moins grande, presque ovale et placée à peu près au milieu, s'étendant ordinairement aux deux tiers de la longueur des élytres et ne dépassant pas la cinquième strie; celles-ci un peu moins ovales et plus parallèles; les stries plus fortement marquées.

Dessous du corps et pattes comme dans le *Vaporariorum*.

Il se trouve en Autriche, en Hongrie, en Espagne, dans la Russie méridionale et en Sibérie.

3. S. Elegans.

Pl. 198. fig. 3.

Oblongus; capite, pectore abdomineque nigris; thorace rufo, quadrato, postice utrinque subfoveolato, angulis posticis rotundatis; elytris testaceis, striatis, macula magna nigro-subcyanea, interstitio tertio puncto impresso; antennarum basi pedibusque pallide testaceis.

Dej. *Spec.* IV. p. 412. n° 5.
Dej. *Cat.* p. 15.
S. Ephippium. Ziegler.
S. Terminalis? Sturm. *Catal.* p. 199.

Long. 1 $\frac{1}{2}$, 2 lignes. Larg. $\frac{1}{2}$, $\frac{3}{4}$ ligne.

Voisin du *Vaporariorum*, mais beaucoup plus petit.

Tête noire, presque triangulaire, peu rétrécie postérieurement, lisse, légèrement convexe; antennes d'un brun noirâtre, avec les premiers articles d'un jaune-testacé assez pâle.

Corselet d'un rouge ferrugineux, plus large que la tête, moins long que large, carré, légèrement arrondi sur les côtés et peu convexe; la ligne médiane fine et peu marquée; de chaque côté de la base une impression oblongue, peu marquée; le bord antérieur légèrement échancré; les angles antérieurs assez arrondis; les côtés rebordés; les angles postérieurs arrondis et à peine marqués; la base coupée presque carrément.

Élytres d'une couleur un peu plus jaune et moins rouge que le corselet, plus larges que lui, assez allongées, très-légèrement ovales, presque parallèles, peu convexes et légèrement sinuées à l'extrémité, ayant chacune une grande tache d'un noir un peu bleuâtre, qui s'étend ordinairement du tiers aux trois quarts de leur longueur, et dans sa plus grande largeur de la première à la huitième strie; cette tache plus ou moins grande, plus ou moins marquée, avec les bords ordinairement peu déterminés et fondus avec la teinte jaune; les stries fines et assez marquées; les intervalles planes; un point enfoncé assez distinct sur le troisième près de la seconde strie; des ailes sous les élytres.

Poitrine et abdomen noirs, avec les pattes d'un jaune-testacé assez pâle.

Il se trouve en Autriche, en Dalmatie, et dans le midi de la France.

Cet insecte a de grands rapports avec l'*Acupalpus Nigriceps*.

4. S. Proximus.

Pl. 198. fig. 4.

Oblongus, supra nigro-piceus, subcyaneo-micans; thorace subquadrato, postice utrinque subfoveolato, foveis punctatis, angulis posticis subrotundatis; elytris striatis, in-

terstitio tertio puncto impresso; thoracis elytrorumque marginibus tenuibus, antennarum basi pedibusque pallide testaceis.

DEJ. *Spec.* IV. p. 420. n° 10.

Long. 3 lignes. Larg., 1 $\frac{1}{4}$ ligne.

Voisin du *Vespertinus*, mais un peu plus grand, proportionnellement un peu plus large et d'un brun noirâtre en dessus, avec un léger reflet bleuâtre.

Tête un peu plus large et moins allongée.

Corselet un peu plus large; la bordure latérale d'un jaune testacé, très-étroite et ne s'élargissant pas postérieurement; l'impression de chaque côté de la base moins large, moins marquée et moins fortement ponctuée.

Élytres un peu plus larges et plus parallèles, ayant une bordure latérale très-étroite, d'un jaune testacé assez pâle et un peu roussâtre qui ne dépasse pas la neuvième strie; les stries et les intervalles à peu près comme dans le *Vespertinus*, seulement le point enfoncé du troisième est placé un peu plus haut.

Dessous du corps et pattes à peu près comme dans le *Vespertinus*.

Il se trouve en Morée et dans la Russie méridionale.

5. S. Vespertinus.

Pl. 198. fig. 5.

Oblongus, supra nigro-piceus; thorace subquadrato, postice utrinque foveolato, foveis punctatis, angulis posticis subrotundatis; elytris striatis, disco subcyaneo-micante, limbo plerumque basi obscure rufis, interstitio tertio puncto impresso; thoracis margine tenui, antennarum basi pedibusque pallide testaceis.

Dej. *Spec.* iv. p. 421. n° 11.

Sturm. *Catal.* p. 199.

Carabus Vespertinus. Illiger. *Kæfer Preus.* 1. p. 197. n° 81.

Sch. *Syn. Ins.* 1. p. 217. n° 271.

Duftschmid. ii. p. 147. n° 192.

Harpalus Vespertinus. Sahlberg. *Dissert. Entom. Ins. Fennica.* p. 262. n° 82.

S. Ziegleri. Panzer. Dej. *Cat.* p. 15.

Long. 2 $\frac{1}{2}$, 2 $\frac{3}{4}$ lignes. Larg. 1, 1 $\frac{1}{4}$ ligne.

Plus petit que le *Vaporariorum*.

Tête d'un brun noirâtre assez foncé et presque noir, presque triangulaire; antennes d'un brun noirâtre avec le premier article et l'extrémité du second d'un jaune testacé pâle.

Corselet d'un brun-noirâtre assez foncé, avec une bordure latérale très-étroite, quelquefois un peu plus large vers les angles postérieurs, d'un jaune testacé assez pâle; plus large que la tête, un peu moins long que large, presque carré, légèrement arrondi sur les côtés et peu convexe; la ligne médiane fine et très-peu marquée; de chaque côté de la base une impression assez large, presque arrondie, assez marquée, fortement ponctuée dans le fond; le bord antérieur assez échancré; les angles antérieurs presque arrondis; les côtés rebordés et un peu relevés; les angles postérieurs presque arrondis et peu marqués; la base coupée presque carrément.

Élytres d'un brun noirâtre, avec un léger reflet bleuâtre dans leur milieu et une bordure latérale d'un brun roussâtre; celle-ci quelquefois très-étroite, quelquefois très-large, et couvrant même souvent toute la partie antérieure des élytres; ces dernières plus larges que le corselet, assez allongées, légèrement ovales, presque parallèles, peu convexes et très-légèrement sinuées à l'extrémité; les stries lisses et assez fortement marquées; les intervalles très-légèrement relevés et presque planes; un point enfoncé distinct sur le troisième; des ailes sous les élytres.

Dessous du corps d'un brun noirâtre, avec les pattes d'un jaune testacé assez pâle.

Il se trouve communément en France, en Espagne, en Allemagne, en Autriche, en Dalmatie, dans le midi de la Russie et en Sibérie.

6. S. Marginatus.

Pl. 198. fig. 6.

Oblongus, supra obscure viridi æneus; thorace subrotundato, postice utrinque foveolato, foveis punctatis, angulis posticis rotundatis; elytris striatis, interstitio tertio puncto impresso; thorace elytrorumque marginibus tenuibus, sutura postice, antennarum basi pedibusque pallide testaceis.

Dej. *Spec.* iv. p. 427. n° 16.
Harpalus Marginatus. Dej. *Cat.* p. 15.
Harpalus Gracilis. Parreyss.
Harpalus Virescens. Klug.

Long. 2 $\frac{1}{4}$, 2 $\frac{1}{2}$ lignes. Larg. $\frac{3}{4}$, 1 ligne.

Ordinairement un peu plus petit que le *Vaporariorum*, et d'un vert-bronzé plus ou moins obscur en dessus.

Tête presque triangulaire, à peine rétrécie postérieurement, lisse, légèrement convexe; antennes d'un brun noirâtre, avec la base jaune.

Corselet plus large que la tête, moins long que large, presque arrondi et peu convexe, ayant un bordure latérale très-étroite, d'un jaune-testacé assez pâle; la ligne médiane fine et peu marquée; de chaque côté de la base une impression assez large, presque arrondie et bien marquée, assez fortement ponctuée; le bord antérieur assez échancré; les angles antérieurs arrondi; les côtés rebordes et un peu déprimés: les angles postérieurs très-arrondis et pas du tout marqués; la base coupée presque carrément.

Élytres plus larges que le corselet, assez allongées, presque parallèles, peu convexes, légèrement sinuées un peu obliquement à l'extrémité, ayant une bordure latérale très-étroite, d'un jaune-testacé assez clair et un peu roussâtre qui ne dépasse pas la neuvième strie; la partie postérieure de la suture de la même couleur; les stries lisses et assez fortement marquées; les intervalles planes; un point enfoncé distinct sur le troisième et un autre sur l'extrémité du septième; des ailes sous les élytres.

Dessous du corps d'un brun noirâtre, avec les pattes d'un jaune testacé très-pâle.

Il se trouve en Espagne, dans le midi de la France, en Morée et en Egypte.

XXVI. ACUPALPUS, *Latreille.*

HARPALUS. *Gyll.* TRECHUS. *Sturm.* STENOLOPHUS. TRECHUS. *Dej. Catal.* CARABUS. *Fabr.*

Les quatre premiers articles des quatre tarses antérieurs assez fortement dilatés dans les mâles et triangulaires ou cordiformes. Dernier article des palpes allongé, légèrement ovalaire et terminé en pointe. Antennes filiformes. Lèvre supérieure en carré moins long que large. Mandibules peu avancées, arquées et assez aiguës. Une dent simple au mi-

lieu de l'échancrure du menton. Corps oblong, plus ou moins allongé. Tête ordinairement presque triangulaire quelquefois presque arrondie, rétrécie postérieurement. Corselet plus ou moins carré, cordiforme ou arrondi. Élytres plus ou moins allongées et presque parallèles.

Ce genre a été formé par Latreille dans son dernier ouvrage. *Les Crustacés, les Arachnides et les Insectes*, sur un assez grand nombre de petits carabiques qui avaient été placés par M. Dejean dans la première édition de son catalogue, dans les genres *Stenolophus* et *Trechus*.

Voici les caractères génériques qu'ils m'ont présentés.

La lèvre supérieure est presque plane ou très-légèrement convexe, en carré moins long que large, et coupée presque carrément à sa partie antérieure. Les mandibules sont peu avancées, assez arquées et assez aiguës. Le menton est assez court, légèrement concave, assez fortement échancré, et il a une dent simple au milieu de son échancrure. Les palpes extérieurs sont assez saillants; leur dernier article est assez allongé, légèrement ovalaire et terminé en pointe. Les antennes sont filiformes et à peu près de la longueur de la moitié du corps, quelquefois un peu plus courtes, quelquefois un peu plus longues; leur premier article est plus gros que les autres, presque cylindrique et presque aussi long que les deux suivants réunis; les trois suivants sont très-légèrement obconiques; le second est le plus court de tous; le troisième est un peu plus long que le quatrième; les suivants sont égaux entre eux, presque cylindriques, très-légèrement comprimés et presque en carré plus ou moins allongé, dont les angles sont arrondis; le dernier est ovalaire et terminé en pointe obtuse. Le corps est oblong, plus ou moins allongé. La tête est ordinairement presque triangulaire, quelquefois presque arrondie et toujours rétrécie postérieurement. Le corselet est plus ou moins carré, cordiforme ou arrondi. Les élytres sont plus ou moins allongées, très-légèrement ovales et presque parallèles. Les pattes sont peu allongées. Les jambes antérieures sont assez fortement échancrées. Les quatre premiers articles des tarses antérieurs sont assez fortement dilatés dans les mâles; les trois premiers sont à peu près aussi longs que larges et triangulaires ou légèrement cordiformes; le quatrième est fortement cordiforme et presque bilobé. Les articles des tarses intermédiaires sont moins larges que ceux des tarses antérieurs, mais toujours cependant sensiblement dilatés.

Les *Acupalpus* sont ordinairement de couleur brune, rarement noirâtre; on les trouve communément dans les endroits humides et sur le bord des rivières, dans le sable, sous les pierres et les débris de végétaux. Sur trente-six espèces que possède M. Dejean vingt-une appartiennent à l'Europe.

1. A. Discicollis.

Pl. 199. fig. 1.

Oblongo-ovatus, subpubescens, supra rufo-testaceus; capite thoraceque punctatis; thorace subquadrato, postice subangustato, utrinque foveolato, angulis posticis obtusis; elytris subtilissime punctatis, striatis, interstitio tertio puncto impresso; capitis thoracisque disco, elytrorumque macula oblonga nigro-piceis.

Dej. *Spec.* iv. p. 437. n° 1.

Long. 2 ½ lignes. Larg. 1 ligne.

Un peu plus grand que le *Placidus*, et proportionnellement un peu plus large, d'une couleur testacée un peu roussâtre, particulièrement sur la tête et le corselet.

Tête presque triangulaire, peu rétrécie postérieurement; antennes d'un brun obscur, avec les premiers articles d'un jaune testacé.

Corselet plus large que la tête, moins long que large, assez court, presque carré, un peu rétréci postérieurement, arrondi sur les côtés antérieurement, peu convexe et couvert comme la tête de points enfoncés assez gros, assez marqués et peu rapprochés les uns des autres; une tache médiane presque arrondie, d'un brun noirâtre et plus ou moins marquée; la ligne longitudinale assez marquée; de chaque côté de la base une impression presque arrondie, ponctuée; le bord antérieur très-légèrement échancré; les angles antérieurs arrondis; les côtés rebordés; les angles postérieurs obtus et presque arrondis; la base coupée carrément dans son milieu.

Élytres plus larges que le corselet, assez allongées, légèrement ovales, assez convexes, très-légèrement sinuées à l'extrémité et couvertes de petits points enfoncés peu serrés et assez marqués, ayant chacune vers la suture une grande tache oblongue, d'un brun noirâtre, plus ou moins distincte, à bords indéterminés et fondus; les stries lisses et assez marquées; les intervalles planes; un petit point enfoncé sur le troisième près de la seconde strie; des ailes sous les élytres.

Dessous du corps d'un brun noirâtre, avec les pattes d'un jaune-testacé un peu roussâtre.

Il se trouve dans les provinces méridionales de la Russie.

2. A. Rufithorax. *Mannerheim.*

Pl. 199. fig. 2.

Oblongus, subpubescens, supra rufo-testaceus; capite thoraceque punctatis; thorace subquadrato, postice subangustato, utrinque foveolato, angulis posticis rectis; elytris subtilissime punctatis, striatis, interstitio tertio puncto impresso; capite elytrorumque macula oblonga nigro-piceis; pedibus pallide testaceis.

Dej. *Spec.* IV. p. 438. n° 2.

Harpalus Rufithorax. Sahlberg. *Dissert. Entom. Ins. Fennica.* p. 260. n° 80.

Long. 2 lignes. Larg. $\frac{3}{4}$ ligne.

Assez voisin du *Placidus* par la forme, la taille et la couleur, mais couvert comme le précédent de petits poils courts qui le rendent légèrement pubescent.

Tête d'un brun noirâtre, presque triangulaire, peu rétrécie postérieurement; antennes d'un brun roussâtre, avec le premier article d'un jaune-testacé assez pâle.

Corselet entièrement d'un jaune-testacé un peu rougeâtre, plus large que la tête, moins long que large, presque carré, un peu rétréci postérieurement, légèrement arrondi antérieurement sur les côtés et un peu convexe, couvert de points enfoncés assez gros, assez marqués, peu rapprochés les uns des autres, plus nombreux sur les bords et près de la ligne médiane; de chaque côté de la base une impression oblongue, assez large, presque arrondie et assez profonde, ponctuée; le bord antérieur légèrement échancré; les angles antérieurs assez arrondis; les côtés légèrement rebordés, se redressant un peu près de la base et formant avec elle un angle droit à sommet assez aigu; la base coupée presque carrément.

Élytres d'un jaune-testacé un peu moins rougeâtre que le corselet, plus larges que lui, légèrement ovales, légèrement convexes, presque arrondies obliquement à l'extrémité et entièrement couvertes de petits points enfoncés assez marqués et peu serrés, ayant chacune vers la suture une grande tache oblongue d'un brun noirâtre, plus ou moins distincte, à bords indéterminés et fondus; les stries fines et assez marquées; les intervalles planes; un point enfoncé assez distinct sur le troisième près de la seconde strie; des ailes sous les élytres.

Poitrine et abdomen d'un brun noirâtre, avec les pattes d'un jaune-testacé assez pâle.

Il se trouve en Finlande, en Prusse et en Autriche.

3. A. Cognatus.

Pl. 199. fig. 3.

Oblongus, subpubescens, nigro-piceus; capitis vertice punctato; thorace subquadrato, postice subangustato, utrinque foveolato, foveis punctatis, angulis posticis subrotundatis elytris rufo-testaceis, striatis, lateribus obsolete punctulatis, macula oblonga nigro-picea, interstitio tertio puncto impresso; antennarum basi pedibusque rufo-testaceis.

Dej. *Spec.* iv. p. 440. n° 3.
Harpalus Cognatus. Gyllenhal. iv. p. 455. n° 70-71.
Harpalus Deutschii. Sahlberg. *Dissert. Entom. Ins. Fennica.* p. 261. n° 81.
Stenolophus Alpinus. Schœnherr.

Long. 1 $\frac{3}{4}$, ligne. Larg. $\frac{2}{3}$ ligne.

Très-voisin du *Placidus*, mais plus petit et d'une couleur plus obscure; tête et corselet entièrement d'un brun noirâtre, et la tache des élytres ordinairement beaucoup plus grande.

Tête assez fortement ponctuée à sa partie postérieure; antennes brunâtre, avec le premier article d'un jaune-testacé un peu rougeâtre.

Corselet à peu près comme dans le *Placidus*; les angles postérieurs paraissant un peu plus arrondis.

Élytres un peu plus étroites, moins ovales et plus parallèles; les stries un peu moins marquées.

Les pattes d'un jaune-testacé moins pâle et un peu rougeâtre.

Il se trouve en Suède, en Laponie, en Finlande et au Kamtschatka.

4. A. Placidus.

Pl. 199. fig. 4.

Oblongus, supra rufo-testaceus; thorace subquadrato, postice subangustato, utrinque foveolato, foveis punctatis, angulis posticis obtusis; elytris striatis, interstitio tertio puncto impresso; capite, thoracis disco elytrorumque macula oblonga nigro-piceis; antennarum basi pedibusque pallide testaceis.

Dej. *Spec.* iv. p. 441. n° 4.

Harpalus Placidus. Gyllenhal. iv p. 453. n° 69.

Harpalus Vespertinus. Gyllenhal. ii. p. 162. n° 69.

Stenolophus Affinis. Dej. *Cat.* p. 15.

Harpalus Affinis. Sahlberg. *Dissert. Entom. Ins. Fennica.* p. 260. n° 76.

Stenolophus Flavus. Stéven.

Long. 2 lignes. Larg. $\frac{3}{4}$ ligne.

Un peu plus grand que le *Dorsalis*.

Tête ordidairement d'un brun noirâtre; antennes d'un brun-obscur un peu-roussâtre, avec les premiers articles d'un jaune-testacé assez pâle.

Corselet d'un jaune-testacé un peu rougeâtre, avec une grande tache dans son milieu, d'un brun obscur, plus ou moins distincte, à bords fondus et indéterminés; plus large que la tête, moins long que large, assez court, presque carré, un peu rétréci postérieurement, légèrement arrondi antérieurement sur les côtés et peu convexe; la ligne médiane assez marquée; de chaque côté de la base une impression oblongue assez large, presque arrondie, assez profonde, fortement ponctuée; le bord antérieur légèrement échancré; les angles antérieurs assez arrondis; les côtés rebordés, tombant obliquement sur la base, et formant avec elle un angle obtus presque arrondi; la base coupée un peu obliquement sur les côtés et presque carrément dans son milieu.

Élytres d'un jaune testacé, un peu moins rougeâtres que le corselet, plus larges que lui; légèrement ovales, légèrement convexes et presque arrondies un peu obliquement à l'extrémité, ayant chacune vers la suture une grande tache oblongue, d'un brun noirâtre, plus ou moins marquée, quelquefois presque entièrement effacée; les stries lisses et assez fortement marquées; les intervalles presque planes; un point enfoncé bien distinct sur le troisième, près de la seconde strie; des ailes sous les élytres.

Dessous du corps d'un brun noirâtre, avec les pattes d'un jaune-testacé assez pâle.

Il se trouve communément en Suède et en Finlande; il est beaucoup plus rare en Autriche et en Allemagne.

5. A. CONSPUTUS.

Pl. 199. fig. 5.

Elongato-oblongus ; capite nigro-piceo ; thorace obscure rufo cordato, postice utrinque foveolato, angulis posticis rectis ; elytris testaceis, striatis, macula magna oblonga nigro-picea, interstitio tertio puncto impresso ; antennarum basi pedibusque pallide testaceis.

DEJ. *Spec.* IV. p. 443. n° 5.
Carabus Consputus. DUFTSCHMID. II. p. 148. n° 194.
Trechus Consputus. STURM. VI. p. 71. n° 1. T. 149. fig. a. A.
Harpalus Ephippiger. GYLLENHAL. IV. p. 433. n° 69-70.
Stenelophus Vespertinus. DEJ. *Cat.* p. 15.
VAR. *Stenolophus Melanocephalus.* DEJ. *Cat.* p. 15.

Long. 1 $\frac{1}{2}$, 2 lignes. Larg. $\frac{1}{2}$, $\frac{3}{4}$ ligne.

A peu près de la taille du *Placidus*, et proportionnellement plus allongé.

Tête d'un brun noirâtre, presque triangulaire, lisse, un peu rétrécie postérieurement; antennes d'un brun obscur, avec les deux premiers articles d'un jaune-testacé assez pâle.

Corselet d'un rouge-testacé plus ou moins obscur et un peu plus clair sur les bords, plus large que la tête, un peu moins long que large, rétréci postérieurement, cordiforme et peu convexe; la ligne médiane assez fortement marquée; de chaque côté de la base une impression oblongue, assez large, fortement marquée, à bords lisses; le bord antérieur légèrement échancré; les angles antérieurs presque arrondis; les côtés rebordés et un peu relevés; les angles postérieurs coupés carrément, à sommet aigu; la base coupée carrément.

Élytres d'un jaune testacé, plus larges que le corselet; allongées, presque parallèles, peu convexes et très-légèrement sinuées à l'extrémité, ayant chacune une grande tache oblongue, d'un brun noirâtre, qui ne dépasse pas la première strie vers la suture, et qui s'étend ordinairement jusqu'à la sixième dans sa plus grande largeur; les stries lisses et assez fortement marquées; les intervalles un peu relevés; un point enfoncé assez distinct sur le troisième; des ailes sous les élytres.

Dessous du corps d'un brun noirâtre, avec les pattes d'un jaune-testacé assez pâle.

Il se trouve en Suède, en France, en Allemagne, en Autriche, en Dalmatie et dans les provinces méridionales de la Russie.

6. A. Ephippium.

Pl. 199. fig. 6.

Oblongus, supra rufo-testaceus; thorace subquadrato, postice utrinque foveolato, foveis obsolete punctatis, angulis posticis rotundatis; elytris striatis, interstitio tertio punc-

to impresso; capite, thoracis disco elytrorumque macula magna oblonga nigro-piceis; antennarum basi pedibusque testaceis.

Dej. *Spec.* iv. p. 445. n° 6.
Stenelophus Ephippium. Dej. *Cat.* p. 15.

Long. 2 lignes. Larg. 3/4 ligne.

Très-voisin du *Dorsalis*, mais un peu plus grand et un peu moins allongé.

Corselet, élytres, premier article des antennes et pattes d'un jaune-testacé moins pâle et un peu moins rougeâtre.

Corselet un peu plus convexe et un peu plus arrondi sur les côtés; les stries des élytres un peu moins fortement marquées et les intervalles un peu plus planes.

Il se trouve dans les provinces méridionales de la Russie.

7. A. Dorsalis.

Pl. 200. fig. 1.

Oblongus, supra testaceus; thorace subquadrato, postice utrinque foveolato, foveis obsolete punctatis, angulis posticis rotundatis; elytris striatis, interstitio tertio puncto impresso; capite, thoracis disco elytrorumque macula magna oblonga nigro-piceis; antennarum basi pedibusque pallide testaceis.

Dej. *Spec.* iv. p. 446. n° 7.
Carabus Dorsalis. Fabr. *Sys. El.* 1. p. 208. n° 207.

SCH. *Syn. Ins.* I. p. 216. n° 269.

DEJEAN. II. p. 149. n° 195.

Harpalus Dorsalis. GYLLENHAL. IV. p. 164. n° 70. et IV. p. 454. n° 70.

SAHLBERG. *Dissert. entom. ins. Fennica.* p. 262. n° 83.

Trechus Dorsalis. STURM. IV. p. 72. n° 2. T. 149. fig. b. B.

Stenolophus Dorsalis. DEJ. *Cat.* p. 15.

VAR. *Stenolophus Dorsiger.* STURM. *Catal.* p. 199

Stenolophus Maculatus. ZIEGLER.

Long 1 $\frac{1}{3}$ ligne. Larg. $\frac{2}{3}$ ligne.

Beaucoup plus petit que le *Stenolophus Vaporariorum*, un peu moins ovale et plus parallèle.

Tête d'un brun noirâtre, presque triangulaire, à peine rétrécie postérieurement, lisse, légèrement convexe; antennes d'un brun noirâtre, avec le premier article d'un jaune-testacé assez pâle.

Corselet d'un jaune testacé, avec une tache d'un brun noirâtre dans son milieu, plus ou moins grande et couvrant souvent presque entièrement le corselet; plus large que la tête, moins long que large, presque carré, légèrement arrondi sur les côtés et peu convexe; la ligne médiane fine et peu marquée; de chaque côté de la base une impression oblongue assez large et assez marquée, à fond légèrement ponctué; le bord antérieur très-légèrement échancré; les angles antérieurs arrondis; les côtés légèrement rebordés; les angles postérieurs très-arrondis et à peine marqués; la base coupée presque carrément.

Élytres d'un jaune testacé, avec une grande tache oblongue d'un brun noirâtre, quelquefois un peu bleuâtre, plus ou moins grande, souvent ne dépassant pas la première strie du côté de la suture, et ne s'étendant pas jusqu'à la sixième dans sa plus grande largeur, quelquefois venant se joindre à l'angle de la base, et quelquefois couvrant toutes les élytres moins un espace arrondi à la base, près de l'écusson et le bord marginal; les stries lisses et assez fortement marquées; les intervalles presque planes; un petit point enfoncé assez distinct sur le troisième près de la seconde strie; des ailes sous les élytres.

Dessous du corps d'un brun noirâtre, avec les pattes d'un jaune testacé.

Il se trouve communément dans presque toute l'Europe.

8. A. Suturalis. *Ziegler.*

Pl. 200. fig. 2.

Oblongus, nigro-piceus; thorace subquadrato, postice utrinque foveolato, foveis obsolete punctatis, angulis posticis rotundatis; elytris striatis, sutura rufo-testacea, interstitio tertio puncto impresso; antennarum basi pedibusque pallide testaceis.

Dej. *Spec.* iv. p. 448. n° 8.
Stenolophus Suturalis. Dej. *Cat.* p. 15.

Long. 1 $\frac{3}{4}$ ligne. Larg. $\frac{2}{3}$ ligne.

Très-voisin du *Dorsalis* par la forme et la grandeur,

mais entièrement en dessus d'un brun noirâtre, à l'exception de la suture, qui forme une ligné d'un jaune testacé un peu rougeâtre.

L'impression de chaque côté du corselet un peu moins oblongue, plus arrondie, plus marquée, et plus distinctement ponctuée.

Il se trouve en Dalmatie.

9. A. Atratus.

Pl. 200. fig. 3.

Oblongus, nigro-piceus ; thorace subquadrato, postice utrinque foveolato, foveis obsolete punctatis, angulis posticis rotundatis ; elytris striatis ; antennarum basi pedibusque testaceis.

Dej. *Spec.* iv. p. 449. n° 9.
Stenolophus Atratus. Dej. *Cat.* p. 15.
Trechus Brunnipes. Sturm. vi. p. 88. n° 12. t. 151. fig. b. B.

Long. 1 $\frac{2}{3}$ ligne. Larg. $\frac{2}{3}$ ligne.

A peu près de la taille du *Dorsalis*, un peu moins allongé et entièrement en dessus d'un brun-noirâtre assez foncé.

Tête à peu près comme celle du *Dorsalis ;* antennes ayant le premier article d'un jaune-testacé un peu plus roussâtre.

Corselet un peu plus arrondi sur les côtés que celui du *Dorsalis*; l'impression de chaque côté de la base un peu moins oblongue, plus arrondie, un peu plus marquée et un peu plus distinctement ponctuée.

Les stries des élytres un peu moins fortement marquées; les intervalles un peu plus planes; pas de point enfoncé sur le troisième.

Pattes d'un jaune-testacé moins pâle.

Il se trouve assez communément dans le midi de la France, en Espagne, en Portugal; il est plus rare aux environs de Paris, en Autriche et en Allemagne.

10. A. Pallipes.

Pl. 200. fig. 4.

Oblongus, nigro-piceus; thorace subquadrato, postice subangustato, utrinque foveolato, foveis punctatis, angulis posticis rectis; elytris striatis, interstitio tertio puncto impresso; antennis pedibusque pallide testaceis.

Dej. *Spec.* IV. p. 450. n° 10.
Stenolophus Pallipes. Dej. *Cat.* p. 15.

Long. 2 lignes. Larg. $\frac{3}{4}$ ligne.

A peu près de la taille du *Placidus*, et entièrement d'un brun-noirâtre foncé.

Tête assez grande, presque triangulaire, lisse, légèrement

convexe; antennes et palpes d'un jaune-testacé assez pâle.

Corselet plus large que la tête, moins long que large, presque carré, très-légèrement arrondi sur les côtés antérieurement, un peu rétréci postérieurement et peu convexe; la ligne médiane assez fortement marquée; de chaque côté de la base une impression presque arrondie, bien marquée, à fond ponctué; le bord antérieur très-légèrement échancré; les angles antérieurs presque arrondis; les côtés rebordés, se redressant très-près de la base et formant avec elle un angle droit à sommet ni obtus ni arrondi; la base coupée un peu obliquement sur les côtés, et presque carrément dans son milieu.

Élytres un peu plus larges que le corselet, assez allongées, très-légèrement ovales, presque parallèles, peu convexes, et sinuées un peu obliquement à l'extrémité; les stries lisses et assez fortement marquées; les intervalles presque planes; un petit point enfoncé sur le troisième, près de la seconde strie; des ailes sous les élytres.

Dessous du corps d'un brun noirâtre, avec les pattes d'un jaune-testacé assez pâle.

11. A. Meridianus.

Pl. 200. fig. 5

Oblongus, supra nigro-piceus; thorace subquadrato, postice angustato, utrinque foveolato, foveis punctatis, angulis posticis obtusis; elytris striatis, interstitio tertio puncto impresso; elytrorum antennarumque basi, sutura pedibusque testaceis.

DEJ. *Spec.* IV. p. 451. n° 11.

Carabus Meridianus. LINN. *Syst. Nat.* II. p. 673. n° 36.

OLIV. III. 35. p. 106. n° 148. T. 13. fig. 153. a b.

SCH. *Syn. Ins.* I. p. 216. n° 268.

DUFTSCHMID. II. p. 149. n° 196.

FABR. ? *Sys. El.* I. p. 206. n° 199.

Harpalus Meridianus. GYLLENHAL. II. p. 165. n° 71 et IV. p. 455. n° 71.

SAHLBERG. *Dissert. Ent. Ins. Fennica.* p. 263. n° 84.

Stenolophus Meridianus. DEJ. *Cat.* p. 15.

Carabus Cruciger. FABR. *Sys. El.* I. p. 209. n° 212.

SCH. *Syn. Ins.* I. p. 216. n° 270.

Trechus Cruciger. STURM. VI. p. 85. n° 10.

Long. 1 $\frac{2}{3}$ ligne. Larg. $\frac{2}{3}$ ligne.

A peu près de la taille du *Dorsalis*, un peu plus allongé et d'un brun-noirâtre foncé en dessus.

Tête assez allongée, presque triangulaire, un peu rétrécie postérieurement; antennes ordinairement d'un brun roussâtre, avec le premier article d'un jaune testacé.

Corselet plus large que la tête, un peu moins long que large, presque carré, très-légèrement arrondi antérieurement sur les côtés, rétréci postérieurement et peu convexe; la ligne médiane assez fortement marquée; de chaque côté de la base une impression presque arrondie, assez fortement marquée, assez fortement ponctuée; le bord antérieur très-légèrement échancré, les angles antérieurs arrondis; les côtés rebordés; les angles postérieurs obtus et presque arrondis; la base coupée presque carrément.

Élytres plus larges que le corselet, assez allongées, très-légèrement ovales, presque parallèles, peu convexes, légèrement sinuées obliquement à l'extrémité; leur base offrant une assez grande tache d'un jaune-testacé un peu roussâtre, qui ne dépasse pas la huitième strie, et qui descend un peu plus bas du côté du bord extérieur que vers la suture, et sur celle-ci une raie longitudinale de la même couleur, qui ne dépasse pas la première strie; les stries lisses assez fortement marquées; les intervalles presque planes; un petit point enfoncé assez distinct sur le troisième, près de la seconde strie; des ailes sous les élytres.

Il se trouve communément en France, en Allemagne, en Autriche et en Dalmatie; il est plus rare en Suède et en Finlande.

12. A. Nigriceps.

Pl. 200. fig. 6.

Oblongus; capite nigro; thorace rufo-testaceo, subquadrato postice utrinque foveolato, angulis posticis subrotundatis; elytris fusco-testaceis, subcyaneo micantibus, striatis, sutura rufo-testacea; antennarum basi pedibusque pallide testaceis.

Dej. *Spec.* iv. p. 453. n° 12.
Harpalus Dorsalis. var. c. Gyllenhal. ii. p. 164. n° 70.
Stenolophus Terminalis? Sturm. *Catal.* p. 199.

Long. 1 $\frac{2}{3}$ ligne. Larg. $\frac{2}{3}$ ligne.

Voisin du *Luridus*, mais un peu plus grand et à peu près de la forme du *Stenolophus Elegans*.

Tête noire; antennes d'un brun obscur, avec les deux premiers articles d'un jaune testacé.

Corselet d'une couleur un peu plus rougeâtre que celui du *Luridus*, jamais plus obscur dans son milieu, un peu plus carré et point rétréci postérieurement; la ligne médiane plus fine et moins marquée, l'impression de chaque côté de la base ne paraissant pas ponctuée; la base coupée presque carrément.

Élytres d'un brun noirâtre, à reflet bleuâtre, surtout vers l'extrémité; les bords latéraux ne paraissant pas plus pâles; la suture un peu roussâtre; les stries un peu plus fines et un peu moins marquées; les intervalles plus planes; pas de point enfoncé sur le troisième.

Dessous du corps d'un brun noirâtre, avec les côtés du corselet d'un jaune-testacé un peu roussâtre et les pattes d'un jaune-testacé assez pâle.

Il se trouve en France, en Suède et en Allemagne.

13. A. Luridus.

Pl. 201. fig. 1.

Oblongus; capite fusco-testaceo; thorace rufo-testaceo, subquadrato, postice subangustato, utrinque foveolato, foveis obsolete punctatis, angulis posticis subrotundatis, elytris fusco-testaceis, striatis, limbo suturaque pallidioribus; antennarum basi pedibusque pallide testaceis.

DEJ. *Spec.* IV. p. 454. n° 13.
Stenolophus Luridus. DEJ. *Cat.* p. 15.
Trechus Fuscipennis. STURM.
Trechus Flavicollis. STURM. VI. p. 87. n° 11. T. 151. fig. c. C.
Trechus Liliputanus. ZIEGLER.

Long. 1 ¾ ligne. Larg. ¾ ligne.

Plus petit que *Dorsalis.*

Tête d'un brun-roussâtre plus ou moins obscur, presque triangulaire; antennes d'un brun-obscur un peu roussâtre, avec le premier article d'un jaune-testacé assez pâle. Corselet d'un jaune testacé un peu rougeâtre, quelquefois un peu obscur dans le milieu, plus large que la tête, moins long que large, presque carré, très-légèrement arrondi antérieurement sur les côtés, un peu rétréci postérieurement et peu convexe; la ligne médiane assez marquée; de chaque côté de la base une impression presque arrondie, assez fortement marquée, très-légèrement ponctuée dans le fond; le bord antérieur très-légèrement échancré; les angles antérieurs assez arrondis; les côtés légèrement rebordés; les angles postérieurs presque arrondis; la base coupée un peu obliquement sur les côtés et presque carrément dans son milieu.

Élytres d'un brun-roussâtre plus ou moins obscur, avec

les bords et la suture ordinairement un peu plus pâles; plus larges que le corselet, assez allongées, très-légèrement ovales, presque parallèles, peu convexes et légèrement sinuées obliquement à l'extrémité; les stries lisses et assez fortement marquées; les intervalles presque planes; pas de point enfoncé sur le troisième; des ailes sous les élytres.

Poitrine et abdomen d'un brun noirâtre, avec les pattes d'un jaune-testacé assez pâle.

Il se trouve en France, en Espagne, en Allemagne et en Dalmatie.

14. A. Exiguus.

Pl. 201. fig. 2.

Oblongus, nigro-piceus; thorace subquadrato, postice subangustato, utrinque foveolato, angulis posticis subrotundatis; elytris striatis, interstitio tertio puncto impresso; pedibus piceis.

Dej. *Spec.* iv. p. 456. n° 14.
Tachys Minimus. Mannerheim.

Long. 1 $\frac{1}{4}$ ligne. Larg. $\frac{1}{2}$ ligne.

Plus petit que le *Luridus* et entièrement en dessus d'un brun-noirâtre assez foncé et presque noir.

Tête assez grande, assez allongée, presque triangulaire, avec les antennes d'un brun noirâtre.

Corselet plus large que la tête, moins long que large,

presque carré, légèrement arrondi sur les côtés antérieurement, un peu rétréci postérieurement et peu convexe; la ligne médiane assez fortement marquée; les deux impressions transversales assez distinctes; de chaque côté de la base une impression presque arrondie, fortement marquée; le bord antérieur très-légèrement échancré; les angles antérieurs assez arrondis; les côtés légèrement rebordés; les angles postérieurs presque arrondis; la base coupée presque carrément.

Élytres plus larges que le corselet, assez allongées, presque parallèles, peu convexes, légèrement sinuées un peu obliquement à l'extrémité; les stries lisses, assez fortement marquées; les intervalles presque planes; un point enfoncé assez distinct sur le troisième, près de la seconde strie; des ailes sous les élytres.

Dessous du corps d'un brun noirâtre, avec les pattes d'un brun un peu roussâtre.

Il se trouve en Sibérie, aux environs de Berlin et dans le midi de la France.

15. A. Lusitanicus.

Pl. 201. fig. 3.

Oblongus, rufo-testaceus; thorace subquadrato, postice subangustato, utrinque foveolato, foveis punctatis, angulis posticis obtusis: elytris striatis, vitta lata subsuturali nigro-picea, striis externis obsolete punctatis, interstitio tertio puncto impresso; antennis pedibusque pallide testaceis.

DEJ. *Spec.* IV. p. 469. n° 24.

Long. 2 $\frac{1}{3}$ lignes. Larg. 1 ligne.

Voisin de *l'Harpalinus*, mais un peu plus grand, proportionnellement un peu moins large, plus allongé, et d'un rouge-testacé un peu clair et un peu jaunâtre sur les élytres.

Corselet un peu carré, un peu moins arrondi antérieurement sur les côtés, avec les angles postérieurs un peu moins arrondis.

Élytres un peu plus allongées, moins ovales et plus parallèles, ayant chacune près de la suture une large bande longitudinale d'un brun noirâtre, qui occupe l'espace compris entre la première et la cinquième strie; les stries ponctuées à peu près de la même manière que chez l'*Harpalinus;* des ailes sous les élytres.

Dessous du corps d'un brun roussâtre, avec les pattes d'un jaune-testacé assez pâle.

Il se trouve en Portugal.

16. A. DISTINCTUS.

Pl. 201. fig. 4.

Oblongo-ovatus, rufo-testaceus; thorace subquadrato, antice posticeque punctato, postice subangustato, utrinque foveolato, angulis posticis rectis; elytris striatis, striis externis obsolete punctatis; antennis pedibusque pallide testaceis.

Dej. *Spec.* iv. p. 470. n° 25.

Long. 2 $\frac{1}{3}$ lignes. Larg. 1 $\frac{1}{4}$ ligne.

Très-voisin de l'*Harpalinus*, mais un peu plus grand. Corselet un peu plus grand; toute la base et la partie comprise entre le bord antérieur et l'impression transversale couvertes de points enfoncés assez gros, assez marqués et assez rapprochés les uns des autres; les côtés se redressant près de la base et formant avec elle un angle droit.

Élytres striées à peu près de la même manière, mais sans point enfoncé sur le troisième intervalle.

Dessous du corps d'un brun rougeâtre, avec les pattes d'un jaune-testacé assez pâle.

Il se trouve dans le midi de la France.

17. A. Rufulus.

Pl. 201. fig. 5.

Oblongo-ovatus, rufo-testaceus; thorace subquadrato, postice subangustato, utrinque foveolato, foveis punctatis, angulis posticis subrectis; elytris striatis, striis externis obsolete punctatis, interstitio tertio puncto impresso; antennis pedibusque pallide testaceis.

Dej. *Spec.* iv. p. 470. n° 26.

Long. 2 $\frac{1}{4}$ lignes. Larg. 1 ligne.

Très-voisin de l'*Harpalinus* et du *Distinctus*, un peu plus grand que le premier, un peu plus petit que le second et d'un rouge-testacé en dessus un peu plus clair et un peu jaunâtre sur les élytres.

Corselet à peu près comme celui de l'*Harpalinus*; les côtés se redressant un peu près de la base et formant avec elle un angle presque droit; la base coupée un peu obliquement sur les côtés, presque carrément dans son milieu.

Élytres striées et ponctuées à peu près comme celles de l'*Harpalinus*; des ailes sous les élytres.

Dessous du corps d'un brun rougeâtre, avec les pattes d'un jaune-testacé assez pâle.

Il se trouve dans le midi de la France et en Autriche.

18. A. Harpalinus.

Pl. 201. fig. 6.

Oblongo-ovatus, rufo-testaceus; thorace subquadrato, postice subangustato, utrinque foveolato, foveis punctatis, angulis posticis subrotundatis; elytris striatis, striis externis obsolete punctatis, interstitio tertio puncto impresso; antennis pedibusque pallide testaceis.

Dej. *Spec.* iv. p. 471. n° 27.
Trechus Harpalinus. Dej. *Cat.* p. 16.

Carabus Fulvus. MARSHAM. *Entom. britan.* 1. p. 456. n° 64.

VAR. *Trechus Corruscus.* KNOCH. DEJ. *Cat.* p. 16.

Long. 1 $\frac{3}{4}$, 2 $\frac{1}{4}$ lignes. Larg. $\frac{3}{4}$, 1 ligne.

Très-voisin du *Collaris*, mais plus grand.

Antennes paraissant entièrement d'un jaune-testacé assez clair.

Corselet un peu plus court et un peu plus arrondi sur les côtés; l'impression de chaque côté de la base un peu plus arrondie et un peu plus marquée; les angles postérieurs un peu plus arrondis.

Élytres ayant les stries un peu moins fortement marquées; les cinquième, sixième et septième, paraissant avec une forte loupe très-légèrement ponctuées; les intervalles tout-à-fait planes; des ailes sous les élytres.

Dessous du corps et pattes à peu près comme dans le *Collaris*.

Il se trouve assez communément en France et en Angleterre; il est plus rare en Allemagne et en Autriche.

19. A. COLLARIS.

Pl. 202. fig. 1.

Oblongo-ovatus, rufo-testaceus; thorace subquadrato, postice subangustato, utrinque foveolato, foveis punctatis, angulis posticis obtusis; elytris striatis, interstitio tertio puncto impresso; antennarum basi pedibusque pallide testaceis.

Dej. *Spec.* iv. p. 472. n° 28.

Carabus Collaris. Paykull. *Fauna Suecica.* i. p. 146. n° 64.

Sch. *Syn. Ins.* i. p. 219. n° 281.

Harpalus Collaris. Gyllenhal. ii. p. 166. n° 72. et iv. p. 455, n° 72.

Sahlberg. *Dissert. Entom. Ins. Fenn.* p. 263. n° 85.

Trechus Collaris. Sturm. vi. p. 74. n° 3. t. 150. fig. a. A.

Dej. *Cat.* p. 16.

Long. 1 $\frac{2}{3}$ ligne. Larg. $\frac{3}{4}$ ligne.

A peu près de la taille du *Dorsalis*, mais un peu plus large, plus convexe, et en dessus d'un rougeâtre-testacé assez clair sur la tête et le corselet, plus foncé et quelquefois presque noirâtre sur les élytres.

Tête triangulaire, lisse; antennes d'un brun roussâtre, avec les trois premiers articles d'un jaune testacé.

Corselet plus large que la tête, moins long que large, presque carré, très-légèrement arrondi antérieurement sur les côtés, un peu rétréci postérieurement et assez convexe; la ligne médiane assez fortement marquée; de chaque côté de la base une impression oblongue, presque arrondie et assez marquée, ponctuée fortement; le bord antérieur légèrement échancré; les angles antérieurs assez arrondis; les côtés rebordés, tombant un peu obliquement sur la base et formant avec elle un angle obtus à sommet assez arrondi; la base coupée presque carrément.

Élytres plus larges que le corselet, assez allongées, légèrement ovales, presque parallèles, assez convexes et légèrement sinuées un peu obliquement à l'extrémité; les stries lisses et fortement marquées; les intervalles presque planes, un petit point enfoncé assez distinct sur le troisième; point d'ailes sous les élytres.

Le dessous de la tête et du corselet à peu près de la même couleur qu'en dessus; poitrine et abdomen d'un brun noirâtre; pattes d'un jaune-testacé assez pâle.

Il se trouve en Suède, en Finlande, en Allemagne, en Autriche et en Dalmatie.

20. A. Similis.

Pl. 202. fig. 2.

Oblongo-ovatus; capite thoraceque obscure rufo-testaceis; thorace subquadrato, postice subangustato, utrinque foveolato, foveis punctatis, angulis posticis obtusis; elytris nigro-piceis, striatis striis externis obsolete punctatis, interstitio tertio puncto impresso; antennis pedibusque pallide testaceis.

Dej. *Spec.* IV. p. 474. n° 29.

Long. 1 $\frac{1}{2}$ ligne. Larg. $\frac{2}{3}$ ligne.

Voisin du *Collaris*, mais un peu plus petit, moins

convexe et en dessus d'un rouge-testacé obscur sur la tête et le corselet, et d'un brun noirâtre sur les élytres.

Antennes entièrement d'un jaune testacé.

Corselet plus carré, moins arrondi antérieurement sur les côtés, un peu moins rétréci postérieurement, moins convexe.

Élytres moins convexes; les stries moins fortement marquées; les cinquième, sixième et septième, paraissant très-légèrement ponctuées à l'aide d'une forte loupe; les intervalles tout-à-fait planes; un point enfoncé sur le troisième; des ailes sous les élytres.

Dessous du corps d'un brun noirâtre, avec les pattes d'un jaune-testacé assez pâle.

Décrit sur un individu unique, que M. le comte Dejean croit avoir pris en Allemagne.

21. A. MAURITANICUS.

Pl. 202. fig. 3.

Elongato-oblongus, niger; thorace subcordato, angulis posticis rotundatis; elytris obsoletissime punctatis, substriato-punctatis, interstitio tertio puncto impresso; antennis basi rufo-testaceis, pedibus nigro-piceis; tibiis basi tarsisque rufo-piceis.

DEJ. *Spec.* IV. p. 481. n° 34.

Long. 2 ½ lignes Larg. 1 ligne.

Un peu plus grand que le *Metallescens*, proportionnellement plus allongé et d'un noir assez brillant en dessus.

Tête grande, presque ovale, couverte de rides irrégulières, avec les antennes d'un brun noirâtre.

Corselet plus large que la tête, moins long que large, rétréci postérieurement, presque cordiforme et peu convexe; la ligne médiane assez fine, peu marquée; le bord antérieur assez fortement échancré; les angles antérieurs presque arrondis; les côtés rebordés; les angles postérieurs arrondis et à peine marqués; le milieu de la base coupé carrément.

Élytres plus larges que le corselet, assez allongées, presque parallèles, presque planes, très-légèrement échancrées et presque tronquées à l'extrémité; les stries peu marquées, très-finement ponctuées et à peine sensibles; les intervalles planes; un point enfoncé assez distinct sur le troisième; des ailes sous les élytres.

Dessous du corps noir; pattes d'un brun noirâtre, avec la base des jambes et les tarses d'un brun roussâtre.

Il se trouve en Portugal et aux environs de Tanger, sur la côte d'Afrique.

22. A. Metallescens.

Pl. 202. fig. 4.

Oblongus, nigro-subæneus; thorace subtransverso, angulis posticis, rotundatis; elytris substriatis, interstitio tertio puncto impresso; pedibus piceis; tibiis basi pallide flavescentibus.

DEJ. *Spec.* IV. p. 482. n° 35.
Trechus Metallescens. DEJ. *Cat.* p. 16.
Stenolophus Albipes. STURM. *Catal.* p. 199.

Long. 1 $\frac{2}{3}$ ligne. Larg. $\frac{2}{3}$ ligne.

A peu près de la taille du *Dorsalis*, et en dessus d'un noir assez brillant, très-légèrement bronzé.

Tête assez grande, presque arrondie, lisse, légèrement convexe.

Corselet plus large que la tête, moins long que large, assez court, presque transversal, presque carré, arrondi sur les côtés et assez convexe; la ligne médiane fine, peu marquée; point d'impression sensible de chaque côté de la base; le bord antérieur assez fortement échancré; les angles antérieurs presque aigus; les côtés rebordés; les angles postérieurs très-arrondis, non marqués; le milieu de la base coupé carrément.

Élytres plus larges que le corselet, assez allongées, presque parallèles, peu convexes, légèrement échancrées et presque tronquées à l'extrémité; les stries peu marquées et à peine sensibles; les intervalles presque planes; un point enfoncé assez distinct sur le troisième; des ailes sous les élytres.

Dessous du corps à peu près de la couleur du dessus; cuisses d'un brun noirâtre; jambes d'un blanc jaunâtre.

Il se trouve assez communément dans le midi de la France, en Espagne et en Dalmatie.

XXVII. TETRAGONODERUS.

CARABUS. *Fabr.* ELAPHRUS. *Illig.* BEMBIDIUM. *Wied.*

Les quatre premiers articles des quatre tarses antérieurs assez fortement dilatés dans les mâles ; ceux des tarses antérieurs triangulaires ou cordiformes ; le premier des intermédiaires allongé, légèrement triangulaire et presque cylindrique ; les deuxième, troisième et quatrième presque carrés. Dernier article des palpes très-légèrement ovalaire, ou presque cylindrique et tronqué à l'extrémité. Antennes filiformes. Lèvre supérieure en carré moins long que large. Mandibules peu avancées, assez arquées et assez aiguës. Une forte dent simple au milieu de l'échancrure du menton. Corps assez aplati, plus ou moins court ou allongé. Tête plus ou moins triangulaire, à peine rétrécie postérieurement. Corselet court, presque transversal, plus ou moins carré et souvent rétréci postérieurement. Élytres presque carrées ou légèrement ovales, légèrement échancrées et presque tronquées à l'extrémité.

Les *Tetragonoderus* sont de petits carabiques ayant au premier aspect quelques rapports avec les *Dromius*, les *Lebia* et quelques *Subulipalpes*, mais qui semblent appartenir à cette tribu, et qui présentent tous les caractères suivants :

La lèvre supérieure est presque plane ou légèrement

convexe, en carré moins long que large, et coupée carrément ou légèrement échancrée à sa partie antérieure. Les mandibules sont peu avancées, assez arquées et assez aiguës. Le menton est assez grand, presque plane, assez fortement échancré, et il a une forte dent simple au milieu de son échancrure. Les palpes extérieurs sont assez saillants; leur dernier article est assez allongé, très-légèrement ovalaire, presque cylindrique et tronqué à l'extrémité. Les antennes sont filiformes, à peu près de la longueur de la moitié du corps et quelquefois un peu plus courtes; le premier article est plus gros que les autres, presque cylindrique et presque aussi long que les deux suivants réunis; les trois suivants sont légèrement obconiques; le second est le plus court de tous; le troisième ne parait pas plus long que le quatrième; les suivants sont égaux entre eux, presque cylindriques, légèrement comprimés et presque en carré allongé, dont les angles sont arrondis; le dernier est ovalaire et terminé en pointe obtuse. Le corps est assez aplati, plus ou moins court ou allongé. La tête est plus ou moins triangulaire et à peine rétrécie postérieurement. Le corselet est court, presque transversal, plus ou moins carré et souvent rétréci postérieurement; les élytres sont presque carrées ou légèrement ovales, légèrement échancrées et presque tronquées à l'extrémité. Les pattes sont plus ou moins allongées. Les jambes antérieures sont assez fortement échancrées. Les quatre premiers articles des quatre tarses antérieurs sont assez fortement dilatés dans les mâles, ceux des tarses antérieurs sont triangulaires ou légèrement cordiformes; le quatrième est un peu plus petit que les autres. Le premier des tarses intermédiaires est assez allongé, très-légèrement triangulaire et presque cylindrique ; les trois suivants sont presque carrés ; les uns et les autres sont garnis en-dessous de poils assez serrés, formant une espèce de brosse.

Des seize espèces décrites dans le *Species*, trois sont du Sénégal, deux d'Égypte, une du cap de Bonne-Espérance, quatre des Indes orientales, une de l'Amérique septentrionale et cinq de l'Amérique méridionale.

T. Viridicollis.

Pl. 202. fig. 6.

Supra viridi-æneus ; elytris oblongis, maculis duabus pallide flavis ; antennis pedibusque testaceis.

Dej. *Spec.* iv. p. 489. n° 3.

Long. 3 lignes. Larg. 1 $\frac{1}{3}$ ligne.

Il se trouve au Sénégal.

SUBULIPALPES.

Le nom de *Subulipalpes* donné par Latreille à cette tribu indique assez la forme des palpes, dont le pénultième article, toujours renflé vers l'extrémité, est presque en en triangle ou cône renversé, et dont le dernier est toujours terminé en pointe ; ce qui distingue suffisamment les insectes qui la composent de tous les autres carabiques.

A ce caractère on peut encore ajouter les suivants :

Les deux premiers articles des tarses antérieurs seulement sont dilatés dans les mâles, au moins dans les genres où ce sexe est connu ; les jambes antérieures sont fortement échancrées ; les crochets des tarses ne sont jamais dentelés en dessous, et les élytres ne sont pas tronquées à l'extrémité.

Ces insectes sont le plus souvent de très-petite taille, et vivent presque tous aux bords des eaux et dans les endroits humides.

Le petit tableau suivant présente les principaux caractères des trois genres qui jusqu'à présent composent cette tribu :

Dernier article des palpes	au moins aussi grand que le précédent. Penultième article des palpes maxillaires	aussi grand que le dernier. . .	1 *Trechus.*
		plus petit que le dernier. . . .	2 *Lachnophorus.*
	beaucoup plus petit que le précédent. . . .		3 *Bembidium.*

1. TRECHUS. *Clairville.*

BEMBIDIUM. *Gyllenhal.* CARABUS. *Fabricius.*

Les deux premiers articles des tarses antérieurs assez fortement dilatés dans les mâles; le premier presque trapézoïde; le second triangulaire ou cordiforme et tous les deux plus saillants en dedans qu'en dehors. Dernier article des palpes extérieurs assez allongé, diminuant insensiblement de grosseur, et terminé en pointe; le pénultième des maxillaires aussi long que le dernier et aussi gros que lui à son extrémité, assez mince à sa base. Antennes filiformes. Lèvre supérieure courte, transversale et plus ou moins échancrée. Mandibules peu avancées, arquées et assez aiguës. Une dent simple au milieu de l'échancrure du menton. Corps oblong, plus ou moins allongé. Tête presque triangulaire. Corselet ordinairement carré ou cordiforme, rarement arrondi. Élytres en ovale plus ou moins allongé.

Ce genre a été établi par Clairville sur de petits carabiques ordinairement d'une couleur roussâtre, ayant entre eux beaucoup de ressemblance, et qu'on reconnaîtra facilement aux caractères suivants :

La lèvre supérieure est plane, courte, transversale et plus ou moins échancrée à sa partie antérieure. Les mandibules sont ordinairement peu avancées, plus ou moins arquées et assez aiguës. Le menton est fortement échancré, et il a une dent simple au milieu de son échancrure. Les palpes extérieurs sont assez saillants; leur dernier article est assez allongé; il diminue insensiblement de grosseur et se termine en pointe; le pénultième des maxillaires est au moins aussi long que le dernier, aussi gros que lui à son extrémité, et diminue insensiblement de grosseur vers sa base, qui est assez mince. Les antennes sont filiformes et ordinairement un peu plus longues que la moitié du corps; leur premier article est un peu plus gros que les autres et presque cylindrique; les trois suivants sont légèrement obconiques; le second est un peu plus court que les autres; les suivants sont égaux entre eux, légèrement comprimés et presque en carré allongé, dont les angles sont arrondis; le dernier est ovalaire et terminé en pointe obtuse. Le corps est oblong et plus ou moins allongé. La tête est presque triangulaire, et elle a toujours de chaque côté une ligne longitudinale arquée, fortement marquée, qui commence avant les antennes et qui se termine derrière les yeux. Le corselet est ordinairement plus ou moins carré ou cordiforme et très-rarement arrondi. Les élytres sont en ovale plus ou moins allongé; les stries extérieures sont souvent presque entièrement effacées; la première se recourbe toujours à l'extrémité et forme un sillon assez marqué, qui remonte presque jusqu'aux trois quarts des élytres. Souvent il y a des ailes sous les élytres, mais souvent aussi l'insecte en est dépourvu. Les pattes sont assez grandes pour la grosseur de l'insecte. Les jambes antérieures sont fortement échancrées. Les articles des tarses sont assez allongés, presque cylindriques ou très-légèrement triangulaires; les deux premiers articles des tarses antérieurs sont assez fortement dilatés dans les mâles, et plus saillants en dedans qu'en dehors : le premier est assez grand et presque trapézoïde; le second est un peu plus petit, plus court et assez fortement triangulaire ou cordiforme.

Les *Trechus* se tiennent ordinairement sous les pierres, dans les endroits humides; les espèces que l'on trouve dans les montagnes sont presque toujours aptères, et leurs élytres sont proportionnellement plus courtes et plus ovales.

Les espèces de ce genre sont presque toutes propres à l'Europe.

1. T. Discus.

Pl. 203. fig. 1.

Alatus, rufo-testaceus, subpubescens; thorace cordato, postice transverse impresso, utrinque foveolato, angulis posticis rectis; elytris oblongis, tenue striato-punctatis, interstitiis obsolete punctatis, punctis tribus impressis, maculaque communi transversa postica fusca; antennis pedibusque testaceis.

Dej. *Spec.* v. p. 4 n° 1.
Sturm. vi. p. 80. n° 7.
Carabus Discus. Fabr. *Sys. El.* 1. p. 207. n° 200.
Sch. *Syn. Ins.* 1. p. 217. n° 272.

DUFTSCHMID. II. p. 171. n° 228.
Blemus Discus. DEJ. *Cat.* p. 16.

Long. 2 ½ lignes. Larg. 1 ligne.

Beaucoup plus grand que le *Rubens*, proportionnellement plus allongé et en dessus d'une couleur un peu plus rougeâtre; couvert principalement sur les élytres de petits poils très-courts et peu serrés qui le rendent pubescent.

Tête plus allongée que celle du *Rubens*, avec les antennes d'un jaune testacé.

Corselet un peu plus large que la tête, presque aussi long que large, arrondi antérieurement sur les côtés, très-rétréci postérieurement, fortement cordiforme, lisse et peu convexe; la ligne médiane très-fortement marquée; de chaque côté de la base une impression presque arrondie, assez profonde, qui se confond avec l'impression transversale; le bord antérieur très-légèrement échancré; les angles antérieurs arrondis; les côtés fortement rebordés et assez fortement relevés; les angles postérieurs coupés carrément et assez saillants; la base coupée presque carrément.

Élytres un peu plus larges que le corselet, en ovale très-allongé et très-peu convexe, ayant à peu près aux deux tiers de leur longueur une tache commune transversale, d'un brun noirâtre, assez large et qui ne va pas jusqu'au bord extérieur; les stries peu marquées; les intervalles planes; deux points enfoncés assez marqués sur la troisième strie; des ailes sous les élytres.

Dessous du corps à peu près de la couleur du dessus, avec les pattes d'un jaune-testacé assez pâle.

Il se trouve en Hongrie, en Autriche, en Allemagne et dans la Russie méridionale. Il est assez rare.

2. T. Micros.

Pl. 203. fig. 2.

Alatus, rufo-testaceus, subpubescens; thorace subcordato, postice utrinque foveolato, angulis posticis rectis; elytris oblongis, tenue striatis, interstitiis confertissime punctulatis, punctisque tribus impressis; vertice elytrorumque disco obscurioribus; antennis pedibusque testaceis.

Dej. *Spec.* v. p. 6. n° 2.
Sturm. vi. p. 82. n° 8.
Carabus Micros. Herbst. *Archiv.* p. 142. n° 60.
Sch. *Syn. Ins.* 1. p. 215. n° 265.
Bembidium Micros. Sahlberg. *Dissert. Entom. Ins. Fennica.* p. 205. n° 32.
Carabus Planatus? Duftschmid. ii. p. 172. n° 229.

Long. 2 lignes. Larg. ¾ ligne.

Un peu plus petit que le *Discus*, proportionnellement un peu plus allongé et un peu plus jaune en dessus, et presque entièrement couvert de petits poils très-courts et très-serrés qui le rendent pubescent.

Tête à peu près comme celle du *Discus*, avec les antennes un peu plus courtes.

Corselet tantôt entièrement d'une couleur testacée un peu rougeâtre, et tantôt offrant dans son milieu une grande tache obscure, qui en occupe presque toute la surface; moins fortement cordiforme, moins large antérieurement, moins rétréci postérieurement et moins convexe que celui du *Discus*; la ligne médiane moins marquée; les côtés moins relevés; les angles postérieurs et la base coupés plus carrément.

Élytres un peu plus étroites, moins ovales et plus parallèles, ayant dans leur milieu une grande tache obscure indéterminée qui se confond avec leur couleur et qui en occupe quelquefois presque toute la surface; les stries peu marquées; les intervalles couverts de très-petits points enfoncés peu marqués et très-serrés; deux points enfoncés assez marqués sur le quatrième; des ailes sous les élytres.

Dessous d'un brun un peu roussâtre, avec l'abdomen plus clair et les pattes d'un jaune-testacé assez pâle.

Il se trouve, mais assez rarement, en France, en Angleterre, en Finlande, en Russie et en Allemagne.

3. T. Littoralis. *Ziegler.*

Pl. 103. fig. 3.

Alatus, depressus, rufo-piceus; thorace cordato, postice utrinque obsolete foveolato, angulis posticis subrectis;

elytris oblongis, subparallelis, striis tribus dorsalibus distinctis, externis obsoletis, tertia quartaque confluentibus, punctisque tribus impressis; antennis pedibusque testaceis.

DEJ. *Spec.* v. p. 7. n° 3.
Blemus Littoralis. DEJ. *Cat.* p. 16.
T. Longicornis. STURM. VI. p. 83. n° 9. T. 151. fig. a. A.

Long. 1 ¾ ligne. Larg. ½ ligne.

A peu près de la taille du *Rubens*, mais beaucoup plus étroit, presque plane et d'un brun plus ou moins rougeâtre, avec la tête ordinairement plus obscure.

Antennes d'un jaune testacé.

Corselet plus large que la tête, moins long que large, assez court, arrondi antérieurement sur les côtés, rétréci postérieurement et assez fortement cordiforme; la ligne médiane assez marquée; de chaque côté de la base une petite impression arrondie et peu marquée; le bord antérieur légèrement échancré; les angles antérieurs arrondis; les côtés assez fortement rebordés; les angles postérieurs coupés presque carrément; la base coupée un peu plus obliquement sur les côtés et presque carrément dans son milieu.

Élytres un peu plus larges que le corselet, assez allongées et presque parallèles; les trois premières stries lisses et fortement marquées surtout vers l'extrémité, la quatrième beaucoup moins; les autres presque entièrement effacées; la première se recourbe à l'extrémité et se réunit à la troisième; deux points enfoncés assez gros et assez marqués sur le quatrième intervalle; des ailes sous les élytres.

Dessous d'un brun obscur, avec l'abdomen d'un brun roussâtre et les pattes d'un jaune-testacé pâle.

Il se trouve, mais très-rarement, sur le bord des eaux dans le midi de la France, en Allemagne et en Styrie.

4. T. Paludosus.

Pl. 203. fig. 4.

Alatus, piceus; thorace subquadrato, postice utrinque foveolato, angulis posticis rectis; elytris oblongo-ovatis, striato-punctatis, striis externis obsoletis, punctisque tribus impressis; antennis pedibusque rufo-testaceis.

Dej. *Spec.* v. p. 8. n° 4.

Sturm. vi. p. 89. n° 13. t. 151. fig. d. D.

Dej. *Cat.* p. 16.

Bembidium Paludosum. Gyllenhal. ii. p. 34. n° 20. et iv. p. 413. n° 20.

Sahlberg. *Dissert. Entom. Ins. Fennica.* p. 204, n° 31.

Carabus Tristis. Var. b. Sch. *Ins.* i. p. 220. n° 282. not. t.

Long. 2 ¾ lignes. Larg. 1 ligne.

Plus grand que le *Rubens;* d'un brun noirâtre sur la tête et le corselet, et d'un brun roussâtre sur les élytres, qui sont quelquefois teintées de bleuâtre.

Tête plus allongée que celle du *Rubens*, avec les antennes d'une couleur testacée un peu rougeâtre.

Corselet plus large que la tête, moins long que large, presque carré, légèrement arrondi antérieurement sur les côtés, un peu rétréci postérieurement, lisse et peu convexe; la ligne médiane fortement marquée; de chaque côté de la base une impression presque arrondie, assez profonde, à fond rugueux; le bord antérieur légèrement échancré; les angles antérieurs arrondis; les côtés rebordés et assez fortement relevés, surtout vers les angles postérieurs, qui sont coupés carrément et assez saillants; la base coupée aussi carrément.

Élytres plus larges que le corselet, en ovale allongé et peu convexes; les stries assez fortement ponctuées; les cinq ou six premières bien distinctes; les autres moins marquées et quelquefois presque effacées; la première se recourbant à l'extrémité et se joignant avec la cinquième; trois points enfoncés distincts à peu près comme dans l'espèce précédente; des ailes sous les élytres.

Dessous d'un brun noirâtre, avec l'abdomen d'un brun roussâtre, et les pattes d'une couleur testacée assez claire et un peu roussâtre.

Il se trouve assez communément en Suède, en Finlande et dans le nord de la Russie.

5. T. Fulvus.

Pl. 203. fig. 5.

Alatus, rufo testaceus; thorace subquadrato, postice utrin-

que foveolato, angulis posticis rectis; elytris oblongis, crenato-striatis, punctisque tribus impressis; antennis pedibusque testaceis.

Dej. *Spec.* v. p. 10, n° 5.
Dej. *Cat.* p. 16.

Long. 2 ¼ lignes. Larg. 1 ligne.

Un peu plus grand que le *Rubens*, proportionnellement plus allongé, et entièrement en dessus d'un jaune-testacé assez clair et un peu rougeâtre.

Tête assez allongée, presque triangulaire, avec les antennes d'un jaune-testacé assez pâle. Corselet plus large que la tête, moins long que large, presque carré, légèrement arrondi antérieurement sur les côtés, un peu rétréci postérieurement, lisse, peu convexe; la ligne médiane assez fortement marquée; de chaque côté de la base une impression presque arrondie, assez grande et assez profonde; le bord antérieur légèrement échancré; les angles antérieurs presque arrondis; les côtés rebordés et un peu relevés, se redressant près de la base et formant avec elle un angle droit, la base coupée presque carrément.

Elytres assez allongées, légèrement ovales, presque parallèles et presque planes; les stries assez profondes, assez fortement ponctuées, presque crénelées; les extérieures presque aussi marquées que les intérieures; la première se recourbant à l'extrémité et se joignant avec la cinquième; trois points enfoncés sur chaque élytre placés a peu près comme dans le *Rubens*; des ailes sous les élytres.

Dessous du corps à peu près de la couleur du dessus, avec les pattes d'un jaune-testacé assez pâle.

Il se trouve en Espagne.

6. T. Ochreatus.

Pl. 204. fig. 1.

Alatus, rufo-testaceus; thorace subcordato, postice utrinque foveolato, angulis posticis rectis; elytris oblongis, striato-punctatis, striis externis obsoletis, punctisque tribus impressis; antennis pedibusque testaceis.

Dej. *Spec.* v. p. 11. n° 6.
Dej. *Cat.* p. 16.

Long. 1 $\frac{2}{3}$ ligne. Larg. $\frac{2}{3}$ ligne.

Un peu plus petit que le *Rubens*, proportionnellement plus étroit et plus allongé, et entièrement en dessus d'un jaune-testacé un peu rougeâtre.

Tête assez allongée, presque triangulaire, un peu rétrécie postérieurement, avec les antennes d'un jaune-testacé assez pâle.

Corselet plus large que la tête, moins long que large, légèrement arrondi antérieurement sur les côtés, un peu rétréci postérieurement, presque cordiforme, lisse et peu convexe; la ligne médiane assez fortement marquée; de chaque côté de la base une impression presque arrondie et assez marquée ; le bord antérieur légèrement échancré ; les angles antérieurs assez arrondis ; les côtés rebordés ; les angles postérieurs et la base coupée carrément.

Élytres assez allongées, légèrement ovales, presque parallèles et presque planes ; les stries légèrement ponctuées ; les extérieures presque effacées, disposées à peu près comme dans le *Rubens* ; deux points enfoncés assez distincts sur la troisième strie ; un troisième point enfoncé vers l'extrémité, placé à peu près comme dans le *Rubens* ; des ailes sous les élytres.

Dessous du corps à peu près de la couleur du dessus, avec les pattes d'un jaune-testacé assez pâle.

Il se trouve dans les alpes de la Styrie.

7. T. Rubens.

Pl. 204. fig. 2.

Alatus, rufo-piceus ; thorace subquadrato, postice utrinque foveolato, angulis posticis obtusis ; elytris oblongo-ovatis, striis quatuor dorsalibus distinctis, externis obsoletis, punctisque tribus impressis ; antennis pedibusque rufo-testaceis.

Dej. *Spec.* v. p. 12. n° 7.
Sturm. vi. p. 79. n° 6.
Dej. *Cat.* p. 16.
Carabus Rubens. Fab. *Sys. El.* 1. p. 187. n° 92.

Carabus Quadristriatus. SCHRANK. *Ent.* p. 218. n° 410.

DUFTSCHMID. II. p. 185. n° 251.

Bembidium Quadristriatum. GYLLENHAL. II. p. 31. n° 17. et IV. p. 413. n° 17.

SAHLBERG. *Dissert. Entom. Ins. Fennica*. p. 204. n° 30.

Carabus Tempestivus. ZENKER. PANZER. *Fauna German*. 73. n° 6.

SCH. *Syn. Ins*. p. 224. n° 307.

Carabus Tristis. PAYKULL. *Fauna Suecica*. I. p. 145. n° 62.

SCH. *Syn. Ins*. I. p. 220. n° 282.

VAR. A. *T. Quadristriatus*. DEJ. *Cat.* p. 16.

VAR. B. *T. Nigriceps*. STURM. *Catal.* p. 203.

VAR. C. *T. Humeralis*. OESKAY.

Long. 1 $\frac{3}{4}$ ligne. Larg. $\frac{3}{4}$ ligne.

Un peu plus grand que l'*Acupalpus Meridianus*, proportionnellement un peu plus large, et d'un brun roussâtre en dessus ordinairement plus foncé, et presque noirâtre sur la tête, et plus clair sur les élytres.

Tête lisse, presque triangulaire, avec les antennes d'un jaune testacé.

Corselet plus large que la tête, moins long que large, presque carré, légèrement arrondi antérieurement sur les côtés, lisse et assez convexe; la ligne médiane assez marquée; de chaque côté de la base une petite impression presque arrondie et assez distincte; le bord antérieur légèrement échancré; les angles antérieurs arrondis; les côtés assez fortement rebordés, se redressant un peu près de la base, et formant avec elle un angle obtus et peu saillant; la base coupée un peu obliquement sur les côtés et presque carrément dans son milieu.

Élytres plus larges que le corselet, en ovale allongé et peu convexes, ayant chacune neuf stries ordinairement lisses, paraissant quelquefois avec une forte loupe très-légèrement ponctuées; les quatre premières assez fortement marquées, les autres beaucoup moins, et souvent effacées; la première se recourbant à l'extrémité et formant un sillon assez marqué, qui remonte presque jusqu'aux trois quarts des élytres, et qui se termine par un point enfoncé assez distinct; la seconde un peu sinuée à l'extrémité et allant presque jusqu'au prolongement de la première; les troisième et quatrième, cinquième et sixième, plus courtes et se réunissant deux à deux; deux points enfoncés assez distincts sur la troisième strie; un troisième point plus petit et moins distinct, sur le troisième intervalle, près de la seconde strie; des ailes sous les élytres.

Dessous du corps d'une couleur un peu plus obscure que le dessus, avec les pattes d'un jaune testacé.

Il se trouve communément presque dans toute l'Europe sous les pierres, dans les endroits humides.

8. T. Austriacus.

Pl. 204. fig. 3.

Apterus, rufo-piceus; thorace quadrato, postice utrinque foveolato, angulis posticis rectis; elytris oblongo-ovatis, striatis, striis obsolete punctatis, punctisque tribus impressis; antennis pedibusque rufo-testaceis.

Dej. *Spec.* v. p. 15. n° 8.
Dej. *Cat.* p. 16.

Long. $1 \frac{3}{4}$ ligne. Larg. $\frac{3}{4}$ ligne.

Voisin du *Rubens* par la grandeur, la forme et la couleur.

Corselet plus carré, moins arrondi antérieurement sur les côtés, avec les angles postérieurs coupés carrément et assez saillants.

Élytres un peu plus ovales et moins allongées, striées et ponctuées à peu près de la même manière; les stries très-légèrement ponctuées; les extérieures un peu plus distinctes; point d'ailes sous les élytres.

Dessous du corps d'un brun noirâtre, avec les pattes d'un jaune-testacé assez pâle et un peu rougeâtre.

Il se trouve communément aux environs de Vienne, en Autriche; il habite aussi la Dalmatie et le Kamtschatka.

9. T. Rufulus.

Pl. 304. fig. 4.

Apterus, rufo-piceus: thorace quadrato, postice utrinque foveolato, angulis posticis rectis; elytris oblongo-ovatis, striis dorsalibus distinctis, externis obsoletis, punctisque tribus impressis; antennis pedibusque rufo-testaceis.

DEJ. *Spec.* v. p. 15. n° 9.
Tachys Rufescens. DAHL.

Long. 2 lignes. Larg. 1 ligne.

Voisin de l'*Austriacus*, mais plus grand et d'une couleur un peu plus rougeâtre.

Corselet proportionnellement un peu plus grand et plus convexe; la ligne médiane moins marquée; les côtés moins fortement rebordés.

Élytres un peu plus courtes; les trois premières stries lisses et assez distinctes; les autres presque entièrement effacées; les trois points enfoncés placés de la même manière; des ailes sous les élytres.

Dessous du corps à peu près de la couleur du dessus avec les pattes et les antennes d'un jaune testacé assez pâle et un peu rougeâtre.

Il se trouve en Sicile.

10. T. RIVULARIS.

Pl. 204. fig. 5.

Apterus, piceus; thorace subquadrato, postice utrinque foveolato, angulis posticis subrectis; elytris oblongo-ovalis, striis tribus dorsalibus profundioribus, externis obsoletis, punctisque quatuor impressis; antennis pedibusque rufo-testaceis.

DEJ. *Spec.* v. p. 16. n° 10.
DEJ. *Cat.* p. 16.
Bembidium Rivulare. GYLLENHAL. II. p. 33. n° 18. et IV. p. 413. n° 18.

Long. 2 lignes. Larg. ¾ ligne.

Un peu plus grand que le *Rubens*; et d'un brun obscur en dessus, aussi foncé sur les élytres que sur la tête et le corselet.

Tête à peu près comme celle du *Rubens*; les deuxième, troisième et quatrième articles des antennes d'un brun noirâtre.

Corselet un peu moins convexe que celui du *Rubens*; la ligne médiane moins marquée; le bord antérieur un peu plus échancré; les angles antérieurs moins arrondis; les postérieurs et la base coupés plus carrément.

Élytres en ovale un peu moins allongé; les trois premières stries lisses et très-fortement marquées; les autres presque entièrement effacées; la première se recourbant à l'extrémité, à peu près comme dans le *Rubens*; la seconde n'allant pas jusqu'à l'extrémité, et la troisième encore plus courte; trois points enfoncés bien distincts sur chaque élytre : le premier sur la troisième strie vers la base, le second sur la même strie un peu avant le milieu, et le troisième entre la seconde et la troisième; un quatrième point enfoncé à peine distinct vers l'extrémité, placé à peu près comme dans le *Rubens*; dessous du corps d'un brun noirâtre, avec l'abdomen d'un brun roussâtre, et les pattes d'une couleur testacée assez claire et un peu roussâtre.

Il se trouve en Suède.

11. T. Subnotatus. *Kollar.*

Pl. 205. fig. 1.

Apterus, piceus; thorace subquadrato, postice subangustato, utrinque foveolato, angulis posticis rectis; elytris oblongo-ovatis, striis externis obsoletis, punctisque tribus impressis; maculis duabus obsoletis, antennis pedibusque rufo-testaceis.

Dej. *Spec.* v. p. 18. n° 12.

Long. 2 $\frac{1}{4}$ lignes. Larg. 1 ligne.

Un peu plus grand que le *Palpalis*, proportionnellement un peu plus allongé et d'un brun noirâtre en dessus.

Corselet un peu plus étroit.

Élytres un peu plus allongées, ayant chacune à l'angle de la base une tache oblongue, peu distincte, d'un jaune-testacé un peu rougeâtre, et une autre de même couleur, plus petite et arrondie vers l'extrémité; les trois ou quatre premières stries lisses, assez fortement marquées; les autres peu distinctes et presque effacées; point d'ailes sous les élytres.

Dessous du corps et pattes à peu près comme dans le *Palpalis*.

Il se trouve dans les îles Ioniennes.

12. T. Palpalis.

Pl. 305. fig. 2.

Apterus, rufo-piceus ; thorace subquadrato, postice subangustato, utrinque foveolato, angulis posticis rectis ; elytris ovatis, striis dorsalibus distinctis, lævigatis, externis obsolete punctatis, punctisque tribus impressis ; antennis pedibusque rufo-testaceis.

Dej. *Spec.* v. p. 19. n° 13.
Dej. *Cat.* p. 16.
Carabus Palpalis? Duftschmid. ii. p. 183. n° 248.

Long. 1 $\frac{3}{4}$, 2 lignes. Larg. $\frac{3}{4}$, 1 ligne.

Très-voisin du *Rubens*, mais ordinairement un peu plus grand, proportionnellement un peu plus large, et entièrement en dessus d'un brun roussâtre aussi foncé sur les élytres que sur le corselet.

Tête un peu plus grande et un peu plus allongée.

Corselet plus large antérieurement, et un peu rétréci postérieurement ; les côtés plus fortement rebordés, se redressant près de la base et formant avec elle un angle droit ; celle-ci coupée carrément.

Élytres plus larges, plus ovales et moins allongées, striées et ponctuées à peu près de la même manière ; les quatre premières stries lisses et bien distinctes; les autres un peu plus marquées que dans le *Rubens* et légèrement ponctuées; point d'ailes sous les élytres.

Dessous du corps à peu près de la couleur du dessus; pattes d'un jaune-testacé un peu rougeâtre.

Il se trouve dans les alpes de la Styrie et de la Croatie.

13. T. Bannaticus.

Pl. 205. fig. 3.

Apterus, rufo-piceus; thorace subcordato, postice utrinque foveolato, angulis posticis rectis; elytris oblongo-ovatis, striis obsolete punctatis, externis obsoletis, punctisque tribus impressis; antennarum basi pedibusque testaceis.

Dej. *Spec.* v. p. 20. n° 14.

Long. 1 $\frac{3}{4}$ ligne. Larg. $\frac{3}{4}$ ligne.

Voisin du *Palpalis*, mais un peu plus petit et un peu plus allongé.

Palpes d'un jaune-testacé un peu rougeâtre; les deux premiers articles des antennes de la même couleur; les autres d'un brun obscur un peu roussâtre.

Corselet un peu moins court, moins carré et plus cordiforme.

Élytres un peu plus étroites, plus allongées et plus convexes, striées et ponctuées à peu près de la même manière;

les intérieures moins fortement marquées; point d'ailes sous les élytres.

Dessous du corps à peu près de la couleur du dessus, avec les pattes d'un jaune-testacé assez pâle.

Il se trouve dans les montagnes du Bannat, en Hongrie.

14. T. Pyrenæus.

Pl. 205. fig. 4.

Apterus, rufo-piceus; thorace cordato, postice utrinque foveolato, angulis posticis rectis; elytris oblongo-ovalis, striis externis obsoletis, punctisque tribus impressis; antennis pedibusque rufo-testaceis.

Dej. *Spec.* v. p. 21. n° 15.

Long. 1 $\frac{1}{4}$ ligne. Larg. $\frac{1}{2}$ ligne.

Beaucoup plus petit que le *Palpalis* et d'une forme plus allongée.

Tête un peu plus obscure.

Corselet un peu plus long, plus cordiforme et moins convexe.

Élytres en ovale plus allongé, striées et ponctuées à peu près de la même manière; les stries un peu moins marquées; les extérieures ne paraissant pas ponctuées; des ailes sous les élytres.

Dessous du corps d'un brun noirâtre, avec les pattes d'un jaune-testacé assez pâle et un peu rougeâtre.

Il se trouve dans les Pyrénées orientales.

15. T. Alpinus.

Pl. 205. fig. 5.

Apterus, rufo-piceus; thorace cordato, postice coarctato, utrinque foveolato, angulis posticis rectis; elytris ovatis, brevioribus, striis dorsalibus distinctis, lævigatis, externis obsoletis, striato-punctatis, punctisque tribus impressis, antennarum basi pedibusque rufo-testaceis.

Dej. *Spec.* v. p. 21. n° 16.
Dej. *Cat.* p. 16.

Long. 1 ¾ ligne. Larg. 1 ligne.

Voisin du *Palpalis*, mais plus court et proportionnellement un peu plus large.

Premier article des antennes d'un jaune-testacé un peu rougeâtre; les autres d'un brun obscur, souvent plus ou moins roussâtre.

Corselet plus cordiforme, plus arrondi antérieurement sur les côtés, plus rétréci postérieurement; la partie tombant sur la base un peu plus longue.

Élytres plus courtes, plus ovales, presque arrondies et un peu plus convexes, striées et ponctuées à peu près de la même manière; les trois points enfoncés plus fortement marqués; point d'ailes sous les élytres.

Dessous du corps à peu près de la couleur du dessus, avec les pattes d'un jaune-testacé un peu rougeâtre.

Il se trouve assez communément dans les alpes de la Styrie.

16. T. Croaticus.

Pl. 206. fig. 1.

Apterus, rufo-piceus; thorace cordato, postice utrinque foveolato, angulis posticis rectis; elytris ovatis, brevioribus, striis dorsalibus distinctis, lævigatis, externis obsoletis, striato-punctatis, punctisque tribus impressis; antennis pedibusque rufo-testaceis.

Dej. *Spec.* v. p. 22. n° 17.
Dej. *Cat.* p. 16.

Long. 1 $\frac{2}{3}$ ligne. Larg. $\frac{3}{4}$ ligne.

Très-voisin de l'*Alpinus*, mais ordinairement un peu plus petit.

Antennes entièrement d'un jaune-testacé un peu rougeâtre. Corselet moins cordiforme, moins arrondi antérieurement sur les côtés, moins rétréci postérieurement; la partie tombant carrément sur la base beaucoup plus courte; élytres à peu près de même forme, peut-être un peu plus couvertes, striées et ponctuées à peu près de la même manière; point d'ailes sous les élytres; dessous du corps et pattes à peu près comme dans *Alpinus*.

Il se trouve assez communément dans les montagnes de la Croatie.

17. T. ROTUNDATUS.

Pl. 206. fig. 2.

Apterus, rufo-piceus; thorace subquadrato, postice subangustato, utrinque foveolato, angulis posticis rectis; elytris ovatis, brevioribus, striis externis obsoletis, punctisque tribus impressis; antennis pedibusque rufo-testaceis.

DEJ. *Spec.* V. p. 23. n° 18.
DEJ. *Cat.* p. 16.

Long. 1 $\frac{3}{4}$ ligne. Larg. $\frac{3}{4}$ ligne.

Beaucoup plus petit que le *Croaticus*.

Tête un peu moins allongée.

Corselet plus court, plus carré et moins rétréci postérieurement.

Élytres à peu près de même forme, striées et ponctuées à peu près de la même manière; les quatre premières stries moins marquées; les autres presque entièrement effacées et ne paraissant pas ponctuées; point d'ailes sous les élytres; dessous du corps, pattes et antennes à peu près comme dans le *Croaticus*.

Il se trouve dans les alpes de la Styrie.

18. T. Limacodes. *Ziegler.*

Pl. 306. fig. 3.

Apterus, rufo-piceus; thorace cordato, postice utrinque foveolato, angulis posticis rectis; elytris ovalis, brevioribus, striis tribus dorsalibus distinctis, externis, obsoletis, punctisque tribus impressis; antennis pedibusque rufo-testaceis.

Dej. *Spec.* v. p. 23. n° 19.
Dej. *Cat.* p. 16.

Long. 1 ligne. Larg. $\frac{1}{2}$ ligne.

Un peu plus petit que le *Rotundatus.*

Tête un peu plus obscure et un peu plus allongée.

Corselet un peu plus allongé, plus rétréci postérieurement et plus cordiforme; la partie tombant carrément sur la base plus longue et plus distincte.

Élytres à peu près de même forme, striées et ponctuées de la même manière; les trois premières stries assez fortement marquées, les autres presque entièrement effacées. Point d'ailes sous les élytres.

Dessous du corps, pattes et antennes à peu près comme dans le *Rotundatus.*

Il se trouve dans les alpes de la Styrie.

19. T. Secalis.

Pl. 206. fig. 4.

Apterus, ferrugineus; thorace subgloboso, angulis posticis rotundatis; elytris ovatis, striis quinque dorsalibus punctatis, externis obsoletissimis, punctisque tribus impressis; pedibus pallide testaceis.

Dej. *Spec.* v. p. 24. n° 20.
Sturm. vi. p. 96. n° 17. t. 152. fig. d. D.
Dej. *Cat.* p. 16.
Carabus Secalis. Paykull. *Fauna Suecica.* i. p. 146. n° 63.
Oliv. iii. 35. p. 114. n° 162. t. 14. fig. 161. a b.
Sch. *Syn. Ins.* i. p. 219. n° 280.
Duftschmid. ii. p. 62. n° 60.
Bembidium Secale. Gyllenhal. ii. p. 36. n° 21 et iv. p. 414. n° 21.
Sahlberg. *Dissert. Ent. Ins. Fennica.* p. 205. n° 33.
Var. A. *T. Aquatilis.* Ziegler. Dej. *Cat.* p. 16.
Var. B. *T. Fulvescens.* Dej. *Cat.* 16.

Long. 1 ¾ ligne. Larg. ¾ ligne.

A peu près de la taille de *Rubens*, et entièrement en dessus d'une couleur ferrugineuse plus ou moins obscure ou plus ou moins claire.

Tête assez grande, peu avancée, presque triangulaire, avec les palpes et les antennes d'un jaune testacé.

Corselet plus large que la tête, moins long que large, assez court, très-arrondi sur les côtés, un peu rétréci postérieurement, lisse et très-convexe; la ligne médiane peu marquée; de chaque côté de la base une petite impression presque arrondie et peu apparente; le bord antérieur très-légèrement échancré; les angles antérieurs arrondis; les côtés rebordés; les angles postérieurs très-arrondis et à peine marqués; la base presque coupée carrément et très-légèrement échancrée dans son milieu.

Élytres un peu plus larges que le corselet, un peu plus courtes que celles du *Rubens*, plus ovales et plus convexes; les cinq premières stries assez marquées et assez fortement ponctuées; la première, entière, se recourbant comme dans le *Rubens*; la seconde n'allant pas jusqu'à l'extrémité; les troisième et quatrième un peu plus courtes; la cinquième ne dépassant pas le milieu des élytres; toutes les autres entièrement effacées; deux points enfoncés assez distincts sur la troisième strie; un troisième point un peu moins marqué sur le troisième intervalle; point d'ailes sous les élytres. Dessous du corps à peu près de la couleur du dessus, avec les pattes d'un jaune-testacé assez pâle.

Il se trouve communément en Suède, en Russie, en Allemagne, en Suisse, en Angleterre et plus rarement en France.

20. T. Fulvescens.

Pl. 206. fig. 5.

Apterus, depressus, testaceus; capite majore; thorace cor-

dato, angulis posticis subrectis; elytris oblongo-ovatis, subparallelis, obsolete striatis.

DEJ. *Spec.* v. p. 27. n° 22.
Æssus Fulvescens. LEACH.
Blemus Fulvescens. DEJ. *Cat.* p. 16.

Long. 1 ligne. Larg. ⅓ ligne.

Très-petit, assez allongé, presque plane, à peu près de la forme du *Bembidium Areolatum*, et entièrement d'un jaune-testacé assez pâle.

Tête grande, un peu rétrécie postérieurement, presque ovale, avec les antennes assez fortes et un peu plus longues que la moitié du corps; corselet à peu près de la largeur de la tête, presque aussi long que large, légèrement arrondi antérieurement sur les côtés, rétréci postérieurement, fortement cordiforme et presque plane; la ligne médiane assez marquée; le bord antérieur assez fortement échancré; les angles antérieurs presque aigus; les côtés légèrement rebordés, tombant un peu obliquement sur la base et formant avec elle un angle presque droit et nullement saillant; la base coupée presque carrément.

Élytres un peu plus larges que le corselet, en ovale allongé, presque parallèles et très-planes; les stries très-peu marquées et presque entièrement effacées.

Pattes un peu plus pâles que le corps.

Il se trouve en France et en Angleterre, sur les bords de l'Océan, sous les pierres baignées par l'eau salée.

II. LACHNOPHORUS.

Dernier article des palpes extérieurs assez allongé, un peu renflé vers la base, diminuant insensiblement de grosseur et terminé en pointe; le pénultième des maxillaires moins long que le dernier, aussi gros que lui à son extrémité, assez mince à sa base et presque en triangle allongé. Antennes filiformes. Lèvre supérieure assez courte et presque transversale. Mandibules peu avancées, arquées et assez aiguës. Une dent simple au milieu de l'échancrure du menton. Corps oblong et pubescent. Tête presque triangulaire. Corselet fortement cordiforme. Élytres presque parallèles.

Le nom de *Lachnophorus*, donné à ce genre, est tiré des deux mots grecs λάχνη, duvet, poil, et φέρω, je porte.

Il est établi sur deux espèces américaines qui par leur *facies* se rapprochent beaucoup des *Bembidium*, surtout des *Leja* et des *Lopha* de Megerle, mais dont les palpes sont presque comme dans les *Trechus*.

La lèvre supérieure, les mandibules, le menton et les antennes, sont à peu près comme dans les *Bembidium*. Les palpes ont le plus grand rapport avec ceux des *Trechus*; seulement le dernier article est plus gros vers sa base, et le pénultième des maxillaires est plus court, plus renflé à son extrémité et presque en triangle allongé. Tout le corps est couvert de poils assez longs et peu serrés. La tête est presque triangulaire. Les yeux sont gros et saillants. Le corselet est assez étroit, fortement cordiforme, et n'a pas d'impression distincte de chaque côté de la base. Les élytres sont assez larges, très-légèrement ovales, presque parallèles, et leurs stries sont entières. Les pattes sont à peu près comme celles des *Bembidium*.

L. Rugosus.

Pl. 106. fig. 6.

Obscure æneus, pubescens; thorace cordato, rugoso, angulis posticis rectis; elytris subparallelis, profunde striato-punctatis, striis integris, interstitiis subrugosis, maculis duabus; antennis pedibusque pallide testaceis.

Dej. *Spec.* v. p. 857. n° 3.

Long. 2 $\frac{1}{4}$ lignes. Larg. 1 ligne.

Il a été trouvé par M. Lebas dans les environs de Carthagène, en Colombie.

III. BEMBIDIUM. *Latreille.*

Cillenum. *Leach.* Blemus. *Ziegler.* Tachys. Notaphus. Peryphus. Leja. Lopha. Tachypus. *Megerle.* Ocydromus. *Frölich.* Elaphrus. *Duftschmid.* Carabus. *Fabricius.*

Les deux premiers articles des tarses antérieurs assez fortement dilatés dans les mâles; le premier très-grand, légè-

rement trapézoïde et presque en carré allongé; le second beaucoup plus petit, triangulaire ou cordiforme et plus saillant en dedans qu'en dehors. Pénultième article des palpes extérieurs très-grand, renflé vers l'extrémité et presque en forme de massue; le dernier très-petit, terminé en pointe et comme implanté sur le pénultième. Lèvre supérieure courte et presque transversale. Mandibules ordinairement peu avancées, plus ou moins arquées et assez aiguës. Une dent simple au milieu de l'échancrure du menton. Corps oblong, plus ou moins allongé. Tête presque triangulaire. Corselet plus ou moins cordiforme ou carré, très-rarement arrondi. Élytres en ovale plus ou moins allongé.

Ce genre, créé par Latreille, est depuis long-temps adopté par presque tous les entomologistes. Les espèces qui le composent étant très-nombreuses et offrant souvent un *facies* très-différent, Megerle l'avait divisé en plusieurs genres, qu'il avait nommés *Tachys*, *Nothaphus*, *Bembidium*, *Peryphus*, *Leja*, *Lopha* et *Tachypus*; Ziegler y avait ajouté celui de *Blemus*, et Leach celui de *Cillenum*.

Quoique ces entomologistes n'eussent point donné les caractères de ces genres, comme les espèces qui les composaient paraissaient assez bien groupées, M. Dejean crut devoir les adopter dans le Catalogue imprimé qu'il fit paraître en 1821 : mais lorsqu'il vint à les examiner attentivement, il lui fut impossible de trouver des caractères suffisants pour former des genres, et il fut obligé, à l'exemple de Latreille, Bonelli et Sturm, de les réunir toutes en un seul genre, sous le nom de *Bembidium*.

Voici les principaux caractères qui peuvent servir à les distinguer :

La lèvre supérieure est presque plane, courte, transversale, ordinairement coupée presque carrément antérieurement, quelquefois un peu arrondie ou très-légèrement échancrée. Les mandibules sont ordinairement peu avancées, plus ou moins arquées et assez aiguës. Le menton est fortement échancré, et il a une dent simple au milieu de son échancrure. Les palpes extérieurs sont assez saillants; le pénultième des maxillaires est assez grand, presque en forme de massue et plus ou moins renflé vers l'extrémité; celui des labiaux est un peu moins gros; le dernier des uns et des autres est très-petit, terminé en pointe et comme implanté sur le pénultième. Les antennes sont filiformes et ordinairement à peu près de la longueur de la moitié du corps, quelquefois un peu plus longues, quelquefois un peu plus courtes; le premier article est plus gros que les autres, ordinairement presque cylindrique et quelquefois un peu renflé vers l'extrémité; les trois suivants sont légèrement obconiques; le second est toujours plus court que les autres; les suivants sont égaux entre eux, plus ou moins allongés, très-légèrement comprimés et presque en carré allongé, dont les angles sont arrondis; le dernier est ovalaire et terminé en pointe obtuse. Le corps est oblong, quelquefois assez allongé, quelquefois assez raccourci. La tête est plus ou moins triangulaire; les deux lignes que l'on voit entre les antennes sont presque toujours moins fortement marquées et ne sont pas arquées comme dans les *Trechus*. Le corselet est plus ou moins cordiforme, plus ou moins carré et très-rarement arrondi. Les élytres sont ordinairement en ovale plus ou moins allongé et très-rarement parallèles. Il y a toujours des ailes sous les élytres. Les pattes sont assez grandes pour la grosseur de l'insecte. Les jambes antérieures sont fortement échancrées. Les articles des tarses sont assez allongés, presque cylindriques ou très-légèrement triangulaires; les deux premiers des tarses antérieurs sont assez fortement dilatés dans les mâles : le premier est très-grand, légèrement trapézoïde et presque en carré allongé; le second est beaucoup plus petit, triangulaire ou cordiforme, et plus saillant en dedans qu'en dehors.

Ce genre étant très-nombreux, M. Dejean y a établi les divisions suivantes, qui sont des espèces de groupes qui correspondent à peu près aux genres indiqués dans la première édition de son Catalogue.

1re Division. *Cillenum*. Leach.

Corps allongé; antennes assez courtes, presque moniliformes; mandibules fortes et arquées; yeux peu saillants; corselet cordiforme; élytres presque parallèles; stries entières.

Une seule espèce, d'Europe, qui doit peut-être former un genre particulier.

2e Division. *Blemus*. Ziegler.

Corps déprimé et allongé; antennes filiformes et assez longues; mandibules assez avancées et peu arquées; yeux assez saillants; corselet cordiforme; élytres presque parallèles; stries entières.

Une seule espèce, d'Europe.

3e Division. *Tachys*. Megerle.

Ordinairement de très-petite taille; se rapprochant un peu des *Trechus* par la forme et la couleur; souvent jaunâtres, quelquefois noirâtres, rarement métalliques; corselet plus ou moins carré; élytres en ovale peu allongé, souvent assez courtes; stries extérieures le plus souvent complétement effacées; la première se recourbant à l'extrémité, à peu près comme dans les *Trechus*.

Vingt-quatre espèces, dont quatorze d'Europe, huit de l'Amérique septentrionale et deux du Sénégal.

4ᵉ Division. *Notaphus*. Megerle.

Corps ordinairement un peu déprimé et assez large; corselet presque toujours plus ou moins carré, rarement cordiforme, avec deux stries de chaque côté de la base, cette dernière coupée carrément; stries des élytres entières ou presque entières.

Treize espèces, dont sept d'Europe, une de Sibérie, quatre de l'Amérique septentrionale et une d'Égypte.

5ᵉ Division.

Corps ordinairement un peu déprimé et assez large; tête large; yeux gros et assez saillants; corselet plus ou moins carré, souvent transversal, ayant une strie de chaque côté de la base, cette dernière coupée plus ou moins obliquement sur les côtés; stries des élytres entières, souvent deux fossettes plus ou moins marquées.

Treize espèces, dont quatre d'Europe, six de l'Amérique septentrionale, une d'Égypte et deux du Sénégal.

Cette division comprend la plus grande partie des *Bembidium* de Megerle.

6ᵉ Division.

Tête ponctuée, au moins en partie; corselet cordiforme,

point de stries ou de fossettes de chaque côté de la base, ou au moins très-peu apparentes; élytres peu allongées; stries entières, ou effacées vers l'extrémité.

Cinq espèces, dont quatre d'Europe et une du Brésil.

Cette division est formée de quelques espèces comprises dans les *Bembidium* de Megerle, mais qui s'éloignent beaucoup des précédentes.

7ᵉ Division. *Peryphus*. Megerle.

Ordinairement de taille assez grande; corselet presque toujours cordiforme, assez plane, au moins un enfoncement de chaque côté de la base; les sept premières stries des élytres ordinairement presque entières.

Quarante-trois espèces, dont trente-neuf d'Europe, une de Sibérie et trois de l'Amérique septentrionale.

8ᵉ Division. *Leja*. Megerle.

Ordinairement de petite taille; corselet souvent cordiforme, rarement carré ou arrondi, assez court, assez convexe, arrondi antérieurement, assez fortement rétréci postérieurement, au moins un enfoncement de chaque côté de la base; stries des élytres, surtout les extérieures, plus ou moins effacées vers l'extrémité.

Vingt-six espèces, dont vingt-une d'Europe, quatre de l'Amérique septentrionale et une de Cayenne.

9ᵉ Division. *Lopha*. Megerle.

Corselet cordiforme, assez allongé; l'enfoncement de chaque côté de la base le plus souvent à peine distinct; ordinairement quatre taches blanchâtres sur les élytres.

Six espèces, dont cinq d'Europe et une de l'Amérique septentrionale.

10ᵉ Division. *Tachypus*. Megerle.

Légèrement pubescents, entièrement ponctués, et se rapprochant des *Elaphrus* par le *facies ;* yeux gros et saillants; corselet fortement cordiforme; élytres sans stries distinctes.

Trois espèces, d'Europe.

Presque toutes les espèces de ce genre se trouvent aux bords des eaux, dans le sable, sous les débris de végétaux ou courant sur la vase; on les trouve aussi communément dans les endroits humides, sous les pierres; quelques espèces ne se trouvent que dans les montagnes, et quelques autres sous les écorces.

PREMIÈRE DIVISION.

Cillenum. *Leach.*

1. B. Leachii.

Pl. 207. fig. 1.

Capite thoraceque viridi-æneis; thorace cordato, postice transverse impresso; elytris elongatis, subparallelis, flavescentibus, æneo-micantibus, striato-punctatis, punctisque quatuor impressis; antennarum basi pedibusque pallide testaceis.

Dej. *Spec.* v. p. 36. n° 1.
Cillenum Latreile. Leach.

Blemus Lateralis. Dej. *Cat.* p. 16.

Long. 1 $\frac{1}{4}$ ligne. Larg. $\frac{2}{3}$ ligne.

D'une forme allongée, étroite et presque parallèle.

Tête et corselet d'un vert-bronzé assez brillant, quelquefois un peu cuivreux.

Tête assez grande, non rétrécie postérieurement, lisse; antennes assez fortes, d'un brun roussâtre, avec les premiers articles plus pâles.

Corselet un peu plus large que la tête, presque aussi long que large, légèrement arrondi antérieurement sur les côtés, rétréci postérieurement, fortement cordiforme et peu convexe: la ligne médiane peu marquée; l'impression transversale postérieure assez fortement marquée; le bord antérieur légèrement échancré; les angles antérieurs coupés presque carrément; les côtés assez fortement rebordés, se redressant près de la base et formant avec elle un angle droit.

Élytres d'un jaune-testacé assez pâle, avec un léger reflet bronzé, un peu plus larges que le corselet, allongées, presque parallèles et peu convexes; les stries assez marquées et assez fortement ponctuées; quatre points enfoncés bien distincts sur le troisième.

Dessous du corps d'un brun-noirâtre très-légèrement bronzé, avec les pattes d'un jaune-testacé assez pâle.

Il se trouve en Angleterre, et sur les bords de la mer dans le nord de la France.

SECONDE DIVISION.

Blemus. *Ziegler.*

2. B. Areolatum.

Pl. 207. fig. 2.

Nigro-piceum, subpubescens; thorace cordato, subcanaliculato, angulis posticis rectis; elytris oblongis, subparallelis, depressis, striato-punctatis, macula magna communi rufa; antennarum basi pedibusque rufo-testaceis.

Dej. *Spec.* v. p. 37. n° 2.
Sturm. vi. p. 155. n° 32.
Carabus Areolatus. Creutzer. *Entom. vers.* p. 115. n° 7. t. 2. fig. 19. a.
Elaphrus Areolatus. Duftschmid. ii. p. 220. n° 39.
Blemus Areolatus. Dej. *Cat.* p. 16.

Long. 1 ligne. Larg. $\frac{1}{3}$ ligne.

Très-petit, allongé et d'un brun-noirâtre plus ou moins foncé et quelquefois un peu roussâtre, couvert surtout sur les élytres de petits poils très-courts et assez serrés qui le font paraître légèrement pubescent.

Tête assez grande, presque triangulaire; antennes brunâtres ou d'une couleur testacée un peu rougeâtre.

Corselet plus large que la tête, presque aussi long que large, arrondi antérieurement sur les côtés, rétréci postérieurement, fortement cordiforme et légèrement convexe; la ligne médiane très-fortement marquée; le bord antérieur légèrement échancré; les angles antérieurs arrondis; les côtés rebordés, se redressant près de la base et formant avec elle un angle droit assez brillant; la base coupée presque carrément.

Élytres plus larges que le corselet, assez allongées, presque parallèles et presque planes, ayant chacune une grande tache commune d'un rouge ferrugineux, plus ou moins distincte, qui se rapproche un peu plus du bord extérieur que de la base et de l'extrémité, dont les bords se fondent insensiblement avec la couleur du reste des élytres; les stries assez distinctes et légèrement ponctuées. Dessous du corps d'un brun noirâtre, avec les pattes d'un jaune-testacé un peu rougeâtre.

Il se trouve au bord des ruisseaux, dans le midi de la France, en Espagne, en Allemagne, en Autriche et en Dalmatie.

TROISIÈME DIVISION.

Tachys. *Megerle.*

3. B. Fulvicolle.

Pl. 107. fig. 3.

Capite thoraceque rufis; vertice obscuriore; thorace subquadrato, angulis posticis rectis; elytris oblongo-ovatis, pallide testaceis, obsolete striatis, punctis duobus obsoletis impressis, maculaque communi postica fusca; antennarum basi pedibusque pallide testaceis.

Dej. *Spec.* v. p. 39. n° 3.
Trechus Ruficollis. Dej. *Cat.* p. 16.

Long. 1 $\frac{1}{4}$ ligne. Larg. $\frac{1}{2}$ ligne.

Très-voisin du *Scutellare*, mais un peu plus grand.

Tête un peu plus allongée, d'un rouge ferrugineux, avec le milieu plus obscur et presque noirâtre.

Corselet entièrement d'un rouge ferrugineux, avec les deux impressions transversales assez fortement marquées et formant toutes les deux un angle sur la ligne médiane; point d'impression apparente de chaque côté de la base; les angles postérieurs coupés un peu plus carrément.

Élytres d'une couleur un peu plus jaunâtre, à peu près de même forme, striées et ponctuées à peu près de la même manière; seulement les deux points enfoncés de la troisième strie moins distincts; point de tache obscure autour de l'écusson; celle de l'extrémité peu distincte. Dessous du corps et pattes à peu près comme dans le *Scutellare*.

Il se trouve en Dalmatie.

4. B. Scutellare.

Pl. 207. fig. 4.

Piceum; thorace subquadrato, postice utrinque obsolete

foveolato, angulis posticis subrectis; elytris oblongo-ovatis, albicantibus, obsolete striatis, punctis duobus impressis, maculisque magnis communibus duabus fuscis, prima ad basim triangulari, altera postica; antennarum basi pedibusque pallide testaceis.

DEJ. *Spec.* v. p. 40. n° 4.
Trechus Scutellaris. DEJ. *Cat.* p. 16.
B. Substriatum. STURM. *Catal.* p. 100.
Trechus Riparius. ULLRICH.

Long. 1 ligne. Larg. $\frac{1}{3}$ ligne.

A peu près de la taille de l'*Areolatum*, mais un peu plus large.

Tête et corselet d'un brun-noirâtre plus ou moins obscur et quelquefois un peu roussâtre.

Tête peu allongée, presque triangulaire; antennes brunâtres, avec les premiers articles d'un jaune testacé.

Corselet plus large que la tête, moins long que large, presque carré, très-légèrement arrondi sur les côtés antérieurement, un peu rétréci postérieurement, lisse, peu convexe; la ligne médiane peu marquée; les deux impressions transversales à peine distinctes; une petite impression presque arrondie et peu marquée de chaque côté de la base; le bord antérieur légèrement échancré; les angles antérieurs presque arrondis; les côtés assez largement rebordés, surtout vers les angles postérieurs, qui sont un peu relevés; ces derniers coupés presque carrément; la base coupée un peu obliquement sur les côtés et presque carrément dans son milieu.

Élytres plus larges que le corselet, en ovale allongé, peu convexes et d'un blanc un peu jaunâtre; les deux grandes taches communes d'un brun obscur; la première triangulaire, à la base entourant l'écusson; la seconde plus grande, presque arrondie à l'extrémité; la base de ces taches se fondant insensiblement avec la couleur du reste des élytres; ces taches sont du reste plus ou moins marquées et quelquefois à peine distinctes; les stries très-peu marquées; les deux premières un peu plus distinctes; deux points enfoncés, à peine distincts, sur la troisième strie.

Dessous du corps d'un brun noirâtre, avec les pattes d'un jaune-testacé assez pâle.

Il se trouve communément sur les bords des eaux, dans le midi de la France et en Dalmatie.

5. B. Elongatulum.

Pl. 207. fig. 5.

Piceum; thorace subquadrato, postice subangustato, utrinque foveolato, angulis posticis rectis; elytris oblongo-ovatis, striis duabus dorsalibus distinctis, externis obsoletis, punctoque impresso; antennarum basi pedibusque pallide testaceis.

Dej. *Spec.* v. p. 41. n° 5.
Trechus Elongatulus. Dej. *Cat.* p. 16.

Long. 1 ligne. Larg. 1 ; ligne.

Très-voisin du *Bistriatum*, mais un peu plus grand et proportionnellement un peu plus allongé.

Corselet un peu rétréci postérieurement, avec les angles postérieurs un peu plus saillants.

Élytres un peu plus allongées, striées et ponctuées à peu près de la même manière.

Il se trouve assez communément en Espagne.

6. B. Bistriatum. *Megerle.*

Pl. 207. fig. 6.

Piceum; thorace subquadrato, postice utrinque foveolato, angulis posticis subrectis; elytris oblongo-ovatis, striis duabus dorsalibus distinctis, externis obsoletis, punctoque impresso; antennarum basi pedibusque pallide testaceis.

Dej. *Spec.* v. p. 42. n° 6.
Sturm. vi. p. 152. n° 30. t. 160. fig. b. B.
Elaphrus Bistriatus. Duftschmid. ii. p. 205. n° 18.
Trechus Bistriatus. Dej. *Cat.* p. 16.
Var. A. *Trechus Pallescens.* Dej. *Cat.* p. 16.
Var. B. *Trechus Angustatus.* Dej. *Cat.* p. 16.
Var. C. *Tachys Pusillus.* Dej. *Cat.* p. 16.

Long. ; ligne. Larg. $\frac{1}{4}$ ligne.

Très-voisin du *Scutellare*, mais plus petit et entièrement en dessus d'un brun plus ou moins obscur, quelquefois d'un jaune testacé sur le corselet et les élytres.

Tête peu allongée, presque triangulaire; antennes d'un brun plus ou moins obscur, avec le premier article d'un jaune-testacé assez pâle.

Corselet plus large que la tête, moins long que large, presque carré, très-légèrement arrondi sur les côtés antérieurement, un peu rétréci postérieurement, lisse, légèrement convexe; la ligne médiane assez marquée; l'impression transversale antérieure à peine distincte; la postérieure assez fortement marquée; de chaque côté de la base une petite impression presque arrondie et bien distincte; le bord antérieur légèrement échancré; les angles antérieurs presque arrondis; les côtés rebordés; les angles postérieurs presque coupés carrément, mais un peu saillants; la base coupée un peu obliquement sur les côtés et presque carrément dans son milieu.

Élytres plus larges que le corselet, en ovale allongé et peu convexes, striées à peu près comme dans le *Scutellare*; les deux premières stries un peu plus marquées; les extérieures au contraire moins distinctes.

Dessous du corps d'un brun noirâtre, avec les pattes d'un jaune-testacé assez pâle.

Il se trouve communément sur le bord des eaux, en France, en Espagne, en Allemagne, en Autriche, en Dalmatie et dans les provinces méridionales de la Russie.

Les *Trechus Pallescens*, *Angustatus* et le *Tachys Pusillus* du Catalogue, ne sont que de très-légères variétés de cette espèce.

7. B. Rufescens. *Hoffmansegg.*

Pl. 208. fig. 1.

Ferrugineum; thorace quadrato, postice utrinque impresso, angulis posticis rectis; elytris oblongo-ovatis, subcyaneo-micantibus, striato-punctatis, striis externis obsoletis, punctoque impresso; antennis pedibusque pallide testaceis.

Dej. *Spec.* v. p. 47. n° 12.
Tachys Rufescens. Dej. *Cat.* p. 16.

Long. 2, 2 $\frac{1}{2}$ ligne. Larg. $\frac{3}{4}$, 1 ligne.

Ordinairement un peu plus grand que le *Pumilio*, proportionnellement un peu plus large et d'un rouge-ferrugineux assez clair sur la tête et le corselet, avec les élytres ordinairement plus obscures, et brillantées, surtout vers l'extrémité, d'un léger reflet bleuâtre; tête comme celle du *Pumilio*, avec les palpes et les antennes d'un jaune-testacé assez pâle.

Corselet un peu moins court; les angles postérieurs coupés très-carrément et assez aigus; la base coupée plus carrément.

Élytres en ovale moins allongé, striées et ponctuées à peu près de la même manière; les stries moins fortement marquées et ponctuées.

Dessous du corps d'un rouge-ferrugineux un peu jaunâtre, avec les pattes d'un jaune-testacé assez pâle.

Il se trouve en Espagne, en Portugal, en France et en Angleterre.

8. B. Pumilio.

Pl. 208. fig. 2.

Capite thoraceque nigro-piceis, interdum æneo-micantibus ; thorace quadrato, subtransverso, postice utrinque impresso, angulis posticis obtusis ; elytris obscure viridi-cyaneis, oblongo-ovatis, striato-punctatis, striis externis obsoletis, punctoque impresso ; antennis pedibusque testaceis.

Dej. *Spec.* v. p. 48. n° 13.

Sturm. vi. p. 148. n° 27. t. 159. fig. c. C.

Elaphrus Pumilio. Duftschmid. ii. p. 214. n° 31.

Bembidium Quinquestriatum. Gyllenhal. ii. p. 34. n° 19 et iv. p. 413. n° 19.

Tachys Virens. Megerle. Dej. *Cat.* p. 16.

Un peu plus grand que le *Trechus Rubens*, proportionnellement un peu plus large, d'un brun noirâtre en dessus, quelquefois un peu rougeâtre, et quelquefois brillanté d'une légère teinte bronzée sur la tête et le corselet et d'un bleu plus ou moins verdâtre sur les élytres.

Tête peu allongée, lisse, presque triangulaire, avec les antennes d'un jaune-testacé un peu rougeâtre.

Corselet plus large que la tête, moins long que large, assez court, presque transversal, presque carré, légèrement arrondi sur les côtés antérieurement et peu convexe;

la ligne médiane assez marquée; de chaque côté de la base une impression presque arrondie et assez profonde, légèrement rugueuse; le bord antérieur légèrement échancré; les angles antérieurs presque arrondis; les côtés assez largement rebordés, surtout vers les angles postérieurs, qui sont assez relevés, coupés presque carrément, mais assez obtus et presque arrondis; la base coupée un peu obliquement sur les côtés et presque carrément dans son milieu.

Élytres plus larges que le corselet, en ovale assez allongé et assez convexes; les stries très-distinctement ponctuées; la première se recourbant à l'extrémité et venant se joindre à la huitième; les quatre ou cinq premières assez fortement marquées; leur extrémité et les sixième et septième stries presque effacées; un point enfoncé assez marqué sur le troisième intervalle.

Dessous du corps d'un brun-noirâtre, quelquefois un peu roussâtre, avec les pattes d'un jaune testacé.

Il se trouve en France, en Allemagne, en Autriche et en Dalmatie. Il est commun dans le midi de la France, sous les écorces des platanes.

9. B. Silaceum.

Pl. 208. fig. 3.

• *Rufo-testaceum; thorace quadrato, postice utrinque impresso, angulis posticis rectis; elytris ovatis, striato-punctatis, striis duabus dorsalibus profundioribus, ex-*

ternis obsoletis, punctisque duobus impressis; antennis pedibusque pallide testaceis.

Dej. *Spec.* v. p. 50. n° 14.

Long. 1 ¼ ligne. Larg. 1 ½ ligne.

Voisin du *Rufescens* par la forme, mais beaucoup plus petit, proportionnellement plus court et entièrement en dessus d'un jaune-testacé un peu rougeâtre.

Tête un peu plus allongée.

Corselet à peu près comme celui du *Rufescens*; un peu moins arrondi antérieurement sur les côtés et un peu sinué près de la base.

Elytres un peu plus courtes, plus ovales et plus convexes; les stries plus fortement ponctuées, surtout vers la base; la première, entière et fortement marquée, se recourbant à l'extrémité comme dans les *Trechus*, et ne se joignant pas à la huitième; la seconde aussi très-fortement marquée, mais effacée vers l'extrémité; les troisième et quatrième plus courtes et moins distinctes; les suivantes effacées; deux points enfoncés assez marqués sur la troisième strie.

Dessous du corps d'une couleur un peu plus pâle que le dessus, avec les pattes d'un jaune-testacé assez pâle.

Il se trouve aux environs de Lyon.

10. B. Nanum.

Pl. 208. fig. 4.

Nigrum; thorace quadrato, angulis posticis rectis; elytris oblongo-ovatis, striis quatuor dorsalibus, externis obsoletis, punctisque duobus impressis; antennarum basi, tibiis tarsisque rufo-piceis; femoribus nigro-piceis.

Dej. *Spec.* v. p. 51. n° 15.
Gyllenhal. ii. p. 30. n° 16 et iv. p. 413. n° 16.
Sahlberg. *Dissert. Entom. Ins. Fennica.* p. 203. n° 29.
B. Quadristriatum. Sturm. vi. p. 150. n° 29. t. 160. fig. a. A.
Elaphrus Minimus. Duftschmid. ii. p. 205. n° 17.
Tachys Minimus. Dej. *Cat.* p. 16.
Var. *Trechus Micros.* Stéven.

Long. 1 ligne. Larg. $\frac{1}{3}$ ligne.

Petit, assez allongé, peu convexe, et ordinairement d'un noir assez brillant en dessus et quelquefois un peu brunâtre; tête lisse, peu allongée, presque triangulaire; antennes roussâtres, souvent avec les premiers articles un peu plus clairs.

Corselet plus large que la tête, moins long que large, assez court, presque transversal, carré, légèrement arrondi antérieurement sur les côtés et presque plane; la ligne médiane assez marquée; le bord antérieur assez échancré; les angles antérieurs presque arrondis; les côtés légèrement rebordés, tombant carrément sur la base et formant avec elle un angle droit, assez aigu; la base coupée presque carrément.

Élytres plus larges que le corselet, en ovale allongé et

très-peu convexes; la première strie entière, assez marquée, surtout vers l'extrémité, qui se recourbe et vient presque se joindre à la huitième; les seconde, troisième et quatrième assez distinctes, mais peu marquées; leur extrémité et les suivantes presque entièrement effacées; la huitième assez marquée, surtout vers l'extrémité; deux points enfoncés assez marqués sur la huitième strie.

Dessous du corps à peu près de la couleur du dessus, avec les cuisses d'un brun noirâtre, et les jambes et les tarses d'un brun plus ou moins roussâtre.

Il se trouve assez communément sous les écorces en Suède, en France, en Allemagne, en Autriche et en Russie.

11. B. QUADRISIGNATUM. *Creutzer.*

Pl. 208. fig. 5.

Supra nigro-subvirescens; thorace subquadrato, postice subangustato, utrinque foveolato, angulis posticis rectis; elytris oblongo-ovatis, striato-punctatis, striis dorsalibus tribus vel quatuor distinctis, externis obsoletis, punctisque duobus impressis; maculis duabus, antennis pedibusque rufo-testaceis.

DEJ. *Spec.* v. p. 54. n° 18.

STURM. VI. p. 153. n° 31. T. 160. fig. c. C.

Elaphrus Quadrisignatus. DUFTSCHMID. II. p. 205. n° 16.

Tachys Quadrisignatus. Dej. *Cat*. p. 16.
Var. *Tachys Decemstriatus*. Megerle.

Long. 1 ligne. Larg. ½ ligne.

A peu près de la taille du *Nanum*, et d'un noir très-légèrement verdâtre en dessus.

Tête lisse, triangulaire, avec les antennes d'une couleur testacée un peu rougeâtre.

Corselet plus large que la tête, moins long que large, presque carré, légèrement arrondi antérieurement sur les côtés, un peu rétréci postérieurement et peu convexe; la ligne médiane assez marquée; de chaque côté de la base une impression presque arrondie et assez distincte; le bord antérieur assez échancré; les angles antérieurs arrondis; les côtés, légèrement rebordés, se redressant un peu près de la base, et formant avec elle un angle droit, assez aigu; la base coupée presque carrément.

Élytres un peu plus larges que le corselet, en ovale allongé et peu convexes, ayant chacune deux grandes taches arrondies d'un jaune-testacé un peu rougeâtre : la première près de l'angle de la base; la seconde à peu près aux trois quarts des élytres, à égale distance de la suture et du bord extérieur; les stries bien distinctement ponctuées; la première entière, assez fortement marquée, et se recourbant à l'extrémité, comme dans les *Trechus*. Dans quelques individus les seconde, troisième, quatrième et même cinquième stries sont assez fortement marquées; dans d'autres les seconde et troisième sont seules distinctes. Dans tous les cas, deux points enfoncés, assez fortement marqués, sur la troisième strie. Dessous du corps d'un noir quelquefois un peu brunâtre, avec les pattes d'un jaune-testacé un peu rougeâtre, et une tache un peu plus obscure sur le milieu des cuisses.

Il se trouve assez communément au bord des eaux, dans le midi de la France, en Allemagne, en Autriche et en Dalmatie.

12. B. Angustatum.

Pl. 108. fig. 6.

Supra nigro-subvirescens; thorace subquadrato, postice subangustato, utrinque foveolato, angulis posticis rectis; elytris oblongo-ovatis, striis tribus dorsalibus abbreviatis distinctis, externis obsoletis, punctisque duobus impressis: antennarum basi, tibiis tarsisque testaceis; femoribus piceis.

Dej. *Spec.* v. p. 56. n° 19.
Tachys Angustatus. Dej. *Cat.* p. 16.

Long. 1 ligne. Larg. $\frac{1}{3}$ ligne.

Très-voisin du *Quadrisignatum* par la forme et la grandeur, et d'un noir très-légèrement verdâtre en dessus.

Tête et corselet à peu près comme dans le *Quadrisignatum*.

Élytres à peu près de même forme; la première strie

n'allant pas tout-à-fait jusqu'à la base, se recourbant à l'extrémité comme dans le *Quadrisignatum*; la seconde allant à peu près du quart aux trois quarts des élytres; la troisième du tiers aux deux tiers; la huitième entière; ces stries assez fortement marquées et paraissant lisses; les autres entièrement effacées; un point enfoncé assez marqué à chaque extrémité de la troisième strie.

Dessous du corps d'un noir quelquefois un peu brunâtre, avec les cuisses d'un brun noirâtre, et les jambes et les tarses d'un jaune-testacé un peu roussâtre.

Il se trouve communément en Espagne et dans le midi de la France.

13. B. Parvulum.

Pl. 209. fig. 1.

Supra nigro-subvirescens; thorace subquadrato, postice subangustato, utrinque foveolato, angulis posticis rectis; elytris oblongo-ovatis, striato-punctatis, striis quatuor dorsalibus distinctis, externis obsoletis, punctisque duobus impressis; antennis pedibusque testaceis.

Dej. *Spec.* v. p. 57. n° 20.
Tachys Parvulus. Dej. *Cat.* p. 16.
Var. *Trechus Pusillus.* Dej. *Cat.* p. 16.

Long. ¾ ligne. Larg. ¼ ligne.

Très-voisin de l'*Angustatum*, mais un peu plus petit.

La première strie des élytres allant presque jusqu'à la base; la seconde et la troisième allant aussi presque jusqu'à la base, et se prolongeant un peu plus vers l'extrémité; la quatrième presque aussi marquée que les trois premières; toutes ces stries assez distinctement ponctuées; les suivantes moins complétement effacées.

Antennes et pattes entièrement d'un jaune-testacé un peu roussâtre.

Il se trouve en Espagne, en Dalmatie et dans le midi de la France.

14. B. Hæmorrhoidale.

Pl. 209. fig. 2.

Supra nigro-subvirescens; thorace subquadrato, postice subangustato, utrinque foveolato, angulis posticis rectis; elytris ovatis, striis duabus dorsalibus distinctis, externis obsoletis, punctisque duobus impressis; macula magna communi subapicali, antennarum basi pedibusque rufo-testaceis.

Dej. *Spec.* v. p. 58. n° 21.
Tachys Hæmorrhoidalis. Dej. *Cat.* p. 16.

Long. 3/4 ligne. Larg. 1/3 ligne.

Un peu plus petit que le *Quadrisignatum*, proportionnellement plus court, plus convexe et d'un noir assez brillant, légèrement verdâtre.

Tête peu allongée, presque triangulaire; antennes roussâtres, avec les premiers articles souvent un peu plus clairs.

Corselet plus large que la tête, moins long que large, assez court, presque carré, légèrement arrondi antérieurement sur les côtés, un peu rétréci postérieurement et assez convexe; la ligne médiane peu marquée; de chaque côté de la base une petite impression presque arrondie et assez profonde; le bord antérieur légèrement échancré; les angles antérieurs assez arrondis; les côtés rebordés, tombant presque carrément sur la base et formant avec elle un angle droit; la base coupée presque carrément.

Élytres plus larges que le corselet, en ovale peu allongé, assez courtes et assez convexes, ayant presque à l'extrémité une grande tache commune, d'un jaune-testacé un peu rougeâtre, se fondant insensiblement avec la couleur des élytres, plus ou moins marquée et quelquefois presque entièrement effacée; la première strie entière et se recourbant à l'extrémité; la seconde n'allant pas tout-à-fait jusqu'à la base ni jusqu'à l'extrémité; la huitième entière; ces trois stries lisses et assez fortement marquées; les autres entièrement effacées; deux points enfoncés sur la place de la troisième strie.

Dessous du corps d'un noir un peu brunâtre, avec l'extrémité de l'abdomen un peu roussâtre; pattes d'un jaune-testacé un peu rougeâtre.

Il se trouve en Dalmatie, en Espagne et dans le midi de la France.

15. B. Globulum.

Pl. 209. fig. 3.

Ferrugineum; thorace subquadrato, postice utrinque foveolato, angulis posticis rectis; elytris ovatis, brevioribus, striis tribus dorsalibus distinctis, externis obsoletis, punctisque duobus impressis; antennarum basi pedibusque testaceis.

Dej. *Spec.* v. p. 61. n° 25.
Tachys Globulus. Dej. *Cat.* p. 16.

Long. $\frac{2}{3}$ ligne. Larg. $\frac{1}{3}$ ligne.

Un peu plus petit que l'*Hæmorrhoidale*, proportionnellement plus court, plus convexe et entièrement d'un rouge ferrugineux.

Tête à peu près comme celle de l'*Hæmorrhoidale*.

Corselet un peu plus court, plus convexe et ne paraissant pas rétréci postérieurement.

Élytres plus courtes, plus convexes, striées et ponctuées de la même manière, mais la troisième strie presque aussi distincte que la seconde.

Dessous du corps d'un brun roussâtre, avec l'extrémité de l'abdomen un peu plus claire; pattes d'un jaune testacé.

Il se trouve en Espagne.

16. B. Pulicarium.

Pl. 209. fig. 4.

Supra nigro-subvirescens; thorace subquadrato, postice subangustato, utrinque foveolato, angulis posticis rectis; elytris ovatis, striato-punctatis, striis quatuor dorsalibus distinctis, externis obsoletis, punctisque duobus impressis; antennarum basi pedibusque rufo-testaceis.

Dej. *Spec.* v. p. 62. n° 26.

Long. $\frac{1}{2}$ ligne. Larg. $\frac{1}{5}$ ligne.

Très-voisin de l'*Hæmorrhoidale*, mais beaucoup plus petit, d'une forme un peu plus allongée et entièrement en dessus d'un noir assez brillant, très-légèrement verdâtre.

Tête à peu près comme celle de l'*Hæmorrhoidale*.

Corselet un peu moins large, avec l'impression transversale postérieure un peu plus fortement marquée.

Élytres un peu plus allongées; les quatre premières stries assez fortement marquées et paraissant distinctement ponctuées; le second point enfoncé de la troisième strie situé un peu plus bas.

Dessous du corps entièrement d'un noir un peu brûnâtre, avec les pattes et les antennes comme dans l'*Hæmorrhoidale*.

Il se trouve en Saxe et dans le midi de la France.

QUATRIÈME DIVISION.

NOTAPHUS. *Megerle.*

17. B. UNDULATUM.

Pl. 209. fig. 5.

Capite thoraceque obscure viridi-æneis; thorace subcordato, postice utrinque bistriato, angulis posticis rectis; elytris oblongo-ovatis, fusco-æneis, striato-punctatis, fasciis undatis macularibus tribus apiceque rufo-testaceis obsoletis, punctisque duobus impressis; antennarum basi pedibusque rufo-testaceis.

DEJ. *Spec.* v. p. 63. n° 27.
STURM. VI. p. 156. n° 33. T. 160. fig. d. D.
SAHLBERG. *Dissert. Entom. Ins. Fennica.* p. 202, n° 27.
B. Majus. GYLLENHAL. IV. p. 411. n° 15-16.
Notaphus Articulatus. DEJ. *Cat.* p. 16.
Notaphus Varius. GEBLER.

Long. 2 ½ lignes. Larg. 1 ligne.

Très-voisin de l'*Ustulatum*, mais plus grand et proportionnellement un peu plus allongé.

Tête et corselet d'un vert-bronzé plus obscur et quelquefois presque noirâtre.

Tête un peu plus allongée, avec les antennes proportionnellement un peu plus longues.

Corselet un peu plus long, moins arrondi antérieurement sur les côtés et presque cordiforme; la ligne médiane plus fortement marquée dans son milieu; quelques petites stries longitudinales le long de la base.

Élytres un peu plus allongées, d'un brun obscur légèrement bronzé; les bandes de taches disposées à peu près de la même manière, mais d'une couleur moins pâle un peu rougeâtres, plus distinctes et souvent plus grandes; quelquefois même les deux premières bandes réunies et toute la partie antérieure des élytres d'un brun roussâtre; les stries un peu plus marquées, un peu plus fortement ponctuées vers sa base, moins distinctement vers l'extrémité; les troisième, quatrième, cinquième et sixième se réunissant deux à deux et n'allant pas jusqu'à l'extrémité; l'extrémité de la septième plus fortement marquée; les deux points enfoncés du troisième intervalle placés de la même manière.

Dessous du corps d'un noir très-légèrement bronzé, avec les pattes d'une couleur testacée un peu rougeâtre.

Il se trouve en Suisse, en Finlande, en France, en Allemagne, en Autriche, en Dalmatie, en Russie et en Sibérie.

18. B. Ustulatum.

Pl. 209. fig. 6.

Supra viridi-æneum; thorace subquadrato, postice suban

gustato, utrinque bistriato, angulis posticis rectis; elytris oblongo-ovatis, striato-punctatis, fasciis undatis macularibus tribus apiceque pallide testaceis obsoletis, punctisque duobus impressis; antennis basi rufo-testaceis; pedibus obscurè testaceis, æneo-micantibus.

DEJ. *Spec.* v. p. 64. n° 28.
STURM. VI. p. 158. n° 34.
Carabus Ustulatus. FABR. *Sys. El.* I. p. 208. n° 206.
SCH. *Syn. Ins.* I. p. 222. n° 295.
Elaphrus Ustulatus. DUFTSCHMID. II. p. 202. n° 15.
Notaphus Ustulatus. DEJ. *Cat.* p. 16.
Carabus Varius. OLIV. III. 35. p. 110. n° 154. T. 14. fig. 165. a. b. c. d.
Notaphus Fumigatus. ZIEGLER.

Long. 2 lignes. Larg. $\frac{3}{4}$ ligne.

Plus petit que l'*Impressum*, proportionnellement moins large et d'un vert-bronzé ordinairement obscur.

Tête assez grande, presque triangulaire; antennes d'un brun roussâtre, ordinairement avec les premiers articles un peu rougeâtres.

Corselet plus large que la tête, moins long que large, presque carré, arrondi antérieurement sur les côtés, un peu rétréci postérieurement et peu convexe; la ligne médiane fine, assez marquée dans son milieu, ne dépassant guère les deux impressions transversales; de chaque côté de la base une impression assez profonde, presque arrondie, rugueuse dans le fond; le bord antérieur légèrement échancré; les angles antérieurs obtus, presque arrondis; les côtés rebordés, tombant carrément sur la base et formant avec elle un angle droit; la base coupée presque carrément.

Élytres plus larges que le corselet, assez allongées, légèrement ovales et très-peu convexes, ayant chacune trois bandes détachées d'un jaune-testacé très-pâle; la première tout-à-fait à la base; la seconde à peu près au tiers des élytres, un peu oblique et se prolongeant souvent sur la suture pour atteindre la première; la troisième à peu près aux deux tiers, presque en arc de cercle; l'extrémité de la même couleur et se réunissant souvent par le bord des élytres à la troisième bande; toutes ces taches plus ou moins distinctes et souvent presque entièrement effacées; les stries assez marquées, finement, mais distinctement ponctuées; ordinairement les troisième et quatrième, sixième et septième, n'allant pas tout-à-fait jusqu'à l'extrémité et se réunissant deux à deux; les intervalles planes, deux points enfoncés bien distincts sur le troisième.

Dessous du corps d'un noir un peu bronzé, avec les pattes d'une couleur plus ou moins claire, plus ou moins obscure et brillantées d'un reflet bronzé plus ou moins distinct.

Il se trouve très-communément en France, en Espagne, en Allemagne, en Autriche, en Dalmatie et dans la Russie méridionale.

19. B. Sibiricum.

Pl. 210. fig. 1.

Supra viridi-æneum; thorace quadrato, subtransverso, pos

tice utrinque bistriato, angulis posticis rectis; elytris oblongo-ovatis, striato-punctatis, fasciis undatis macularibus tribus apiceque pallide testaceis obsoletis, punctisque duobus impressis; antennis basi rufo-testaceis; pedibus testaceis, æneo-micantibus.

DEJ. *Spec.* V. p. 67. n° 29.
Notaphus Sibiricus. ESCHSCHOLTZ.
VAR. *Notaphus Gilvipes.* ESCHSCHOLTZ.

Long. 2 $\frac{1}{4}$ lignes. Larg. 1 ligne.

Très-voisin de l'*Ustulatum*, dont il n'est peut-être qu'une variété.

Un peu plus grand, proportionnellement un peu plus large et à peu près de la même couleur.

Corselet plus carré, presque transversal, moins arrondi antérieurement sur les côtés, moins rétréci postérieurement et un peu plus plane; la ligne médiane et les deux impressions transversales plus fortement marquées; les côtés plus distinctement rebordés.

Élytres un peu plus larges; les taches un peu plus distinctes, un peu plus grandes; toute la base presque d'un jaune-testacé très-pâle; les stries comme dans l'*Undulatum*.

Dessous du corps d'un noir-verdâtre un peu bronzé, avec les pattes d'une couleur testacée un peu plus pâle.

Il se trouve en Sibérie et au Kamtschatka.

20. B. Obliquum.

Pl. 210. fig. 2.

Supra obscure viridi-æneum; thorace quadrato, postice utrinque bistriato, angulis posticis rectis; elytris oblongo-ovatis, striato-punctatis, fasciis undatis macularibus duabus (prima interrupta) testaceis obsoletis, punctisque duobus impressis; antennis pedibusque plerumque nigris.

Dej. *Spec.* v. p. 68. n° 31.
Sturm. vi. p. 160. n° 35. t. 161. fig. a. A.
Sahlberg. *Dissert. Ent. Ins. Fennica.* p. 203. n° 28.
Notaphus Obliquus. Dej. *Cat.* p. 16.
B. Ustulatum. Gyllenhal. ii. p. 29. n° 15. et iv. p. 412. n° 15.

Long. 1 $\frac{3}{4}$ ligne. Larg. $\frac{2}{3}$ ligne.

Voisin de l'*Ustulatum*, mais beaucoup plus petit et d'un vert-bronzé plus obscur.

Corselet moins arrondi antérieurement sur les côtés et moins rétréci postérieurement, ce qui le fait paraître plus carré.

Élytres un peu moins ovales et plus parallèles; les taches d'une couleur un peu plus jaune et moins pâle; ordinairement la bande de la base nulle, ou remplacée par une très-petite tache arrondie, peu distincte; la seconde bande composée de taches plus petites, ordinairement séparées les unes des autres; quelquefois une petite tache à l'extrémité; les stries disposées comme dans l'*Ustulatum*, mais un peu plus fines; deux points enfoncés sur le troisième intervalle, placés de la même manière.

Dessous du corps d'un noir un peu verdâtre; pattes noires, avec un léger reflet bronzé sur les cuisses; les cuisses quelquefois entièrement d'un rouge testacé, avec les jambes d'un brun roussâtre.

Il se trouve communément en Suède, en Finlande, dans le nord de la Russie et quelquefois en Allemagne.

21. B. Fumigatum. *Creutzer.*

Pl. 210. fig. 3.

Capite thoraceque viridi æneis; thorace quadrato, postice utrinque bistriato, angulis posticis rectis; elytris ovatis, pallide testaceis, æneo-micantibus, striato-punctatis, fasciis undatis tribus obscure viridi-æneis, punctisque duobus impressis; antennarum basi pedibusque testaceis.

Dej. *Spec.* v. p. 72. n° 35.
Elaphrus Fumigatus. Duftschmid. ii. p. 204.
Notophus Fumigatus. Dej. *Cat.* p. 16.
Notaphus Exarticulatus. Megerle. Dahl. *Coleoptera und Lepidoptera.* p. 12.

Notaphus Ustulatus. GEBLER.

Long. $1 \frac{1}{2}$ ligne. Larg. $\frac{1}{2}$ ligne.

Beaucoup plus petit que l'*Ustulatum*, et proportionnellement un peu plus court et un peu plus large.

Tête un peu plus allongée, de la même couleur, avec les trois premiers articles des antennes et la base du quatrième entièrement d'un jaune-testacé pâle.

Corselet également de la même couleur, moins arrondi antérieurement sur les côtés, moins rétréci postérieurement; les deux stries longitudinales placées de chaque côté de la base, un peu plus marquées.

Elytres un peu plus courtes, un peu plus larges et un peu plus ovales, avec les taches à peu près semblables, mais beaucoup plus larges, de sorte que les élytres paraissent d'un jaune-testacé assez pâle, légèrement brillanté d'une teinte bronzée, avec trois bandes ondulées d'un vert-bronzé assez obscur : la première peu distincte au quart des élytres; la seconde assez large à peu près au milieu, et la troisième vers l'extrémité; les stries un peu plus fortement marquées que dans l'*Ustulatum*.

Dessous du corps d'un noir un peu verdâtre, avec les pattes entièrement d'un jaune-testacé assez pâle.

Il se trouve en Allemagne, en Autriche, dans la Russie méridionale et en Sibérie.

22. B. Pallidipenne.

Pl. 210. fig. 4.

Capite thoraceque viridi-æneis; thorace cordato, postice utrinque foveolato, obsolete bistriato, angulis posticis rectis; elytris oblongis, pallide testaceis, æneo-micantibus, striato-punctatis, punctisque duobus impressis; antennis pedibusque testaceis.

Dej. *Spec.* v. p. 74. n° 37.
Sturm. *Catal.* p. 100.
Peryphus Pallidipennis. Dej. *Cat.* p. 17.
B. Ephippium. Brigthwel. Sturm. *Catal.* p. 100.

Long. 1 ¼ ligne. Larg. ½ ligne.

Un peu plus petit que le *Fumigatum*, et proportionnellement plus étroit.

Tête et corselet d'un vert-bronzé assez brillant.

Tête assez grande, presque triangulaire, avec les palpes et les antennes d'un jaune-testacé.

Corselet plus large que la tête, presque aussi long que large, arrondi antérieurement sur les côtés, rétréci postérieurement, assez fortement cordiforme et un peu convexe; la ligne médiane assez marquée; de chaque côté de la base une impression presque arrondie, assez profonde, dont le fond est un peu rugueux et marqué de deux petites stries longitudinales peu apparentes; le bord antérieur légèrement échancré; les angles antérieurs obtus et presque arrondis; les côtés rebordés tombant carrément sur la base, et formant avec elle un angle droit; la base coupée carrément.

Elytres plus larges que le corselet, assez allongées, légèrement ovales, presque parallèles, presque planes, d'un jaune-testacé très-pâle, presque blanchâtre, et recouvertes d'un très-léger reflet bronzé qui forme quelquefois une grande tache triangulaire obtuse, à peine distincte, à la base, une autre au-delà du milieu, et une bande transversale en croissant vers l'extrémité; les stries assez marquées, bien distinctement ponctuées, et disposées à peu près comme dans l'*Ustulatum*; les sixième et septième un peu plus courtes et ne paraissant pas réunies; les intervalles planes; deux points enfoncés assez distincts sur le troisième.

Dessous du corps d'un noir un peu verdâtre, avec les pattes d'un jaune-testacé assez pâle.

Il se trouve assez communément dans le midi de la France et en Espagne.

23. B. Venustulum. *Ziegler*.

Pl. 210. fig. 5.

Supra viridi-æneum; thorace quadrato, postice subangustato, utrinque foveolato, obsolete bistriato, angulis posticis rectis; elytris oblongo-ovatis, striato-punctatis, punctisque duobus impressis; antennarum basi, tibiis tarsisque testaceis; femoribus fusco-æneis.

Dej. *Spec.* v. p. 76. n° 38.
Leja Venustula. Dej. *Cat.* p. 17.
B. Metallicum. Sturm. *Catal.* p. 100.

Long. 2 lignes. Larg. $\frac{3}{4}$ ligne.

A peu près de la taille de l'*Ustulatum*, et entièrement en dessus d'un vert-bronzé assez brillant, quelquefois un peu cuivreux.

Tête assez allongée, presque triangulaire ; antennes d'un brun noirâtre, avec les trois ou quatre premiers articles d'un jaune-testacé assez pâle.

Corselet plus large que la tête, presque aussi long que large, presque carré, légèrement arrondi antérieurement sur les côtés, un peu rétréci postérieurement et assez convexe; la ligne médiane fortement marquée, et ne dépassant pas les deux impressions transversales; de chaque côté de la base une impression presque arrondie, assez grande et assez profonde, marquée de deux petites stries longitudinales à peine distinctes, le bord antérieur légèrement échancré; les angles antérieurs obtus, les côtés rebordés, se redressant près de la base, et formant avec elle un angle droit; la base coupée presque carrément.

Elytres plus larges que le corselet, un peu plus ovales que celles de l'*Ustulatum* et un peu plus convexes; les stries assez fines et assez marquées, distinctement ponctuées, peu distinctes et presque effacées vers l'extrémité, dispo sées à peu près comme dans l'*Ustulatum;* les intervalles planes; deux points enfoncés assez distincts sur le troisième.

Dessous du corps d'un noir un peu verdâtre; cuisses d'un brun-obscur légèrement bronzé, avec les jambes et les tarses d'un jaune testacé.

Il se trouve en Autriche et en Podolie.

24. B. Laticolle. *Megerle.*

Pl. 210. fig. 6.

Supra viridi-æneum; thorace transverso, subquadrato, antice angustato, postice bistriato, angulis posticis rectis; elytris oblongo-ovatis, striato-punctatis, punctisque duobus impressis; antennarum basi pedibusque obscure testaceis.

Dej. *Spec.* v. p. 77. n° 39.
Sturm. vi. p. 124. n° 10. t. 156. fig. a. A.
Elaphrus Laticollis. Duftschmid. ii. p. 206. n° 19.
Notaphus Laticollis. Dej. *Cat.* p. 16.

Long. 2 $\frac{1}{3}$ lignes. Larg. 1 ligne.

A peu près de la taille du *Paludosum* et d'un vert-bronzé assez brillant.

Tête presque ovale, assez allongée; antennes d'un brun noirâtre, avec les deux premiers articles d'une couleur testacée un peu rougeâtre et assez obscure.

Corselet presque le double plus large que la tête, moins long que large, assez court, transversal, presque carré, rétréci et légèrement arrondi sur les côtés antérieurement et peu convexe; la ligne médiane fine et peu marquée; de chaque côté de la base une impression presque arrondie, peu marquée, légèrement rugueuse dans le fond; le bord antérieur légèrement échancré; les angles antérieurs obtus; les côtés rebordés tombant carrément sur la base et formant avec elle un angle obtus; le sommet assez aigu; la base coupée presque carrément.

Elytres plus larges que le corselet, assez allongées, légèrement ovales et peu convexes; les stries disposées à peu près comme dans l'*Ustulatum*, assez fines et assez fortement ponctuées; leur extrémité moins marquée et presque lisse; les intervalles presque planes; deux points enfoncés assez marqués sur le troisième.

Dessous du corps d'un noir un peu verdâtre; pattes d'une couleur testacée un peu rougeâtre, assez obscure, avec un léger reflet bronzé sur les cuisses.

Il se trouve en Autriche.

CINQUIÈME DIVISION.

25. B. Paludosum.

Pl. 211. fig. 1.

Supra æneum; thorace subquadrato, postice sinuato, utrinque striato, angulis posticis rectis; elytris oblongo-ovatis, striato-punctatis, foveolis quadratis duabus impressis, stria quarta sinuata ; pedibus obscure viridi-æneis.

DEJ. *Spec.* v. p. 79. n° 40.
STURM. VI. p. 179. n° 46.
DEJ. *Cat.* p. 16.
Elaphrus Paludosus. PANZER. *Fauna German.* 20. n° 4.
SCH. *Syn. Ins.* I. p. 248. n° 7.
DUFTSCHMID. II. p. 199. n° 11.
Elaphrus Littoralis. OLIV. II. 34. p. 6. n° 4. T. I. fig. 7. a. b.
Le Bupreste bronzé à deux points enfoncés. GEOFF. I. p. 158. n° 35.
VAR. *B. Elegans.* KOLLAR. DAHL. *Coleoptera und Lepidoptera.* p. 12.

Long. 2 ¼ lignes. Larg. 1 ligne.

Très-voisin de l'*Impressum* ; mais un peu plus allongé.

Tête un peu moins large ; premiers articles des antennes entièrement d'un vert-bronzé obscur.

Corselet plus allongé, moins large, ne paraissant nullement transversal ; les angles antérieurs moins saillants et moins aigus.

Elytres un peu moins larges, moins ovales et un peu plus allongées ; la portion comprise entre la quatrième strie, ordinairement d'un bronzé-cuivreux un peu rougeâtre ; plusieurs taches de cette couleur un peu au-delà du milieu des élytres sur les cinquième, sixième et septième intervalles, quelquefois très-marquées et quelquefois très-peu distinctes, très-petites, ou très-grandes réunies, et ne formant qu'une seule tache; le reste des élytres, et surtout les taches carrées, d'un bronzé plus clair et plus verdâtre; le quatrième intervalle un peu plus étroit que les autres; les stries disposées à peu près de la même manière; la quatrième toujours assez fortement sinuée, surtout vers la base. Dessous du corps d'un vert-bronzé assez brillant, avec les pattes d'un bronzé verdâtre, et la base des cuisses d'un jaune testacé.

Il se trouve en France, en Allemagne, en Autriche, dans les provinces méridionales de la Russie et même en Sibérie; il est commun aux environs de Paris.

26. B. IMPRESSUM.

Pl. 211. fig. 2.

Supra æneum; thorace transverso, subquadrato, postice sinuato, utrinque striato, angulis posticis rectis; elytris oblongo-ovatis, striato-punctatis, foveolis quadratis duabus impressis; pedibus testaceis, viridi-æneo-micantibus.

DEJ. *Spec.* v. p. 81. n° 42.
GYLLENHAL. II. p. 13. n° 2. et IV. p. 401. n° 2.
SAHLBERG. *Dissert. entom. Ins. Fennica.* p. 190. n° 3.
STURM. VI. p. 177. n° 45.
DEJ. *Cat.* p. 16.
Elaphrus Impressus. FABR. *Sys. El.* p. 246. n°. 4.

Sch. *Syn. Ins.* 1. p. 247. n° 4.

Long. 2 $\frac{1}{4}$, 3 $\frac{1}{4}$ lignes. Larg. 1, 1 $\frac{1}{4}$ ligne.

De grandeur variable et ordinairement d'un bronzé plus ou moins obscur, quelquefois un peu cuivreux, quelquefois même d'un vert un peu bleuâtre.

Tête peu avancée, large, triangulaire; antennes d'un brun noirâtre, avec les quatre premiers articles d'un jaune-testacé pâle.

Corselet plus large que la tête, moins long que large, assez court, presque transversal, presque carré, légèrement arrondi antérieurement sur les côtés, sinué et un peu rétréci près de la base et très-peu convexe; la ligne médiane peu marquée; de chaque côté de la base, une impression longitudinale assez courte, assez profonde, à bords rugueux; le bord antérieur coupé presque carrément dans son milieu, avec les angles antérieurs avancés et assez aigus, ce qui le fait paraître assez fortement échancré; les côtés légèrement rebordés, se redressant près de la base et formant avec elle un angle droit, presque saillant, dont le sommet est assez aigu; la base coupée obliquement sur les côtés et presque carrément dans son milieu.

Elytres plus larges que le corselet, peu allongées, légèrement ovales et peu convexes, ayant chacune neuf stries et le commencement d'une dixième assez marquées, finement ponctuées; les intervalles presque planes; le troisième un peu plus large que les autres, offrant deux grandes taches un peu enfoncées, presque carrées, d'une couleur bronzée plus claire et plus brillante qui en occupent toute la largeur; ce même intervalle marqué de trois autres taches d'un bronzé plus obscur, un peu cuivreux ou un peu violet, souvent presque effacées; toutes les stries droites.

Dessous du corps d'un vert bronzé assez brillant; cuisses et jambes d'un jaune testacé, avec un léger reflet d'un vert bronzé; tarses d'un brun noirâtre.

Il se trouve assez communément en Suède, dans le nord et les parties orientales de la France, en Allemagne, en Russie, en Sibérie, au Kamtschatka et dans l'Amérique septentrionale.

27 B. Foraminosum.

Pl. 211. fig. 3.

Supra obscure æneum; thorace subquadrato, postice sinuato, utrinque striato, angulis posticis rectis; elytris oblongo-ovatis, striato-punctatis, foveolisque duabus impressis; pedibus obscure viridi-æneis.

Dej. *Spec.* v. p. 85. n° 45.
Sturm. vi. p. 183. n° 48. t. 162. fig. b. B.
Dej. *Cat.* p. 16.
Elaphrus Bipunctatus. Duftschmid. ii. p. 200. n° 12.

Long. 2 ½ lignes. Larg. 1 ligne.

A peu près de la taille de l'*Impressum*, mais ordinairement d'un bronzé plus obscur.

Tête un peu plus allongée.

Corselet à peu près comme dans le *Paludosum*.

Elytres à peu près comme celles de l'*Impressum* ; deux gros points enfoncés, arrondis et très-fortement marqués sur le troisième intervalle, qui ne paraît pas plus large que les autres; toutes ces stries droites et ne paraissant pas sinuées.

Dessous du corps d'un vert-bronzé un peu bleuâtre; pattes d'un vert-bronzé obscur, avec la base des cuisses d'un jaune testacé.

Il se trouve en Autriche, en Allemagne, en Suisse et dans les parties orientales de la France.

28. B. Orichalcicum.

Pl. 211. fig. 4.

Supra æneum ; thorace subquadrato, postice sinuato, utrinque striato, angulis posticis rectis; elytris oblongo-ovatis, striato-punctatis, punctisque duobus impressis ; antennarum femorumque basi tibiisque testaceis.

Dej. *Spec.* v. p. 86. 46.
Sturm. vi. p. 184. n° 49. t. 163. fig. a. A.
Dej. *Cat.* p. 16.
Elaphrus Orichalcicus. Duftschmid. ii. p. 201. n° 13.

Long. 2 $\frac{1}{3}$, 2 $\frac{3}{4}$ lignes. Larg. 1, 1 $\frac{1}{4}$ ligne.

A peu près de la taille et de la forme de l'*Impressum* et entièrement en dessus d'un bronzé un peu plus terne et plus verdâtre.

Corselet un peu moins court, un peu moins transversal, avec les angles antérieurs un peu moins avancés et moins aigus.

Elytres à peu près de la même forme, striées à peu près de la même manière; les stries tout-à-fait droites; deux points enfoncés bien distincts sur le troisième intervalle, qui ne paraît pas plus large que les autres.

Dessous du corps d'un vert-bronzé assez brillant, avec la base des cuisses et les jambes d'un jaune testacé; tarses d'un brun noirâtre.

Il se trouve en France, en Allemagne, en Autriche, dans les provinces méridionales de la Russie, et même en Sibérie.

SIXIÈME DIVISION.

29. B. Striatum.

Pl. 211. fig. 5.

Supra æneum; capite thoraceque punctatis; thorace cordato, angulis posticis rectis; elytris oblongo-ovatis, striato-punctatis, striis externis profundioribus, punctisque duobus impressis; antennarum basi pedibusque rufescentibus.

Dej. *Spec.* v. p. 93. 53.

Sturm. vi. p. 186. n° 50. t. 163. fig. b. B.
Dej. *Cat.* p. 16.
Elaphrus Striatus. Fabr. *Sys. El.* 1. p. 245. n° 3.
Sch. *Syn. Ins.* 1. p. 247. n° 3.
Duftschmid. ii. p. 198. n° 10.

Long. 2 ¾ lignes. Larg. 1 ligne.

Un peu plus grand que le *Flavipes* et d'un bronzé tantôt assez clair et tantôt plus ou moins obscur.

Tête triangulaire assez allongée; antennes d'un brun noirâtre, avec le premier article rougeâtre.

Corselet un peu plus large que la tête, presque aussi long que large, arrondi antérieurement sur les côtés, assez fortement rétréci postérieurement, cordiforme et assez convexe, entièrement couvert de points enfoncés assez marqués et assez serrés, surtout sur les bords; la ligne médiane assez fortement marquée dans le milieu et ne dépassant pas les deux impressions transversales, qui sont peu distinctes; le bord antérieur coupé presque carrément; les angles antérieurs obtus et nullement saillants; les côtés rebordés, se redressant près de la base et formant avec elle un angle droit presque saillant; la base coupée presque carrément.

Elytres plus larges que le corselet, assez allongées, légèrement ovales et assez convexes; les stries assez fortement ponctuées, surtout vers la base; les extérieures un peu plus fortement marquées que les intérieures; deux points enfoncés assez distincts sur le troisième intervalle près de la suture.

Dessous de la tête et poitrine d'un vert-bronzé obscur, un peu bleuâtre, avec l'abdomen d'un noir assez brillant; cuisses et jambes d'une couleur testacée un peu rougeâtre, avec les tarses d'un brun noirâtre.

Il se trouve très-communément au bord des eaux en France, en Espagne, en Allemagne et en Autriche.

30. B. Ruficolle.

Pl. 211. fig. 6.

Capite viridi-æneo; thorace rufescente, æneo-micante, subcordato, antice posticeque punctato, angulis posticis rectis; elytris flavo-testaceis, æneo-micantibus, obsolete fusco maculatis, oblongo-ovatis, striato-punctatis, punctisque duobus impressis; antennis pedibusque testaceis.

Dej. *Spec.* v. p. 95. 54.
Gyllenhal. iv. p. 401. n° 3-4.
Dej. *Cat.* p. 17.
Elaphrus Ruficollis. Illiger. *Kæfer Preus.* 1. p. 226. n° 5.
Panzer. *Fauna German.* 38. n° 12.
Carabus Ruficollis. Sch. *Syn. Ins.* 1. p. 224. n° 309.

Long. 1 ½ ligne. Larg. ⅔ ligne.

Beaucoup plus petit que le *Striatum*, et proportionnellement moins allongé.

Tête assez grosse, d'un vert bronzé en dessus, peu allongée, presque triangulaire; antennes testacées.

Corselet d'une couleur testacée un peu rougeâtre, à reflet bronzé, à peine plus large que la tête, moins long que large, assez court, légèrement arrondi antérieurement sur les côtés, un peu rétréci postérieurement, légèrement cordiforme et assez convexe; le bord antérieur et la base couverts de points enfoncés assez serrés et assez marqués; la ligne médiane assez marquée; le bord antérieur coupé presque carrément; les angles antérieurs obtus et nullement saillants; les côtés légèrement rebordés, tombant carrément sur la base et formant avec elle un angle droit; la base coupée presque carrément.

Elytres d'un jaune-testacé assez pâle, brillanté d'un léger reflet bronzé, ayant vers la base, au milieu et vers l'extrémité, quelques taches obscures à peine distinctes; les stries disposées à peu près comme chez le *Striatum*, assez fortement marquées et bien distinctement ponctuées, surtout vers la base; les intervalles planes; deux points enfoncés sur le troisième, comme dans le *Striatum*.

Dessous de la tête et du corselet d'un jaune-testacé un peu rougeâtre; poitrine et abdomen d'un brun noirâtre, avec les pattes d'un jaune testacé.

Il se trouve en Suède et dans le nord de l'Allemagne.

31. B. Andreæ.

Pl. 212. fig. 1.

Capite thoraceque viridi-aneis; capite punctato; thorace cor-

dato, angulis posticis rectis; elytris ovatis, albicantibus, basi fasciaque media transversa undata viridi-æneis, striato-punctatis, striis apice obsoletis, punctisque duobus impressis; antennis pedibusque testaceis.

DEJ. *Spec.* v. p. 96. 55.
GYLLENHAL. II. p. 15. n° 5. et IV. p. 401. n° 3.
DEJ. *Cat.* p. 17.
Carabus Andreæ? FABR. *Sys. El.* I. p. 204. n° 185.
SCH. *Syn. Ins.* I. p. 212. n° 250.
Elaphrus Pallidipennis. ILLIGER. *Mag.* I. p. 489.
Carabus Pallidipennis. SCH. *Syn. Ins.* I. p. 224. n° 310.

Long. 2 $\frac{1}{4}$ lignes. Larg. 1 ligne.

A peu près de la taille du *Striatum*.

Tête et corselet d'un vert-bronzé assez brillant et quelquefois un peu cuivreux.

Corselet plus large que la tête, moins long que large, assez court, arrondi antérieurement sur les côtés, rétréci postérieurement, assez fortement cordiforme et assez convexe; le bord antérieur et la base un peu rugueux mais ne paraissant pas distinctement ponctués; la ligne médiane assez marquée dans son milieu; le bord antérieur coupé presque carrément; les angles antérieurs obtus et nullement saillants; les côtés rebordés, tombant carrément sur la base, et formant avec elle un angle droit; la base coupée carrément.

Elytres d'un blanc un peu jaunâtre, ayant un peu au-delà du milieu une bande transversale assez large, fortement ondulée, d'un vert bronzé, et à la base une grande tache triangulaire commune, de la même couleur, qui se réunit quelquefois à la bande transversale; ces taches sont plus ou moins distinctes, et leurs bords se fondent souvent insensiblement avec le fond de la couleur des elytres; ces dernières plus larges, moins allongées et plus ovales que celles du *Striatum*, avec les stries extérieures moins fortement marquées; les intervalles tout-à-fait planes; deux points enfoncés sur le troisième.

Dessous du corps d'un vert-bronzé un peu bleuâtre, avec les pattes entièrement d'un jaune testacé.

Il se trouve en Suède et sur les bords de l'Océan, dans le nord et dans l'ouest de la France.

32. B. Bipunctatum.

Pl. 212. fig. 2.

Supra æneum; capite punctato; thorace cordato, antice posticeque punctato, angulis posticis rectis; elytris oblongo-ovatis, tenue striato-punctatis, striis apice obsoletis, foveolisque duabus impressis; antennis, tibiis tarsisque nigris.

Dej. *Spec.* v. p. 98. 56.
Gyllenhal. ii. p. 16. n° 4. et iv. p. 402. n° 4.
Sturm. vi. p. 144. n° 24.
Sahlberg. *Dissert. Entom. Ins. Fennica.* p. 402. n° 4.

Dej. *Cat.* p. 17.
Carabus Bipunctatus. Fabr. *Sys. El.* 1. p. 209. n° 216.
Oliv. III. 35. pag. 112. n° 157. t. 14. fig. 163. a. b.
Sch. *Syn. Ins.* p. 223. n° 300.
Var. A. *B. Quadripunctatum*. Dej. *Cat.* p. 17.
Var. B. *B. Nivale*. Godet.
Var. C. *B. Quadrifossulatum*. Parreyss.

Long. 1 $\frac{1}{4}$ ligne. Larg. $\frac{1}{4}$ ligne.

Plus petit que le *Striatum* et d'un bronzé assez brillant, quelquefois plus ou moins obscur, ou presque noirâtre.

Tête à peu près comme celle du *Striatum*.

Corselet plus large que la tête, moins long que large, arrondi antérieurement sur les côtés, rétréci postérieurement, assez fortement cordiforme et assez convexe; le bord antérieur et la base assez distinctement ponctués; la ligne médiane assez fortement marquée dans son milieu; de chaque côté de la base une petite impression presque arrondie et peu marquée; le bord antérieur coupé presque carrément; les angles antérieurs obtus et nullement saillants; les côtés rebordés tombant carrément sur la base et formant avec elle un angle droit; la base coupée un peu obliquement sur les côtés et presque carrément dans son milieu.

Elytres plus larges que le corselet, en ovale allongé et peu convexes; les stries fines, distinctement ponctuées, surtout vers la base, et disposées à peu près comme dans le *Striatum*; les intervalles planes; deux gros points enfoncés à fond un peu cuivreux, sur le troisième.

Dessous de la tête, du corselet et poitrine, d'un vert-bronzé obscur, un peu bleuâtre, avec l'abdomen d'un noir assez brillant; cuisses d'un vert-bronzé obscur, avec les jambes et les tarses d'un brun noirâtre.

Il se trouve en Suède, en Finlande et dans le nord de la Russie; il habite aussi les Alpes de la Suisse et les Pyrénées.

SEPTIÈME DIVISION.

PERYPHUS. *Megerle.*

33. B. EQUES.

Pl. 212. fig. 3.

Supra viridi-cyaneum; thorace cordato, postice utrinque foveolato, angulis posticis rectis; elytris oblongo-ovatis, basi rufis, striato-punctatis, punctisque duobus impressis; tibiis tarsisque rufo-testaceis.

DEJ. *Spec.* V. p. 101. 58.
STURM. VI. p. 114. n° 4. T. 155. fig. a. A.
Peryphus Eques. DEJ. *Cat.* p. 17.

Long. 3 ½, 4 lignes. Larg. 1 ½, 1 ⅔ ligne.

Voisin du *Tricolor*, mais beaucoup plus grand.

Tête et corselet à peu près de même forme et de même

couleur; les premiers articles des antennes entièrement d'un brun noirâtre.

Elytres à peu près de même forme, striées et ponctuées de la même manière; la couleur de la partie postérieure ordinairement un peu plus verdâtre et ne différant pas de celle de la tête et du corselet, se prolongeant sur la suture jusqu'à l'écusson, de manière qu'il y a à la base une grandetache testacée sur chaque élytre; le bord inférieur à peu près jusqu'au milieu de la couleur de la base, tandis que dans le *Tricolor* il est entièrement de la couleur de la partie postérieure.

Dessous du corps à peu près comme dans le *Tricolor.*

Commun dans le département des Basses Alpes; on le trouve aussi en Espagne, en Suisse et dans plusieurs parties de l'Allemagne.

34. B. Tricolor.

Pl. 212. fig. 4.

Capite thoraceque viridi-cyaneis; thorace cordato, postice utrinque foveolato, angulis posticis rectis; elytris oblongo-ovatis, basi rufis, postice nigro-cyaneis, striato-punctatis, punctisque duobus impressis; antennarum basi, tibiis tarsisque rufo-testaceis.

Dej. *Spec.* v. p. 102. 59.
Sturm. vi. p. 136. n° 19. t. 158. fig. c. C.
Carabus Tricolor. Fabr. *Sys. El.* i. p. 185. n° 81.

Elaphrus Tricolor. Duftschmid. II. p. 208. n° 22.
Peryphus Tricolor. Dej. *Cat.* p. 17.
Carabus Varicolor. Sch. *Syn. Ins.* I. p. 189. n° 110.

Long. 2 ½ lignes. Larg. 1 ligne.

Un peu plus petit que le *Rupestre*.

Tête et corselet entièrement d'un vert-bleuâtre assez brillant, et quelquefois un peu bronzé.

Tête assez grande, presque triangulaire; antennes d'un brun noirâtre, avec le premier article et la base des trois suivants d'un jaune testacé.

Corselet plus large que la tête, un peu moins long que large, arrondi antérieurement sur les côtés, rétréci postérieurement, assez fortement cordiforme et peu convexe; la ligne médiane assez marquée; toute la base couverte de points enfoncés et de rides irrégulières; de chaque côté de cette dernière une impression oblongue assez fortement marquée; le bord antérieur très-légèrement échancré; les angles antérieurs presque arrondis; les côtés rebordés tombant carrément sur la base et formant avec elle un angle droit; la base coupée carrément. Ecusson de la couleur du corselet.

Elytres plus larges que le corselet, assez allongées, légèrement ovales, presque parallèles, presque planes et d'un bleu-foncé assez brillant, quelquefois un peu verdâtre, avec toute la base d'une couleur testacée un peu rougeâtre, qui se prolonge souvent jusqu'à la moitié, et qui quelquefois ne dépasse pas le tiers de la longueur;

le bord inférieur entièrement de la couleur de la partie postérieure des élytres; les stries fines et assez marquées; les intervalles plans; deux points enfoncés bien distincts sur le troisième.

Dessous du corps noir, avec les jambes et les tarses d'un jaune-testacé un peu rougeâtre.

Il se trouve communément dans le midi de la France, en Espagne et en Autriche.

35. B. Scapulare.

Pl. 112. fig. 5.

Supra viridi-æneum; thorace subangustato, cordato, postice utrinque foveolato, angulis posticis rectis; elytris oblongis, striato-punctatis, macula magna humerali rufa, punctisque duobus impressis; antennarum basi, tibiis tarsisque rufo-testaceis.

Dej. *Spec.* v. p. 104. n° 60.

Long. 2 ½ lignes. Larg. 1 ligne.

Très-voisin du *Tricolor*, et à peu près de même taille, mais un peu plus allongé, plus étroit, avec la couleur un peu plus verte, plus bronzée et moins bleuâtre.

Corselet un peu plus long, plus étroit et plus convexe.

Élytres un peu plus allongées, plus étroites, moins ovales et un peu moins planes, ayant chacune à leur base une grande tache d'une couleur testacée un peu rougeâtre, qui ne dépasse guère le tiers des élytres et qui ne va pas tout-à-fait jusqu'à la suture ni jusqu'au bord extérieur; les stries à peu près comme dans le *Tricolor*.

Dessous du corps, antennes et pattes à peu près comme dans le *Tricolor*.

Il se trouve dans le midi de la France.

36. B. Conforme.

Pl. 212. fig. 6.

Supra viridi-æneum; thorace subcordato, postice utrinque foveolato, angulis posticis rectis; elytris oblongo-ovatis, striato-punctatis, macula magna humerali rufa, punctisque duobus impressis; antennarum basi, tibiis tarsisque rufo-testaceis.

Dej. *Spec.* v. p. 105. n° 61.

Long. 2 ½ lignes. Larg. 1 ligne.

Très-voisin du *Tricolor*, à peu près de même forme et de même taille, mais d'une couleur un peu plus bronzée et moins bleuâtre.

Corselet un peu plus court, plus large, moins rétréci postérieurement et moins cordiforme.

Élytres à peu près de la même forme, ayant chacune à leur base une grande tache d'un couleur testacée, un peu rougeâtre, qui ne dépasse guère le tiers des élytres, et qui ne va pas tout-à-fait jusqu'à la suture ni jusqu'au bord extérieur ; les stries ponctuées à peu près de la même manière.

Dessous du corps, antennes et pattes comme dans le *Tricolor*.

Il se trouve dans le midi de la France.

37. B. MODESTUM.

Pl. 213. fig. 1.

Supra nigro-æneum ; thorace oblongo, subcordato, postice utrinque foveolato, angulis posticis rectis ; elytris oblongis, profunde striato-punctatis, macula transversa communi postica rufa, punctisque duobus impressis ; antennarum basi, pediqusque rufo-testaceis.

DEJ. *Spec.* v. p. 106. n° 62.
STURM. VI. p. 138. n° 20. T. 158. fig. d. D.
Carabus Modestus. FABR. *Sys. El.* I. p. 185. n° 82.
SCH. *Syn. Ins.* I. p. 221. n° 290.
Elaphrus Modestus. DUFTSCHMID. II. p. 208. n° 23.
Peryphus Modestus. DEJ. *Cat.* p. 17.

Long. 2 lignes. Larg. $\frac{3}{4}$ ligne.

Un peu plus petit que le *Tricolor*, proportionnellement moins allongé et d'un bronzé très-obscur, presque noirâtre.

Tête assez allongée, presque triangulaire, avec les antennes comme dans le *Tricolor*; yeux assez gros et assez saillants.

Corselet un peu plus large que la tête, assez allongé, aussi long que large, peu arrondi antérieurement sur les côtés, un peu rétréci postérieurement, légèrement cordiforme et peu convexe; la ligne médiane fortement marquée; de chaque côté de la base une impression oblongue assez fortement marquée, rugueuse, ainsi que toute la base; le bord antérieur très-légèrement échancré; les angles antérieurs presque arrondis; les côtés rebordés, tombant carrément sur la base et formant avec elle un angle droit; la base coupée presque carrément.

Élytres plus larges que le corselet, allongées, légèrement ovales, presque parallèles et presque planes, ayant vers l'extrémité une bande transversale d'un rouge un peu testacé, commune, plus ou moins large, et n'allant pas tout-à-fait jusqu'au bord extérieur; les stries disposées comme dans le *Tricolor*, assez fortement marquées et très-fortement ponctuées vers la base; les intervalles presque plans; deux points enfoncés bien distincts sur le troisième.

Dessous du corps d'un noir un peu verdâtre; pattes d'un rouge testacé, avec la base des cuisses souvent un peu noirâtre.

Il se trouve communément en Autriche, principalement sur les bords du Danube. Il habite aussi l'Allemagne, la Suisse et les parties orientales de la France.

38. B. Ustum.

Pl. 213. fig. 2.

Supra viridi-æneum; thorace cordato, antice rotundato, postice coarctato, utrinque foveolato, angulis posticis rectis; elytris oblongo-ovatis, striato-punctatis, macula apicali communi lunata testacea, punctisque duobus impressis; antennis rufo-testaceis; pedibus pallide testaceis.

Dej. *Spec.* v. p. 107. n° 63.
Carabus Ustus. Sch. *Syn. Ins.* 1. p. 221. n° 289.
Peryphus Ustus. Dej. *Cat.* p. 17.

Long. 3 lignes. Larg. 1 ½ ligne.

Très-voisin du *Lunatum*, mais un peu plus grand.

Antennes entièrement d'un jaune testacé.

Corselet avec la ligne médiane plus marquée.

Élytres de même forme, striées et ponctuées à peu près de la même manière; la tache testacée plus grande se prolongeant jusqu'au bord extérieur et jusqu'à l'extrémité.

Dessous du corps et pattes à peu près comme dans le *Lunatum*.

Il se trouve dans la Russie méridionale.

39. B. Lunatum.

Pl. 213. fig. 3.

Supra viridi-æneum; thorace cordato, antice rotundato, postice coarctato, utrinque foveolato, angulis posticis rectis; elytris oblongo-ovatis, striato-punctatis, macula postica communi lunata testacea, punctisque duobus impressis; antennarum basi pedibusque pallide testaceis.

Dej. *Spec.* v. p. 108. n° 64.
Gyllenhal. iv. p. 405, n° 6-7.
Sturm. vi. p. 119. n° 7. t. 155. fig. c. C.
Elaphrus Lunatus. Duftschmid. ii. p. 211. n° 27.
Periphus Lunatus. Dej. *Cat.* p. 17.

Long. 2 $\frac{3}{4}$ lignes. Larg. 1 $\frac{1}{4}$ ligne.

Un peu plus grand que le *Rupestre*, proportionnellement un peu plus large et d'un vert-bronzé assez brillant.

Tête peu allongée et presque triangulaire; antennes d'un brun noirâtre, avec les trois premiers articles et la base du quatrième d'un jaune testacé.

Corselet plus large que la tête, moins long que large, assez court, très-arrondi sur les côtés antérieurement, fortement rétréci postérieurement, cordiforme et assez convexe; la ligne médiane assez marquée; de chaque côté de la base une impression presque arrondie et fortement marquée, rugueuse ainsi que toute la base; le bord antérieur très-légèrement échancré; les angles antérieurs obtus et presque arrondis; les côtés rebordés, tombant carrément sur la base et formant avec elle un angle droit; la base coupée carrément.

Élytres plus larges que le corselet, en ovale allongé et assez convexes, ayant vers l'extrémité une tache d'un jaune-testacé un peu rougeâtre, commune, presque en forme de croissant, et qui ne s'étend ni jusqu'au bord extérieur ni jusqu'à l'extrémité; les stries plus fortement marquées, un peu plus fortement ponctuées; deux points enfoncés sur le troisième intervalle.

Dessous du corps d'un noir un peu brunâtre, avec les pattes entièrement d'un jaune testacé assez pâle.

Il se trouve communément en Autriche et en Suède.

40. B. Infuscatum.

Pl. 213. fig. 4.

Supra obscure æneum; thorace cordato, antice subrotundato, postice coarctato, utrinque foveolato, angulis posticis rectis; elytris oblongo-ovatis, striato-punctatis, macula apicali communi lunata obsoleta pallide testacea, punctisque duobus impressis; antennarum basi, tibiis tarsisque testaceis; femoribus piceis.

Dej. *Spec.* v. p 109. n° 65.

Long. 2 $\frac{2}{3}$ lignes. Larg. 1 ligne.

Très-voisin du *Lunatum*, mais un peu plus petit, proportionnellement un peu moins large et d'un bronzé assez obscur en dessus.

Tête à peu près comme dans le *Lunatum*.

Corselet un peu moins large et un peu moins arrondi sur les côtés antérieurement; la base un peu plus rugueuse.

Élytres un peu moins larges et un peu moins ovales; la tache de l'extrémité à peu près comme dans l'*Ustum*, mais beaucoup moins distincte, et se fondant insensiblement avec la couleur générale; les stries disposées à peu près de la même manière, mais moins marquées; deux points enfoncés sur le troisième intervalle.

Dessous du corps d'un noir un peu brunâtre; cuisses d'un brun noirâtre, avec la base et l'extrémité un peu plus claires; jambes et tarses d'un jaune testacé.

Il se trouve en Sibérie.

41. B. Rupestre.

Pl. 213. fig. 5.

Supra obscure viridi-æneum; thorace cordato, convexo, antice subrotundato, postice subcoarctato, utrinque foveolato, angulis posticis rectis; elytris oblongo-ovatis, striato-punctatis, maculis magnis duabus obscure rufo-

testaceis, punctisque duobus impressis; antennarum basi pedibusque testaceis,

Dej. *Spec.* v. p. 111. n° 67.
Gyllenhal. ii. p. 19. n° 7. et iv. p. 405. n° 7.
Sturm. vi. p. 115. n° 5.
Sahlberg. *Dissert. entom. ins. Fennica.* p. 193. n° 10.
Elaphrus Rupestris. Fabr. *Sys. el* i. p. 246. n° 9.
Duftschmid. ii. p. 212. n° 28.
Carabus Rupestris. Sch. *Syn. ins.* i. p. 222. n° 296.
Peryphus Rupestris. Dej. *Cat.* p. 17.
Carabus Littoralis. Oliv. iii. 35. p. 110. n° 153. t. 9. fig. 103. a. b. et t. 14. fig. 103. c. d.
Le Bupreste quadrille à corselet rond et étuis striés. Geoff. i. p. 151. n° 20.

Long. 2 ⅓ lignes. Larg. 1 ligne.

D'un vert-bronzé assez obscur.

Tête peu allongée, presque triangulaire; antennes brunes avec les deux premiers articles et la base des trois suivants d'un jaune testacé.

Corselet plus large que la tête, moins long que large, assez court, arrondi antérieurement, assez fortement rétréci postérieurement, cordiforme et assez convexe; la ligne médiane fine; de chaque côté de la base une impression presque arrondie et assez profonde, rugueuse ainsi que toute la base; le bord antérieur légèrement échancré; les angles antérieurs obtus; les côtés assez fortement rebordés, tombant carrément sur la base et formant avec elle un angle droit; la base coupée carrément.

Élytres plus larges que le corselet, en ovale assez allongé, et assez convexes, ayant chacune deux grandes taches d'une couleur testacée un peu rougeâtre et assez obscure : la première, à l'angle de la base, ne descendant pas jusqu'au milieu des élytres; la seconde, vers l'extrémité, oblongue, placée obliquement et se réunissant presque à la première sur le bord extérieur. Quelquefois ces taches sont plus grandes, et les élytres paraissent alors d'une couleur testacée, avec une large suture et une bande transversale d'un vert bronzé; les stries fortement ponctuées. Les intervalles presque plans; deux points enfoncés bien distincts sur le troisième.

Dessous du corps d'un noir un peu brunâtre, avec les pattes d'un jaune testacé.

Il est très-commun en France; il habite aussi l'Angleterre, la Suède, l'Allemagne, l'Autriche et l'Amérique septentrionale.

42. B. Fluviatile.

Pl. 113. fig. 6.

Supra viridi-æneum; thorace angustato, cordato, postice utrinque foveolato, angulis posticis rectis; elytris oblongis; striato-punctatis, maculis magnis duabus rufo-testaceis, punctisque duabus impressis; antennarum basi pedibusque testaceis.

Dej. *Spec.* v. p. 113. n. 68.

Peryphus Fluviatilis. Dej. *Cat.* p. 17.

Long. 2 ¾ lignes. Larg. 1 ligne.

Un peu plus grand que le *Rupestre*, proportionnellement plus allongé et d'un vert-bronzé plus clair et plus brillant.

Tête plus petite, un peu plus allongée.

Corselet beaucoup plus étroit, presque aussi long que large et beaucoup moins arrondi sur les côtés antérieurement; la ligne médiane moins fortement marquée; l'impression de chaque côté de la base moins grande et moins profonde; le bord antérieur coupé presque carrément; les angles antérieurs presque arrondis; les postérieurs et la base coupés un peu moins carrément.

Élytres un peu plus étroites et plus allongées; les taches d'une couleur un peu plus claire, surtout la seconde, ordinairement un peu plus grandes; les stries à peu près semblables, mais un peu moins marquées.

Dessous du corps, pattes et antennes à peu près comme dans le *Rupestre*.

Il se trouve communément au bord de la Seine, aux environs de Paris; il habite aussi l'Autriche et l'Espagne.

43. B. Cruciatum.

Pl. 214. fig. 1.

Supra viridi-æneum; thorace cordato, postice utrinque fo-

veolato, angulis posticis rectis; elytris oblongo-ovatis, striato-punctatis, maculis magnis duabus testaceis; punctisque duobus impressis; antennarum basi pedibusque pallide testaceis.

Dej. *Spec.* v. p. 114. n. 69.
Peryphus Cruciatus. Dej. *Cat.* p. 17.
B. Rupestre. var. Gyllenhal.
Peryphus Rupestris. Stéven. Gebler.
B. Signatum. Sturm. *Catal.* p. 100.

Long. 2, 2 $\frac{2}{3}$ lignes. Larg. $\frac{3}{4}$, 1 ligne.

Très-voisin du *Rupestre*, mais un peu plus petit et d'un bronzé plus clair et plus brillant.

Tête à peu près comme celle du *Rupestre*.

Corselet moins large, moins arrondi antérieurement, rétréci moins brusquement postérieurement, moins convexe et presque plan; la ligne médiane moins fortement marquée; l'impression de chaque côté de la base moins profonde, moins large et un peu plus allongée; les côtés plus fortement rebordés.

Élytres à peu près de même forme, mais moins convexes et presque planes; les taches d'une couleur testacée plus jaune et plus pâle, ordinairement plus grandes. Souvent même les élytres paraissent d'une couleur testacée, avec une tache triangulaire à la base, la suture et une bande transversale d'un vert bronzé; tous les intervalles paraissent plans; deux points enfoncés sur le troisième.

Pattes d'un jaune-testacé un peu plus pâle.

Il se trouve en France, en Espagne, en Suède, en Allemagne, en Autriche, en Russie, en Sibérie et au Kamtschatka.

44. B. Hispanicum.

Pl. 214. fig. 2.

Capite thoraceque viridi-æneis; thorace cordato, postice utrinque foveolato, angulis posticis rectis; elytris oblongo-ovatis, rufo-testaceis, striato-punctatis, fascia sinuata postica fusco-ænea, punctisque duobus impressis; antennarum basi pedibusque pallide testaceis.

Dej. *Spec.* v. p. 156. n. 70.
Peryphus Hispanicus. Dej. *Cat.* p. 17.

Long. 2 ¼ lignes. Larg. ¾ ligne.

Très-voisin du *Cruciatum*, et à peu près de la même taille.

Tête et corselet à peu près de la même couleur. Celui-ci un peu plus convexe, un peu plus arrondi antérieurement sur les côtés, un peu plus rétréci brusquement postérieurement, mais moins que dans le *Rupestre*. Elytres à peu près de même forme; les taches plus grandes et réunies deux à deux, de sorte que les élytres paraissent d'un jaune testacé un peu rougeâtre, avec une bande trans versale sinuée, d'un brun-obscur légèrement bronzé, placée à peu près aux trois quarts de leur longueur; la partie au-delà de cette bande est d'une couleur testacée un peu plus pâle, et l'on voit ordinairement une légère teinte bronzée à la base, autour de l'écusson; les stries comme dans le *Cruciatum*. Dessous du corps et pattes à peu près comme dans le *Cruciatum*.

Il se trouve communément en Espagne, et quelquefois aussi dans le midi de la France.

45. B. Femoratum.

Pl. 214. fig. 3.

Supra nigro-æneum; thorace cordato, postice utrinque foveolato, angulis posticis rectis; elytris oblongo-ovatis, tenue striato-punctatis, maculis magnis duabus testaceis, punctisque duobus impressis; antennarum basi, tibiis tarsisque testaceis; femoribus piceis.

Dej. *Spec.* v. p. 116. n. 71.

Gyllenhal. iv. p. 406. n° 7-8.

Sturm. vi. p. 117. n° 6. t. 155. fig. b. B.

Sahlberg. *Dissert. entom. ins. Fennica.* p. 184. n° 11.

Peryphus Femoratus. Dej. *Cat.* p. 17.

Carabus Ustulatus. Oliv. iii. 35. p. 1090. n° 152. t. 9. fig. 104. a. b.

B. Albosignatum. Sturm.

Le Bupreste quadrille à corselet plat et noir et étuis striés. Geoff. i. p. 152. n° 23.

Long. 2 lignes. Larg. $\frac{3}{4}$ ligne.

Ordinairement plus petit que le *Cruciatum* et d'un bronzé presque noirâtre en dessus.

Tête et corselet à peu près comme dans le *Cruciatum*.

Elytres à peu près de même forme ; les taches d'une couleur aussi claire, mais moins rouge, moins jaune et un peu plus brune ; les stries moins fortement marquées.

Dessous du corps d'un noir un peu verdâtre ; cuisses d'un brun obscur ; leur extrémité, les jambes et les tarses d'un jaune testacé.

Il se trouve aux environs de Paris, dans presque toute la France, en Espagne, en Angleterre, en Suède, en Finlande, en Allemagne et en Russie.

46. B. Obsoletum.

Pl. 214. fig. 4.

Capite thoraceque viridi-æneis; thorace cordato, convexo, postice utrinque foveolato, angulis posticis rectis; elytris oblongo-ovatis, rufo testaceis, striato-punctatis, sutura fasciaque sinuata postica viridi-æneis, obsoletis, punctisque duobus impressis; antennarum basi pedibusque pallide testaceis.

Dej. *Spec*, v. p. 118. n° 72.
Peryphus Obsoletus. Dej. *Cat.* p. 17.

Peryphus Prudens. Ziegler.

Long. 2, 2 ½ lignes. Larg. ¾, 1 ligne.

Ordinairement un peu plus petit que le *Rupestre*.

Tête et corselet d'un vert-bronzé plus clair et plus brillant; celui-ci plus étroit et un peu moins arrondi sur les côtés antérieurement et tout aussi convexe; la ligne médiane un peu plus marquée; l'impression de chaque côté de la base plus oblongue; le bord antérieur coupé plus carrément; les angles antérieurs presque arrondis.

Elytres un peu moins larges, un peu moins ovales et presque aussi convexes, paraissant presque entièrement d'un jaune-testacé un peu rougeâtre, avec un léger reflet d'un vert bronzé, formant une bande transversale sinuée, à peine distincte vers les deux tiers des élytres, et qui remonte sur la suture jusqu'à la base; les stries un peu moins marquées.

Dessous du corps d'un noir un peu brunâtre; pattes et base des antennes d'une couleur testacée un peu plus pâle.

Il se trouve en Autriche, en Styrie et dans le département du Puy-de-Dôme.

47. B. Saxatile.

Pl. 214. fig. 5.

Supra obscure viridi-æneum; thorace cordato, postice utrinque foveolato, angulis posticis rectis; elytris elongato-

oblongis, striato-punctatis, maculis duabus rufo-testaceis, punctisque duobus impressis; antennarum basi pedibusque testaceis.

DEJ. *Spec.* V. p. 119. n° 73.
GYLLENHAL. IV. p. 406. n° 7-8.
SAHLBERG. *Dissert. Ent. Ins. Fennica.* p. 194. n° 12.
Peryphus Saxatilis. DEJ. *Cat.* p. 17.
B. *Rupestre. var. b.* GYLLENHAL. II. p. 19. n° 7.

Long. 2 ½ lignes. Larg. ¾ ligne.

A peu près de la couleur du *Rupestre*, mais plus petit et proportionnellement beaucoup plus étroit et plus allongé.

Tête et antennes à peu près comme dans le *Rupestre*.

Corselet à peu près comme celui du *Cruciatum*, mais un peu plus cordiforme et un peu plus plane; la ligne médiane plus marquée; l'impression de chaque côté de la base plus allongée; élytres plus étroites, plus allongées, plus parallèles et moins ovales que celles du *Cruciatum*; les deux taches ordinairement plus petites et d'une couleur testacée un peu rougeâtre; les stries bien distinctes, ponctuées à peu près de la même manière.

Dessous du corps d'un noir un peu brunâtre, avec les pattes d'un jaune testacé.

Il se trouve communément en Suède, en Finlande et dans le nord de la Russie.

48. B. Oblongum.

Pl. 214. fig. 6.

Supra viridi-æneum; thorace subangustato, cordato, postice utrinque foveolato, angulis posticis rectis; elytris oblongis, striato-punctatis, maculis duabus rufo-testaceis, punctisque duobus impressis; antennarum basi, tibiis tarsisque testaceis; femoribus nigro-piceis.

Dej. *Spec.* v. p. 119. n° 74.

Long. 2 $\frac{3}{4}$ lignes. Larg. $\frac{3}{4}$ ligne.

Très-voisin du *Fluviatile* par la forme et la couleur, mais un peu plus petit. Tête et antennes à peu près comme dans le *Fluviatile*.

Corselet un peu moins étroit et un peu plus arrondi antérieurement sur les côtés.

Élytres moins convexes et presque planes; les deux taches testacées plus petites; les stries ponctuées de la même manière; les intervalles plus planes.

Dessous du corps et cuisses d'un brun noirâtre, avec les jambes et les tarses d'un jaune testacé.

Il se trouve dans le midi de la France.

49. B. Præustum.

Pl. 215. fig. 1.

Capite thoraceque viridi-æneis; thorace cordato, postice utrinque foveolato, angulis posticis rectis; elytris oblongo-ovatis, rufo-testaceis, apice fusco-æneis, striato-punctatis, punctisque duobus impressis; antennis pedibusque pallide testaceis.

Dej. *Spec.* v. p. 120. n° 75.
Peryphus Præustus. Dej. *Cat.* p. 17.

Long. 2 ¼ lignes. Larg. ¾ ligne.

A peu près de la taille du *Cruciatum*, mais un peu plus allongé.

Tête et corselet d'un vert-bronzé assez brillant; antennes d'un jaune-testacé pâle.

Corselet plus large que la tête, moins long que large, arrondi antérieurement sur les côtés, rétréci postérieurement, assez fortement cordiforme et presque plane; la ligne médiane assez fortement marquée; de chaque côté de la base une impression presque arrondie assez grande et assez profonde, rugueuse; le bord antérieur légèrement échancré; les angles antérieurs presque arrondis; les côtés fortement rebordés et un peu déprimés, tombant carrément sur la base, et formant avec elle un angle droit; la base coupée carrément; écusson de la couleur du corselet.

Élytres plus larges que le corselet, en ovale assez allongé, presque planes et d'une couleur testacée un peu rougeâtre, avec l'extrémité d'un brun-obscur très-légèrement bronzé, ayant quelquefois en outre à la base, vers la suture, un très-léger reflet bronzé; les stries assez marquées, finement mais bien distinctement ponctuées, et disposées à peu près comme dans le *Rupestre;* les intervalles planes; deux points enfoncés bien distincts sur le troisième.

Dessous du corps d'un noir un peu brunâtre, avec les pattes d'un jaune-testacé assez pâle.

Il se trouve en Dalmatie et dans le midi de la France.

50. B. Deletum.

Pl. 215. fig. 2.

Capite thoraceque obscure viridi-æneis ; thorace cordato, postice utrinque foveolato, angulis posticis rectis ; elytris ovatis, fusco-testaceis, viridi-æneo-micantibus, striato-punctatis, punctisque duobus impressis ; antennarum basi pedibusque testaceis.

Dej. *Spec.* v. p. 122. n° 76.
Peryphus Deletus. Dej. *Cat.* p. 17.

Long. 1 $\frac{3}{4}$, 2 $\frac{1}{4}$ lignes. Larg. $\frac{3}{4}$ ligne.

Plus petit que le *Rupestre* et proportionnellement plus large et moins allongé.

Tête et corselet d'un vert-bronzé assez obscur ; antennes d'un brun noirâtre, avec les deux premiers articles d'un jaune testacé.

Corselet plus large que la tête, moins long que large, assez court, arrondi sur les côtés antérieurement, assez fortement rétréci postérieurement, cordiforme et assez convexe ; la ligne médiane fine, assez fortement marquée ; de chaque côté de la base une impression assez grande, presque arrondie et assez profonde, rugueuse dans son fond ; le bord antérieur légèrement échancré ; les angles antérieurs obtus et presque arrondis ; les côtés assez fortement rebordés, tombant carrément sur la base et formant avec elle un angle doit ; la base coupée carrément.

Élytres plus larges que le corselet, en ovale moins allongé que celles du *Rupestre*, assez convexes, d'un brun un peu jaunâtre, et recouvertes, surtout vers la base, d'un reflet bronzé plus ou moins marqué ; les stries assez marquées, assez fortement ponctuées, surtout vers la base, presque lisses vers l'extrémité, et disposées à peu près comme celles du *Rupestre* ; les intervalles presque planes ; deux points enfoncés assez distincts sur le troisième.

Dessous du corps d'un brun noirâtre, avec les pattes d'un jaune testacé.

Il se trouve aux environs de Paris et en Dalmatie.

51. B. DENTELLUM.

Pl. 215. fig. 3.

Capite thoraceque viridi-æneis; thorace subquadrato, postice subangustato, utrinque foveolato, angulis posticis obtusis; elytris oblongo-ovatis, testaceis, striato-punctatis, sutura lata abbreviata viridi-ænea, punctisque duobus impressis; antennarum basi pedibusque testaceis.

DEJ. *Spec.* v. p. 124. n° 78.
Notaphus Dentellus. STÉVEN.

Long. 1 ¾ ligne. Larg. 1 ½ ligne.

Plus petit que le *Femoratum*.

Tête et corselet d'un vert-bronzé assez brillant; antennes d'un brun-obscur un peu roussâtre, avec les premiers articles d'un jaune testacé.

Corselet plus large que la tête, moins long que large, assez court, presque carré, légèrement arrondi sur les côtés, un peu rétréci postérieurement et peu convexe, la ligne médiane assez marquée; de chaque côté de la base une impression oblongue assez grande et assez profonde; le fond de cette impression et toute la base un peu rugueux; le bord antérieur légèrement échancré; les angles antérieurs arrondis; les côtés assez fortement rebordés, tombant un peu obliquement sur la base, et formant avec elle un angle obtus; la base coupée carrément.

Élytres plus larges que le corselet, en ovale plus allongé, peu convexe et d'un jaune testacé, ayant sur la suture une large bande longitudinale d'un vert-bronzé assez brillant, qui s'étend jusqu'à la troisième strie, et qui ne va pas jusqu'à l'extrémité; les stries assez marquées, bien distinctement ponctuées, et disposées à peu près comme dans le *Rupestre;* les intervalles presque planes; deux points enfoncés assez distincts sur le troisième.

Dessous du corps d'un brun noirâtre, avec les pattes d'un jaune testacé.

Il se trouve au Caucase.

52. B. Hastii.

Pl. 215. fig. 4.

Supra nigro-æneum; thorace subquadrato, postice subangustato, utrinque foveolato, bistriato, angulis posticis rectis; elytris oblongis, profunde striato punctatis, punctisque duobus impressis; antennis pedibusque nigris; femoribus basi rufescentibus.

Dej. *Spec.* v. p. 127. n° 80.
Sahlberg. *Dissert. Entom. Ins. Fennica.* p. 195, n° 13.
Peryphus Punctiger. Germar.

Long. 2 lignes. Larg. $\frac{3}{4}$ ligne.

Très-voisin du *Pfeiffii*, mais un peu plus petit, et d'un noir-bronzé un peu moins verdâtre.

Tête et antennes comme dans le *Pfeiffii*.

Corselet un peu moins large, moins court et moins transversal.

Élytres à peu près de la même forme, mais un peu moins planes; les stries plus fortement marquées et plus fortement ponctuées; les intervalles un peu moins planes.

Dessous du corps et pattes à peu près comme dans le *Pfeiffii*; la base des cuisses ordinairement roussâtre.

Il se trouve en Laponie.

53. B. Pfeiffii.

Pl. 215. fig. 5.

Supra obscure viridi-æneum; thorace transverso; subquadrato, postice subangustato, utrinque foveolato, bistriato, angulis posticis rectis; elytris oblongis, subtiliter striato-punctatis, punctisque duobus impressis; antennis pedibusque nigris.

Dej. *Spec.* v. p. 128. n° 81.
Sahlberg. *Dissert. Entom. Ins. Fennica.* p. 195. n° 14.
B. Virens. Gyllenhal. iv. p. 407. n°s 7-8.

Long. 2 $\frac{1}{4}$ lignes. Larg. 1 $\frac{3}{4}$ ligne.

Un peu plus petit que le *Decorum*, et d'un vert-bronzé assez obscur.

Tête un peu allongée, presque triangulaire; antennes noires.

Corselet plus large que la tête, moins long que large, assez court, transversal, presque carré, légèrement arrondi antérieurement sur les côtes, un peu rétréci postérieurement et presque plane; la ligne médiane assez fortement marquée, surtout dans son milieu; de chaque côté de la base une impression assez grande, presque arrondie et assez profonde, marquée de deux petites stries longitudinales; le fond de cette impression et toute la base un peu rugueux; le bord antérieur légèrement échancré; les angles antérieurs obtus, presque arrondis; les côtés rebordés tombant carrément sur la base et formant avec elle un angle droit; la base coupée presque carrément.

Élytres plus larges que le corselet, allongées, légèrement ovales, presque parallèles et presque planes; les stries peu marquées, assez fines, mais assez distinctes, légèrement ponctuées, et disposées à peu près comme celles du *Rupestre*; les intervalles planes; deux points enfoncés bien distincts sur le troisième, presque sur la troisième strie. Dessous du corps et cuisses d'un noir un peu verdâtre, avec les jambes et les tarses d'un noir obscur.

Il se trouve en Laponie.

54. B. Prasinum. *Megerle?*

Pl. 215. fig. 6.

Supra obscure viridi-æneum; thorace transverso, subquadrato, postice subangustato, utrinque foveolato, bi-

striato, angulis posticis rectis; elytris oblongis, striatis, punctisque duobus impressis; antennarum articulo primo femorumque basi rufo-testaceis.

SAHLBERG. *Disert. Entom. Ins. Fennica*.p,196. n° 15.
STURM. VI. p. 147. n° 26. T. 159. fig. b. B.
Elaphrus Prasinus? DUFTSCHMID. II. p. 201. n° 14.
Periphus Prasinus. DEJ. *Cat*. p. 17.
B. Olivaceum. GYLLENHAL. IV. p. 408 29. n°s 7-8.
VAR. *B. Kolströmii*. SAHLBERG. *Dissert. Entom. Ins. Fennica*. p. 196. n° 16.

Long. 2 $\frac{1}{3}$ lignes. Larg. $\frac{3}{4}$ ligne.

Très-voisin du *Pfeiffii* par la taille, la forme et la couleur.

Tête et corselet comme dans le *Pfeiffii;* premier article des antennes d'un rouge testacé en dessous.

Élytres à peu près comme celles du *Pfeiffii;* les stries assez fortement marquées et paraissant tout-à-fait lisses.

La base des cuisses ordinairement d'une couleur testacée un peu rougeâtre. Quelquefois les élytres sont d'un brun roussâtre, avec la suture noirâtre. C'est à cette variété que se rapporte le *Kolströmii* de Sahlberg.

Il se trouve en Laponie.

55. B. Felmanni.

Pl. 116. fig. 1.

Supra obscure viridi-æneum; thorace transverso; subquadrato, postice subangustato, utrinque foveolato, bistriato, angulis posticis rectis; elytris oblongo-ovatis, striatis, punctisque duobus impressis; antennis pedibusque nigris.

Dej. *Spec.* v. p. 130. n° 83.
Sahlberg. *Dissert. Entom. Ins. Fennica.* p. 197. n° 17.
Peryphus Felmanni. Mannerheim. Hummel. *Essais entomologiques.* 3. p. 45. n° 1.

Long. 1 $\frac{3}{4}$ ligne. Larg. $\frac{3}{4}$ ligne.

Très-voisin du *Pfeiffii*, mais beaucoup plus petit, proportionnellement moins allongé et plus bronzé en dessus.

Tête, antennes et corselet entièrement comme dans le *Pfeiffii*.

Élytres plus courtes, plus ovales et un peu moins planes, striées et ponctuées à peu près de la même manière; les stries paraissant tout-à-fait lisses.

Dessous du corps et pattes comme dans le *Pfeiffii*.

Il se trouve en Laponie.

56. B. Fasciolatum. *Megerle.*

Pl. 216. fig. 2.

Supra obscure viridi-æneum; thorace cordato, postice utrinque foveolato, obsolete bistriato, angulis rectis; elytris oblongis, subplanis, striato-punctatis, vitta lata submarginali rufo-brunnea obsoleta, punctisque duobus impressis; antennarum articulo primo tibiisque rufo-testaceis.

Dej. *Spec.* v. p. 131. n° 48.
Sturm. vi. p. 121. n° 8. t. 155. fig. d. D.
Elaphrus Fasciolatus. Duftschmid. ii. p. 210. n° 25.
Peryphus Fasciolatus. Dej. *Cat.* p. 17.
Var. *Peryphus Angusticollis.* Megerle.

Long. 2 $\frac{3}{4}$, 3 $\frac{1}{2}$ lignes. Larg. 1, 1 $\frac{1}{3}$ ligne.

Ordinairement plus grand que le *Decorum* et d'un vert-bronzé assez obscur en dessus.

Tête assez allongée, presque triangulaire; antennes d'un brun noirâtre, avec le premier article d'un rouge testacé.

Corselet plus large que la tête, moins long que large, légèrement arrondi antérieurement sur les côtés, rétréci postérieurement, cordiforme et presque plane; la ligne médiane fortement marquée; de chaque côté de la base une impression oblongue, assez grande, rugueuse et marquée de deux petites stries longitudinales; le bord antérieur légèrement échancré; les angles antérieurs obtus; les côtés assez fortement rebordés et un peu déprimés, tombant carrément sur la base, et formant avec elle un angle droit; la base coupée un peu obliquement sur les côtés et presque carrément dans son milieu.

Élytres plus larges que le corselet, allongées, légèrement ovales, presque parallèles et presque planes, ayant une large bande longitudinale d'un brun roussâtre qui touche presque au bord extérieur, et qui s'étend ordinairement jusqu'à la troisième strie; cette bande est quelquefois très-apparente, et souvent à peine distincte ou presque effacée; les stries assez fortement ponctuées, surtout vers la base, presque lisses vers l'extrémité, disposées comme dans le *Rupestre;* les intervalles planes; deux points enfoncés bien distincts sur le troisième.

Dessous du corps d'un noir brillant; cuisses d'un brun noirâtre, avec la base et l'extrémité un peu roussâtre; jambes d'un jaune testacé un peu roussâtre, avec les tarses d'un brun noirâtre.

Il est très-commun en Autriche; il se trouve aussi en Allemagne et en Suisse.

57. B. CÆRULEUM.

Pl. 216. fig. 3.

Supra cyaneum; thorace cordato, postice utrinque foveolato, obsolete bistriato, angulis posticis rectis; elytris oblongis, subplanis, striato-punctatis, punctisque duobus impressis; antennarum articulo primo, tibiis tarsisque obscure rufo-testaceis.

Dej. *Spec.* v. p. 133. n° 85.
Peryphus Cæruleus. Dej. *Cat.* p. 17.

Long. 2 ½, 3 ¼ lignes. Larg. 1, 1 ⅓ ligne.

Voisin du *Fasciolatum*, mais ordinairement un peu plus petit, et entièrement d'un bleu foncé quelquefois un peu verdâtre.

Tête et corselet à peu près comme dans le *Fasciolatum*.

Elytres à peu près de même forme, striées et ponctuées à peu près de la même manière; la septième strie et l'extrémité de la sixième ordinairement moins distinctes et presque entièrement effacées.

Dessous du corps d'un noir un peu verdâtre, cuisses de la même couleur, avec la base et l'extrémité un peu roussâtres; jambes et tarses d'un brun roussâtre.

Il se trouve communément dans le midi de la France, en Espagne et en Dalmatie; il habite aussi les environs de Paris.

58. Tibiale. *Megerle.*

Pl. 216. fig. 4.

Supra viridi-cyaneum; thorace cordato, postice utrinque

foveolato, obsolete bistriato, angulis posticis rectis; elytris oblongo-ovatis, striato-punctatis, punctisque duobus impressis; antennarum articulo primo tibiisque testaceis.

Dej. *Spec.* v. p. 134. n° 86.
Sturm. vi. p. 127. n° 21. t. 156. fig. c. C.
Elaphrus Tibialis. Duftschmid. ii. p. 209. n° 24.
Peryphus Tibialis. Dej. *Cat.* p. 17.
Var. *Periphus Gilvipes.* Parreyss.

Long 1 3/4, 2 3/4 lignes. Larg. 3/4 1 1/4 ligne.

Il ressemble un peu au *Cæruleum*, mais il est plus petit, proportionnément moins allongé, et sa couleur est en dessus d'un bleu verdâtre quelquefois un peu bronzé.

Tête et corselet à peu près comme dans le *Cæruleum*.

Élytres un peu moins allongées, plus ovales, moins parallèles, moins planes, légèrement convexes, striées et ponctuées à peu près de la même manière.

Dessous du corps d'un noir un peu verdâtre; cuisses d'un noir brunâtre, avec la base et l'extrémité un peu roussâtres; jambes d'un jaune testacé, avec l'extrémité et les tarses d'un brun noirâtre, quelquefois un peu roussâtre.

Il se trouve dans le midi et les parties orientales de la France, en Suisse, en Allemagne et en Autriche.

9. B. Decorum. *Zenker.*

Pl. 216. fig. 5.

Supra viridi-cyaneum; thorace cordato, postice utrinque foveolato, angulis posticis rectis; elytris oblongis, subparallelis, subplanis, striato-punctatis, punctisque duobus impressis; antennarum basi pedibusque rufo-testaceis.

Dej. *Spec.* v. p. 135. n° 87.
Sturm. vi. p. 122. n° 9.
Carabus Decorus. Panzer. *Fauna German.* 73. n° 4.
Elaphrus Decorus. Duftschmid. ii. p. 207. n° 21.
Peryphus Decorus. Dej. *Cat.* p. 17.

Long. 2 ½ lignes. Larg. 1 ligne.

A peu près de la taille du *Rupestre*, mais plus étroit, moins convexe, et entièrement en dessus d'un bleu un peu verdâtre.

Tête assez allongée, presque triangulaire; antennes d'un brun noirâtre, avec le premier article et la base des trois suivants d'un rouge testacé.

Corselet plus large que la tête, un peu moins long que large, arrondi antérieurement sur les côtés, rétréci postérieurement, assez fortement cordiforme, peu convexe et presque plane; la ligne médiane fortement marquée; de chaque côté de la base une impression oblongue assez fortement marquée, un peu rugueuse ainsi que toute la base, le bord antérieur très-légèrement échancré; les angles antérieurs obtus, presque arrondis; les côtés légèrement rebordés, tombant carrément sur la base, et formant avec elle un angle droit; la base coupée un peu obliquement sur les côtés et presque carrément dans son milieu.

Elytres plus larges que le corselet, assez allongées, très-légèrement ovales, presque parallèles et presque planes; les stries disposées à peu près comme celles du *Rupestre*, assez fortement ponctuées surtout vers la base, et presque lisses vers l'extrémité; la septième peu distincte et presque effacée; les intervalles presque planes; deux points enfoncés bien distincts sur le troisième.

Dessous du corps d'un noir un peu bleuâtre, avec les pattes entièrement d'un rouge testacé.

Il se trouve communément en France, en Espagne, en Allemagne, en Autriche et en Dalmatie.

60. B. Siculum.

Pl. 216. fig. 6.

Supra cyaneum; thorace cordato, postice utrinque foveolato, angulis posticis rectis; elytris oblongis, tenue striato-punctatis, punctisque duobus impressis; antennarum basi pedibusque testaceis.

Dej. *Spec.* v. p. 136. n° 88.

Long. 2 $\frac{1}{2}$ lignes. Larg. 1 ligne.

Très-voisin du *Decorum*, mais d'un bleu un peu moins verdâtre; les trois premiers articles et la base du quatrième d'un jaune testacé.

Corselet un peu plus étroit et un peu plus convexe.

Elytres un peu plus ovales, moins parallèles, plus convexes, un peu plus étroites antérieurement et un peu plus élargies postérieurement; les stries disposées de la même manière, mais beaucoup moins marquées et moins fortement ponctuées; les deux points enfoncés du troisième intervalle placés à peu près de la même manière.

Pattes d'une couleur testacée un peu moins rougeâtre.

Il se trouve en Sicile.

61. B. Distinctum.

Pl. 217. fig. 1.

Supra viridi-cyaneum; thorace cordato, antice subrotundato, postice subcoarctato, utrinque obsolete foveolato, angulis posticis rectis; elytris oblongis, subplanis, striato-punctatis, punctisque duobus impressis: antennarum basi pedibusque rufo-testaceis.

Dej. *Spec.* v. p. 137. n° 58.
B. Æneum. Sturm. *Catal.* p. 99.

Long. 3 $\frac{1}{3}$ lignes. Larg. 1 $\frac{1}{3}$ ligne.

Très-voisin du *Decorum*, mais beaucoup plus grand.

Corselet plus large et plus arrondi sur les côtés antérieurement, plus brusquement rétréci postérieurement et plus convexe; la ligne médiane moins fortement marquée; le bord antérieur coupé presque carrément; les angles antérieurs presque arrondis; la base coupée plus obliquement sur les côtés.

Elytres un peu plus ovales et moins parallèles, striées et ponctuées à peu près de la même manière; les stries extérieures, et surtout la septième, un peu plus marquées.

Dessous du corps, pattes et antennes à peu près comme dans le *Decorum*.

Il se trouve en Suisse et dans les parties orientales de la France.

62. B. Perplexum.

Pl. 217. fig. 2.

Supra nigro-æneum; thorace angustato, subcordato, postice utrinque obsolete foveolato, angulis posticis rectis; elytris oblongis, subplanis, profunde striato-punctatis, punctisque duobus impressis; antennarum basi, tibiis tarsisque testaceis; femoribus rufo-piceis.

Dej. *Spec.* v. p. 138. n° 90.
Peryphus Angustatus. Dej. *Cat.* p. 17.

Long. 1 ¾ ligne. Larg. ⅝ ligne.

Beaucoup plus petit que le *Decorum* et d'un bronzé obscur presque noirâtre.

Tête assez allongée et presque triangulaire; antennes comme dans le *Decorum*.

Corselet un peu plus large que la tête, assez étroit, presque aussi long que large, très-légèrement arrondi antérieurement sur les côtés, peu rétréci postérieurement, légèrement cordiforme et assez convexe; la ligne médiane très-fortement marquée dans son milieu; de chaque côté de la base une petite impression presque arrondie et peu apparente, fortement rugueuse ainsi que toute la base; le bord antérieur très-légèrement échancré et coupé presque carrément; les angles antérieurs obtus et presque arrondis; les côtés rebordés tombant carrément sur la base et formant avec elle un angle droit; la base coupée presque carrément.

Elytres plus larges que le corselet, assez allongées, légèrement ovales, presque parallèles et presque planes; les stries assez marquées, très-fortement ponctuées surtout vers la base, presque lisses vers l'extrémité, disposées à peu près comme dans le *Decorum*; la septième presque entièrement effacée; les intervalles un peu relevés; les deux points enfoncés du troisième un peu moins marqués que dans le *Decorum*.

Dessous du corps noir; cuisses d'un brun roussâtre, avec les jambes et les tarses d'une couleur testacée un peu rougeâtre.

Il se trouve en Styrie.

63. B. Fuscicorne.

Pl. 217. fig. 3.

Supra viridi-cyaneum; thorace cordato, postice utrinque foveolato, angulis posticis rectis; elytris oblongo-ovatis, striato-punctatis, punctisque duobus impressis; antennarum basi pedibusque pallide testaceis.

Dej. *Spec.* v. p. 139. n° 91.
Peryphus Fuscicornis. Dej. *Cat.* p. 17.

Long. 2 $\frac{1}{4}$ lignes. Larg. 1 ligne.

A peu près de la taille du *Tibiale*, et d'un bleu un peu verdâtre en dessus.

Tête assez grande, assez allongée, presque triangulaire; antennes d'un brun noirâtre, avec les deux premiers articles et la base du troisième d'un jaune testacé.

Corselet un peu plus large que la tête, presque aussi long que large, arrondi antérieurement sur les côtés, rétréci postérieurement, cordiforme et un peu convexe; la ligne médiane assez marquée dans son milieu; de chaque côté de la base une impression un peu oblongue, assez grande et assez profonde, un peu rugueuse ainsi que toute la base; le bord antérieur légèrement échancré; les angles antérieurs obtus; les côtés assez largement rebordés et un peu déprimés, tombant carrément sur la base et formant avec elle un angle droit; la base coupée presque carrément.

Elytres plus larges que le corselet, en ovale assez allongé; les stries un peu moins marquées, un peu moins fortement ponctuées que celles du *Decorum*, disposées de même ainsi que les deux points du troisième intervalle.

Dessous du corps d'un noir un peu brunâtre, avec les pattes d'un jaune testacé très-pâle.

Il se trouve en Styrie.

64. B. Brunnicorne.

Pl. 117. fig. 4.

Supra viridi-æneum; thorace subtransverso, cordato; antice subrotundato, postice subcoarctato, utrinque foveolato, angulis posticis rectis; elytris oblongo-ovatis, striato-punctatis, punctisque duobus impressis; antennarum basi pedibusque pallide testaceis.

Dej. *Spec.* v. p. 141. n° 92.
Peryphus Brunnicornis. Dej. *Cat.* p. 17.
Var. *Peryphus Incertus.* Dej. *Cat.* p. 17.

Long. 2 lignes. Larg. $\frac{3}{4}$ ligne.

Très-voisin du *Rufipes*, dont il n'est peut-être qu'une variété plus petite, plus verte et plus bronzée.

Antennes d'un brun un peu roussâtre, avec le premier article d'un jaune testacé plus pâle.

Pattes entièrement d'un jaune testacé très-pâle.

Il se trouve communément en Dalmatie.

65. B. Rufipes.

Pl. 217. fig. 5.

Supra viridi-cyaneum; thorace subtransverso, cordato, antice subrotundato, postice subcoarctato, utrinque foveolato, angulis posticis rectis; elytris oblongo-ovatis, striato-punctatis, punctisque duobus impressis; antennarum basi pedibusque rufo-testaceis; femoribus basi piceis.

Dej. *Spec.* v. p. 141. n° 93.
Gyllenhal. ii. p. 18. n° 6. et iv. p. 404. n° 6.
Elaphrus Rufipes. Illiger. *Mag.* 1. p. 63. n° 7-8.
Carabus Rufipes. Sch. *Syn. Ins.* 1. p. 223. n° 303.
Peryphus Rufipes. Dej. *Cat.* p. 17.
B. Brunnipes. Sturm. vi. p. 128. n° 13. t. 156. fig. d. D.
Var. A. *Peryphus Dalmatinus.* Dej. *Cat.* p. 17.
Var. B. *Peryphus Violaceus.* Dej. *Cat.* p. 17.

Long. 2, 2 ½ lignes. Larg. ¾, 1 ligne.

Ordinairement un peu plus petit que le *Decorum*, proportionnellement plus large et moins allongé, et d'une couleur plus ou moins verdâtre, quelquefois bronzée ou violette.

Tête assez grande, presque triangulaire; antennes d'un brun noirâtre, avec le premier article et la base des trois suivants d'un jaune-testacé un peu rougeâtre.

Corselet plus large que la tête, moins long que large, assez court, presque transversal, très-arrondi antérieurement sur les côtés, rétréci brusquement postérieurement, assez fortement cordiforme et assez convexe; la ligne médiane assez marquée dans son milieu; de chaque côté de la base une impression assez grande, arrondie et assez profonde, rugueuse ainsi que toute la base; le bord antérieur un peu échancré; les angles antérieurs obtus et presque arrondis; les côtés assez fortement rebordés, tombant carrément sur la base et formant avec elle un angle droit à sommet aigu; la base coupée presque carrément.

Elytres plus larges que le corselet, en ovale allongé et peu convexes; les stries assez fortement marquées et fortement ponctuées, surtout vers la base, très-peu marquées et presque lisses vers l'extrémité, disposées comme dans le *Decorum;* les intervalles presque planes; deux points enfoncés assez distincts sur le troisième.

Dessous du corps noir; pattes d'un jaune-testacé un peu rougeâtre, avec la base des cuisses d'un brun noirâtre.

Il se trouve communément dans le midi de la France, en Illyrie, en Dalmatie et dans la Russie méridionale; il est plus rare dans le nord de l'Europe.

66. B. Alpinum.

Pl. 217. fig. 6.

Supra viridi-æneum; thorace subtransverso, cordato, antice subrotundato, postice subcoarctato, utrinque foveolato, angulis posticis rectis; elytris oblongo-ovatis, striato-punctatis, punctisque duobus impressis; antennarum basi pedibusque rufo-testaceis; femoribus basi piceis.

Dej. *Spec.* v. p. 143. n° 94.
Periphus Alpinus. Dej. *Cat.* 17.

Long. 2 $\frac{1}{4}$ lignes. Larg. $\frac{3}{4}$ ligne.

Très-voisin du *Rufipes*, dont il n'est peut-être qu'une variété plus petite, plus verte et plus bronzée.

Tête et corselet à peu près de même.

Elytres un peu plus courtes; les stries moins marquées, moins fortement ponctuées et moins distinctes vers l'extrémité.

Dessous du corps et pattes à peu près comme dans les *Rufipes*.

Il se trouve en Styrie et en Croatie.

67. B. Sahlbergii.

Pl. 218. fig. 1.

Supra nigro-æneum; thorace subtransverso, cordato, antice subrotundato, postice subcoarctato, utrinque foveolato, angulis posticis rectis; elytris oblongo-ovatis, striato-punctatis, punctisque duobus impressis; antennarum basi pedibusque rufo-brunneis; femoribus basi piceis.

Dej. *Spec.* v. p. 144. n° 95.
B. Brunnipes. Sahlberg. *Dissert. entom. Ins. Fennica.* p. 191. n° 5.

Long. 2 lignes. Larg. ¾ ligne.

Très-voisin du *Rufipes*, mais plus petit et d'un noir un peu bronzé.

Tête et corselet comme dans le *Rufipes*; premier article des antennes et base des trois suivants d'un rouge-testacé un peu brunâtre.

Elytres un peu plus courtes; les stries moins marquées, moins fortement ponctuées et beaucoup moins distinctes vers l'extrémité.

Pattes d'un rouge-testacé obscur et un peu brunâtre, avec la base des cuisses d'un brun noirâtre.

Il se trouve en Finlande.

68. B. Brunnipes. *Megerle.*

Pl. 118. fig. 2.

Supra viridi-cyaneum; thorace oblongo, cordato, postice punctato, utrinque obsolete foveolato, angulis posticis rectis; elytris oblongis, striato-punctatis, punctisque duobus impressis; antennarum basi pedibusque testaceis.

Dej. *Spec.* v. p. 144. n° 96.
Peryphus Brunnipes. Dej. *Cat.* p. 17.
B. Erythrocnemum. Parreyss. Sturm. *Catal.* p. 100.

Long. 2 $\frac{1}{2}$, 2 $\frac{3}{4}$ lignes. Larg. 1, 1 $\frac{1}{4}$ ligne.

A peu près de la taille du *Decorum*, et d'un bleu plus ou moins verdâtre en dessus, quelquefois un peu bronzé.

Tête assez allongée, presque triangulaire; antennes d'un brun obscur, avec les deux premiers articles et la base des deux suivants d'une couleur testacée un peu rougeâtre.

Corselet un peu plus large que la tête, aussi long que large, arrondi antérieurement sur les côtés, rétréci postérieurement, cordiforme et assez convexe; la ligne médiane assez fortement marquée: de chaque côté de la base une petite impression oblongue peu apparente; toute la base couverte de gros points enfoncés, assez fortement marqués; le bord antérieur très-légèrement échancré et coupé presque carrément; les angles antérieurs arrondis; les côtés légèrement rebordés, tombant carrément sur la base et formant avec elle un angle droit; la base coupée carrément.

Elytres plus larges que le corselet, en ovale très-allongé et légèrement convexes; les stries assez fortement marquées, fortement ponctuées surtout vers la base, presque entièrement effacées vers l'extrémité; les intervalles presque planes; deux points enfoncés sur le troisième se confondant avec ceux des stries.

Dessous du corps d'un noir un peu brunâtre, avec les pattes d'un jaune testacé.

Il se trouve en Autriche, en Allemagne, en Suisse, dans le midi de la France et en Sicile.

69. B. Stomoides.

Pl. 218. fig. 3.

Supra viridi-æneum; thorace oblongo, cordato, postice punctato, utrinque obsolete foveolato, angulis posticis rectis; elytris oblongo-ovatis, convexis, striato-punctatis, punctisque duobus impressis; antennis rufo-testaceis; pedibus pallide flavo-testaceis.

Dej. *Spec.* v. p. 146. n° 97.
Peryphus Stomoides. Dej. *Cat.* p. 17.
B. Oblongum. Sturm.

Long. 2 $\frac{1}{2}$ lignes. Larg. 1 ligne.

Très-voisin du *Brunnipes*, à peu près de même forme, mais d'une couleur un peu moins bleue et plus bronzée.

Antennes entièrement d'une couleur testacée.

Corselet un peu plus large et un peu plus arrondi sur les côtés antérieurement.

Elytres un peu moins allongées, plus ovales et un peu plus convexes, striées et ponctuées à peu près de la même manière.

Pattes d'une couleur testacée plus pâle.

Il se trouve en Styrie et dans les Pyrénées orientales.

70. Crenatum.

Pl. 218. fig. 4.

Supra viridi-æneum; thorace oblongo, subcordato, antice posticeque punctato, postice utrinque obsolete foveolato, angulis posticis rectis; elytris oblongis, profunde striato-punctatis; punctisque duobus impressis; antennis pedibusque testaceis.

Dej. *Spec.* v. p. 141. n° 78.
Periphus Crenatus. Dej. *Cat.* p. 17.

Long. 1 $\frac{2}{3}$ ligne. Larg. $\frac{2}{3}$ ligne.

Voisin du *Brunnipes*, mais beaucoup plus petit et d'une couleur moins bleue, plus verte et plus bronzée.

Antennes entièrement d'une couleur testacée un peu rougeâtre.

Corselet un peu plus étroit et moins arrondi sur les côtés antérieurement; le bord antérieur presque aussi fortement ponctué que la base.

Élytres à peu près de la même forme; les stries disposées de la même manière, mais plus fortement ponctuées.

Dessous du corps et pattes à peu près comme dans le *Brunnipes*

Il se trouve en Autriche et en Allemagne.

71. B. Dahlii.

Pl. 218. fig. 5.

Capite thoraceque nigro-piceis; thorace oblongo, cordato, antice posticeque punctato, postice utrinque obsolete foveolato, angulis posticis rectis; elytris oblongis, piceis, striato-punctatis, punctisque duobus impressis; macula postica antennisque rufis; pedibus pallide testaceis.

Dej. *Spec.* v. p. 148. n° 99.
Periphus Bipunctatus. Dahl.

Long. 2 $\frac{1}{2}$ lignes. Larg. 1 ligne.

Plus petit que le *Brunnipes*, proportionnellement un

peu plus allongé, et d'un brun noirâtre sur la tête et le corselet, avec les élytres d'un brun roussâtre.

Tête un peu plus étroite que celle du *Brunnipes ;* antennes entièrement d'une couleur testacée un peu rougeâtre.

Corselet un peu plus étroit ; le bord antérieur couvert de points enfoncés aussi marqués que ceux de la base.

Élytres un peu plus étroites, ayant vers le bord extérieur, à peu près aux deux tiers de leur longueur, une tache arrondie assez grande, d'une couleur testacée un peu roussâtre ; les stries disposées à peu près de la même manière ; deux points enfoncés sur le troisième intervalle, petits et peu distincts.

Dessous du corps d'un brun un peu roussâtre, avec les pattes d'une couleur testacée assez pâle.

Il se trouve en Suède.

72. B. Elongatum.

Pl. 218. fig. 6.

Supra obcure viridi-æneum ; thorace oblongo, subcordato, antice posticeque punctato, postice utrinque obsolete foveolato, angulis posticis rectis ; elytris oblongis, profunde striato-punctatis, macula obsoleta postica testacea, punctisque duobus impressis ; antennarum basi pedibusque pallide testaceis.

Dej. *Spec.* v. p. 148. 100.

Peryphus Elongatus. Dej. *Cat.* p. 17.

Long. 2 lignes. Larg. ¾ ligne.

Beaucoup plus petit que le *Brunnipes*, proportionnellement plus allongé, et d'un vert-bronzé obscur en dessus, quelquefois un peu brunâtre sur les élytres.

Tête allongée, presque triangulaire; antennes d'un brun-noirâtre, avec le premier article et la base des deux suivants d'une couleur testacée assez pâle.

Corselet un peu plus large que la tête, aussi long que large, légèrement arrondi par les côtés antérieurement, peu rétréci postérieurement, presque cordiforme et assez convexe; la ligne médiane assez marquée; de chaque côté de la base une petite impression oblongue très-peu marquée; toute la base et le bord antérieur couverts de points enfoncés assez gros et assez fortement marqués; le bord antérieur très-légèrement échancré et coupé presque carrément; les angles antérieurs presque arrondis; les côtés légèrement rebordés, tombant carrément sur la base, et formant avec elle un angle droit.

Élytres plus larges que le corselet, en ovale très-allongé et légèrement convexes, ayant près du bord extérieur, à peu près aux deux tiers de la longueur, une tache assez grande, presque transversale, d'un jaune testacé un peu brunâtre, souvent peu distincte, ou fondue avec la couleur des élytres; les stries assez marquées, très-fortement ponctuées, surtout vers la base, presque effacées près de l'extrémité, disposées à peu près comme dans le *Brunnipes*; les deux points du troisième intervalle peu distincts, se confondant presque avec ceux des stries ; la partie postérieure des élytres ordinairement un peu brunâtre.

Dessous du corps d'un brun noirâtre, avec les pattes d'un jaune-testacé assez pâle.

Il se trouve communément en Espagne, dans le midi et les parties orientales de la France ; il habite aussi la Styrie et la Dalmatie.

HUITIÈME DIVISION.

75. B. Chalcopterum. *Ziegler.*

Pl. 219. fig. 1.

Supra virescente-æneum; thorace subcordato, postice utrinque foveolato, angulis posticis rectis ; elytris oblongis, subtilissime striato-punctatis, punctisque duobus impressis ; femoribus tarsisque piceis, æneo-micantibus ; tibiis rufo-testaceis.

Dej. *Spec.* v. p. 154. n. 104.
Leja Chalcoptera. Dej. *Cat.* p. 17.

Long. 1 $\frac{1}{2}$, 2 lignes. Larg. $\frac{2}{3}$, $\frac{3}{4}$ ligne.

Assez voisin du *Celere*, mais ordinairement un peu plus grand, proportionnellement plus allongé, et d'un bronzé plus mat et un peu verdâtre.

Tête plus allongée ; antennes entièrement d'un brun noirâtre.

Corselet moins arrondi antérieurement, moins rétréci postérieurement et un peu moins convexe.

Élytres un peu plus allongées; les stries disposées à peu près de la même manière, moins marquées, très-finement ponctuées et moins complétement effacées vers l'extrémité; deux points enfoncés sur le troisième intervalle.

Dessous du corps d'un noir un peu verdâtre; cuisses et tarses d'un brun-obscur légèrement bronzé, avec les jambes d'une couleur testacée un peu roussâtre.

Il se trouve dans les parties orientales de la France, en Autriche et en Volhynie.

74. B. Ambiguum.

Pl. 219. fig. 2.

Supra æneum; thorace transverso, subquadrato, postice subangustato, utrinque foveolato, obsolete bistriato, angulis posticis rectis; elytris oblongis, striato-punctatis punctisque duobus impressis; antennarum basi tibiisque testaceis; femoribus tarsisque obscurioribus.

Dej. *Spec.* v. p. 155. n. 105.

Long. 1 $\frac{2}{3}$ ligne. Larg. $\frac{2}{3}$ ligne.

Un peu plus allongé que le *Celere*, et d'un bronzé assez brillant.

Tête un peu plus allongée; les trois premiers articles des antennes d'une couleur testacée assez claire.

Corselet plus large que la tête, moins long que large, assez court, transversal, presque carré, légèrement arrondi antérieurement sur les côtés, un peu rétréci postérieurement et peu convexe; la ligne médiane fine et peu marquée; de chaque côté de la base une impression presque arrondie, assez grande et assez distincte, marquée de deux stries longitudinales peu distinctes; le bord antérieur très-légèrement échancré; les angles antérieurs obtus et presque arrondis; les côtés assez fortement rebordés, tombant carrément sur la base et formant avec elle un angle droit; la base coupée carrément.

Élytres un peu plus allongées que celles du *Celere*, striées et ponctuées à peu près de la même manière; mais les stries sont un peu moins fortement ponctuées et moins complétement effacées vers l'extrémité.

Dessous du corps d'un noir un peu verdâtre; pattes d'une couleur testacée un peu roussâtre, avec les cuisses et les tarses un peu plus obscurs.

Il se trouve en Espagne.

75. B. Nigricorne.

Pl. 219. fig. 3.

Supra æneum; thorace transverso, subcordato, postice utrinque foveolato, angulis posticis subrectis; elytris oblongo-ovatis, striato-punctatis, striis apice obsoletis, punctisque duobus impressis; antennis totis nigris; pedibus piceis.

Dej. *Spec.* v. p. 156. n. 106.
Gyllenhal. iv. p. 402. n. 5-6.
Sahlberg. *Dissert. entom. ins. Fennica.* p. 192. n. 7.

Long. 1 ½ ligne. Larg. ⅔ ligne.

Très-voisin du *Celere* par la forme, la grandeur et la couleur.

Antennes entièrement d'un noir un peu brunâtre.

Corselet un peu plus court, presque transversal, moins arrondi antérieurement sur les côtés et moins rétréci postérieurement; les côtés tombant moins carrément sur la base et formant avec elle un angle moins droit et presque obtus.

Les stries des élytres un peu moins fortement ponctuées et les deux points du troisième intervalle un peu moins marqués.

Pattes entièrement d'un brun-roussâtre assez obscur.

Il se trouve en Suède et en Laponie.

76. B. Celere.

Pl. 219. fig. 4.

Supra aeneum; thorace cordato, antice rotundato, postice coarctato, utrinque foveolato, angulis posticis rectis; ely-

tris oblongo-ovatis, profunde striato-punctatis, striis apice obsoletis, punctisque duobus impressis; antennis basi obscure testaceis; pedibus rufo-testaceis; femoribus tarsisque plerumque obscurioribus, æneo-micantibus.

DEJ. *Spec.* v. p. 157. n. 107.
GYLLENHAL. II. p. 17. n° 5. et IV. p. 402. n° 5.
STURM. VI. p. 140. n° 22.
SAHLBERG. *Dissert. entom. Ins. Fennica.* p. 192. n° 6.
Carabus Celer. FABR. *Sys. El.* I. p. 210. n° 217.
SCH. *Syn. Ins.* I. p. 223. n° 301.
Elaphrus Pygmæus. DUFTSCHMID. II. p. 221. n° 50.
Leja Pygmæa. DEJ. *Cat.* p. 17.
Carabus Rufipes. OLIV. III. 35. p. 112. n° 158. T. 14. fig. 164. a. b.
Elaphrus Properans. ILLIGER.

Long. 1 1/4, 1 2/3 ligne. Larg. 2/3, 3/4 ligne.

Un peu plus petit que l'*Ustulatum* et d'un bronzé plus ou moins brillant, plus ou moins obscur, et quelquefois presque noirâtre en dessus.

Tête peu allongée, presque triangulaire; antennes d'un brun noirâtre, avec les premiers articles roussâtres au moins en dessous.

Corselet un peu plus large que la tête, moins long que large, très-arrondi sur les côtés antérieurement, très-rétréci brusquement près de la base, fortement cordiforme et assez convexe; la ligne médiane assez fine et peu marquée; de chaque côté de la base une impression arrondie assez profonde, et au milieu quelques points enfoncés plus ou moins marqués; le bord antérieur coupé presque carrément; les angles antérieurs obtus et presque arrondis; les côtés assez fortement rebordés tombant carrément sur la base et formant avec elle un angle droit; la base coupée presque carrément.

Élytres un peu plus larges que le corselet, en ovale allongé et légèrement convexes; les stries assez marquées, ordinairement fortement ponctuées, mais quelquefois assez légèrement; toutes les stries effacées vers l'extrémité, excepté la première et la huitième; les intervalles planes; deux points enfoncés assez marqués sur la troisième.

Dessous du corps d'un noir assez brillant, quelquefois un peu bleuâtre; pattes d'une couleur testacée plus ou moins rougeâtre, avec les cuisses et les tarses plus obscurs.

Il se trouve communément sous les pierres dans presque toute l'Europe et la Sibérie.

77. B. Pyrenæum.

Pl. 219. fig. 5.

Supra nigro-æneum; thorace cordato, postice obsolete punctato, utrinque foveolato, angulis posticis rectis; elytris oblongo-ovatis, tenue striato-punctatis, striis apice obsoletis, punctisque duobus impressis; antennis pedibusque nigris.

Dej. *Spec.* v. p. 159. n° 108.

Long. 1 $\frac{1}{2}$ ligne. Larg. $\frac{1}{3}$ ligne.

Ordinairement plus petit que le *Celere* et d'un bronzé plus obscur, souvent presque noir.

Corselet moins large et moins arrondi antérieurement, moins brusquement rétréci postérieurement, moins convexe, presque plane; la ligne médiane un peu plus marquée; toute la base couverte de petits points enfoncés peu distincts; le bord antérieur coupé moins carrément et légèrement échancré.

Élytres moins convexes et presque planes, striées et ponctuées à peu près de la même manière; les stries moins marquées et très-légèrement ponctuées.

Dessous du corps d'un noir un peu bleuâtre; antennes et pattes entièrement noires.

Il se trouve assez communément dans les Pyrénées orientales.

78. B. Sturmii.

Pl. 219. fig. 6.

Capite thoraceque nigro-subæneis; thorace cordato, postice utrinque foveolato, angulis posticis rectis; elytris oblongo-ovatis, nigro-piceis, striato-punctatis, punctisque duobus impressis; maculis lineolisque numerosis, antennarum basi pedibusque pallide testaceis.

Dej. *Spec.* v. p. 160. n° 110.

Sturm. vi. p. 174. n° 43.
Carabus Sturmii. Panzer. *Fauna German.* 89. n° 9.
Sch. *Syn. Ins.* i. p. 224. n° 308.
Leja Sturmii. Dej. *Cat.* p. 17.
Carabus Lineolatus. Creutzer.

Long. 1 $\frac{1}{4}$ ligne. Larg. $\frac{1}{2}$ ligne.

Plus petit que le *Celera*.

Tête d'un noir assez brillant et légèrement bronzé, triangulaire, assez grande; antennes d'un brun noirâtre, avec le premier article et la base des deux suivants d'un jaune-testacé assez pâle et un peu roussâtre.

Corselet de la couleur de la tête, un peu plus large qu'elle, moins long que large, arrondi antérieurement sur les côtés, rétréci postérieurement, cordiforme et légèrement convexe; la ligne médiane fine et peu marquée; de chaque côté de la base une petite impression oblongue, assez marquée; le bord antérieur légèrement échancré; les angles antérieurs obtus et presque arrondis; les côtés assez fortement rebordés, tombant carrément sur la base et formant avec elle un angle droit; la base coupée presque carrément.

Élytres d'un noir un peu brunâtre, plus larges que le corselet, en ovale allongé et légèrement convexes, offrant à leur partie antérieure plusieurs lignes ou taches longitudinales d'un jaune-testacé assez pâle; une tache assez grande, presque arrondie, de la même couleur, près du bord extérieur, à peu près aux trois quarts des élytres, et une autre tout-à-fait à l'extrémité; ces taches plus ou moins marquées et quelquefois confondues avec la couleur des élytres; les stries bien marquées et assez fortement ponctuées; leur extrémité moins distincte et presque effacée; les intervalles planes; deux points enfoncés distincts sur le troisième.

Dessous du corps noir, avec les pattes entièrement d'un jaune-testacé assez pâle.

Il se trouve assez communément au bord des eaux, en France, en Espagne, en Allemagne, en Autriche, en Dalmatie et dans les provinces méridionales de la Russie.

79. B. Maculatum.

Pl. 220, fig. 1.

Nigrum; thorace cordato, postice utrinque foveolato, angulis posticis rectis; elytris oblongo-ovatis, striato-punctatis, punctisque duobus impressis, maculis numerosis pallide testaceis.

Dej. *Spec.* v. p. 162. n. 111.
Leja Maculata. Dej. *Cat.* p. 17.

Long. 1 ¼ ligne. Larg. ½ ligne.

Voisin du *Sturmii*, mais ordinairement un peu plus grand, proportionnellement un peu plus large, et d'un noir un peu plus brillant, mais nullement bronzé.

Tête un peu plus large ; antennes entièrement noirâtres.

Corselet un peu plus large.

Élytres plus noires, mais moins brillantes que la tête et le corselet, un peu plus larges et moins allongées ; les taches antérieures un peu plus grandes et souvent réunies ; la tache située aux trois quarts des élytres également plus grande ; celle de l'extrémité au contraire moins marquée et presque effacée.

Dessous du corps et pattes noirs.

Il se trouve assez communément en Espagne, dans le midi de la France et en Dalmatie.

80. B. Rivulare.

Pl. 220. fig. 2.

Capite thoraceque nigro-æneis; thorace cordato, antice subrotundato, postice subcoarctato, utrinque foveolato, angulis posticis rectis; elytris oblongis, fusco-æneis, profunde striato-punctatis, punctisque duobus impressis; antennarum basi pedibusque rufo-piceis.

Dej. *Spec.* v. p. 163. n. 112.
Sturm. *Catal.* p. 100.
Leja Unicolor. Ziegler.

Long. 1 [illegible] ligne. Larg. [illegible] ligne.

Un peu plus grand que le *Pusillum*.

Tête et corselet d'un bronzé obscur, souvent presque noirâtre.

Tête presque triangulaire; antennes noirâtres, avec le premier article et la base des deux suivants d'un brun roussâtre.

Corselet un peu plus large que la tête, presque aussi long que large, assez fortement arrondi antérieurement sur les côtés, très-rétréci postérieurement, fortement cordiforme et assez convexe; la ligne médiane fine et peu marquée; de chaque côté de la base une petite impression oblongue, assez profonde, légèrement rugueuse ainsi que le milieu de la base; le bord antérieur très-légèrement échancré; les angles antérieurs obtus et presque arrondis; les côtés assez fortement rebordés, se redressant près de la base et formant avec elle un angle droit; la base coupée carrément.

Élytres d'un brun plus ou moins obscur, quelquefois presque roussâtres, quelquefois presque jaunâtres, et brillantées d'un reflet bronzé beaucoup plus apparent et plus foncé au milieu que sur les bords; plus larges que le corselet, assez allongées, légèrement ovales et peu convexes; les stries comme dans le *Pusillum*, mais plus marquées et plus fortement ponctuées.

Dessous du corps noir, avec les pattes d'un brun obscur un peu roussâtre.

Il se trouve communément dans le midi de la France.

81. B. NORMANNUM.

Pl. 220. fig. 3.

Supra obscure viridi-æneum; thorace cordato, postice utrinque foveolato, angulis posticis rectis; elytris oblongis, profunde striato-punctatis, punctisque duobus impressis, apice rufo-piceis; antennarum basi pedibusque rufis.

DEJ. *Spec.* v. p. 164. n° 113.
Læja Normanna. DEJ. *Cat.* p. 17.

Long. 1 $\frac{1}{3}$ ligne. Larg. $\frac{1}{2}$ ligne.

Un peu plus grand que le *Pusillum*, proportionnellement plus allongé et d'un vert-bronzé assez obscur.

Tête à peu près comme celle du *Pusillum*; antennes d'un brun noirâtre, avec le premier article et la base des deux suivants d'un rouge testacé.

Corselet un peu plus étroit et moins arrondi antérieurement.

Élytres un peu moins ovales et plus allongées; leur partie postérieure d'un brun un peu roussâtre; les stries disposées à peu près de la même manière, mais plus marquées, très-fortement ponctuées et plus effacées vers l'extrémité.

Dessous du corps noir, avec les pattes entièrement d'un rouge testacé.

Il se trouve en France, principalement dans les parties méridionales.

82. B. Pusillum.

Pl. 220. fig. 4.

Supra nigro-subæneum; thorace cordato, postice utrinque foveolato, angulis posticis rectis; elytris oblongo-ovatis, striato-punctatis, punctisque duobus impressis, macula postica rufo-testacea sæpe obsoleta; antennarum basi pedibusque piceis.

Dej. *Spec.* v. p. 165. n° 114.
Gyllenhal. iv. p. 403. n° 56.
Sahlberg. *Dissert. ent. ins. Fennica.* p. 193. n° 9.
B. Atratum. Sturm. *Catal.* p. 100.
Leja Minuta. Dej. *Cat.* p. 17.
Var. *Leja Doris.* Dej. *Cat.* p. 17.

Long. 1 $\frac{1}{4}$ ligne. Larg. $\frac{1}{2}$ ligne.

Plus petit que le *Celere* et d'un noir assez brillant, quelquefois légèrement bronzé.

Tête presque triangulaire; antennes d'un brun noirâtre, avec les premiers articles plus ou moins roussâtres.

Corselet plus large que la tête, moins long que large, arrondi antérieurement sur les côtés, rétréci postérieurement, fortement cordiforme et légèrement convexe; la ligne médiane fine et peu marquée; de chaque côté de la base une petite impression oblongue assez marquée, qui forme presque une côte élevée près de l'angle postérieur; le bord antérieur très-légèrement échancré et coupé presque carrément; les angles antérieurs obtus et presque arrondis; les côtés assez fortement rebordés, se redressant près de la base et formant avec elle un angle droit; la base coupée carrément.

Élytres plus larges que le corselet, en ovale allongé et légèrement convexes, ayant chacune vers le bord extérieur, à peu près aux trois quarts de leur longueur, une tache arrondie assez grande, d'un jaune-testacé, quelquefois très-distincte et quelquefois complétement effacée; les stries assez marquées, bien distinctement ponctuées, et presque entièrement effacées vers l'extrémité; les intervalles planes; deux petits points enfoncés assez distincts sur le troisième.

Dessous du corps noir, avec les pattes d'un brun noirâtre.

Il se trouve assez communément au bord des eaux, dans presque toute l'Europe.

Les individus que l'on trouve dans les parties méridionales ont ordinairement la tache des élytres bien distincte, et sont d'une couleur plus ou moins bronzée; ceux que l'on prend en Suède et dans le nord de l'Europe sont tout-à-fait noirs, et la tache des élytres est presque entièrement effacée.

83. B. Kollari.

Pl. 220. fig. 5.

Nigrum; thorace cordato, postice utrinque foveolato, angulis posticis rectis; elytris oblongo-ovatis, striato-punctatis, punctisque duobus impressis; antennarum basi, pedibusque rufo testaceis.

Dej. *Spec.* v. p 167. n° 115.
B. Gilvipes. Kollar. Sturm. *Catal.* p. 100.

Long. 1 ¼ ligne. Larg. ½ ligne.

Très-voisin du *Pusillum*, dont il n'est peut-être qu'une variété; entièrement noir en dessus.

La tache des élytres entièrement effacée.

Les deux premiers articles des antennes et la base du troisième d'une couleur testacée un peu rougeâtre ainsi que les pattes.

Il se trouve dans la Buchovine.

84. B. Mannerheimii.

Pl. 220. fig. 6.

Supra nigro-subæneum; thorace breviore, subcordato, pos

tice utrinque foveolato, angulis posticis rectis; elytris oblongo-ovatis, profunde striato-punctatis, striis posticè obsoletis, punctisque duobus impressis; antennarum basi pedibusque rufo-testaceis.

Dej. *Spec.* v. p. 167. n° 116.
Sahlberg. *Dissert. entom. Ins. Fennica.* p. 201. n° 26.

Long. 1 ligne. Larg. $\frac{1}{3}$ ligne.

Un peu plus petit que le *Pusillum*, proportionnellement un peu moins allongé et d'un noir assez brillant en dessus, ordinairement un peu bronzé, surtout sur la tête et le corselet.

Tête comme celle du *Pusillum;* les deux premiers articles des antennes d'une couleur testacée un peu rougeâtre.

Corselet un peu plus court, moins arrondi antérieurement sur les côtés, moins rétréci postérieurement et moins cordiforme; la base un peu rugueuse; les angles postérieurs coupés carrément.

Élytres un peu moins allongées, un peu plus ovales et un peu plus convexes; les stries plus fortement marquées et plus fortement ponctuées; leur extrémité, surtout celle des extérieures, complétement effacée; les deux points du troisième intervalle peu distincts.

Dessous du corps noir, avec les pattes d'une couleur testacée rougeâtre.

Il se trouve communément en Finlande.

85. B. Pulchrum.

Pl 221. fig. 1.

Supra nigro-subæneum; thorace cordato, postice utrinque foveolato, angulis posticis rectis; elytris oblongo-ovatis, striato-punctatis, punctisque duobus impressis; macula humerali tibiisque testaceis.

Dej. *Spec.* v. p. 170. 118.
Gyllenhal. iv. p. 409. n°s 9-10.
B. Bellum. Sahlberg. *Dissert. Ent. Ins. Fennica.* p. 199. n° 21.

Long. 1 ¼ ligne. Larg. ½ ligne.

A peu près de la taille du *Pusillum*, et d'un noir assez brillant, très-légèrement bronzé en dessus.

Tête assez grande, presque triangulaire; antennes entièrement d'un brun noirâtre.

Corselet un peu plus large que la tête, moins long que large, très-arrondi sur les côtés antérieurement, rétréci brusquement postérieurement, fortement cordiforme et assez convexe; la ligne médiane fine et peu marquée; de chaque côté de la base une petite impression oblongue assez distincte; le milieu de la base couvert de points enfoncés peu apparents; le bord antérieur coupé presque carrément; les angles antérieurs arrondis; les côtés rebordés, tombant carrément sur la base et formant avec elle un angle droit ; la base coupée carrément.

Élytres plus larges que le corselet, en ovale allongé et légèrement convexes, ayant vers l'angle de la base une tache presque arrondie, d'un jaune testacé; les stries assez marquées, bien distinctement ponctuées, et presque effacées vers l'extrémité; les intervalles planes, deux petits points enfoncés à peine distincts sur le troisième.

Dessous du corps et cuisses noirs, jambes d'un jaune-testacé assez pâle, avec les tarses d'un brun obscur.

Il se trouve en Finlande.

86. B. Lepidum.

Pl. 221. fig. 2.

Supra nigro-cyaneum; thorace cordato, antice, postice medioque punctato, postice utrinque foveolato, angulis posticis rectis; elytris oblongo-ovatis, striato-punctatis, punctisque duobus impressis; postice, antennarum basi pedibusque rufo-testaceis.

Dej. *Spec.* v. p. 171. n° 119.

Long. 1 ligne. Larg. $\frac{1}{3}$ ligne.

Un peu plus petit que le *Pusillum*, et d'un noir bleuâtre en dessus, assez brillant sur la tête et le corselet, et plus terne sur les élytres.

Tête assez grande et presque triangulaire; antennes d'un brun noirâtre, avec les deux premiers articles et la base des deux suivants d'un rouge testacé.

Corselet à peine plus large que la tête y compris les yeux, presque aussi long que large, très-légèrement arrondi antérieurement sur les côtés, rétréci postérieurement, cordiforme et assez convexe; la ligne médiane fine et peu marquée; le bord antérieur et la base couverts de petits points enfoncés assez distincts; de chaque côté de la base une impression oblongue assez profonde, à fond rugueux; le bord antérieur très-légèrement échancré et coupé presque carrément; les angles antérieurs presque arrondis; les côtés assez fortement rebordés, tombant carrément sur la base et formant avec elle un angle droit; la base coupée carrément.

Élytres plus larges que le corselet, en ovale allongé et assez convexes; leur partie postérieure entièrement d'un rouge testacé; cette couleur remontant jusqu'à la moitié des élytres et se fondant insensiblement avec la base; les stries assez marquées, bien distinctement ponctuées, presque effacées vers l'extrémité; deux points enfoncés, peu distincts, sur le troisième intervalle.

Dessous du corps noir, avec les pattes entièrement d'un rouge testacé.

Il se trouve dans le midi de la France.

87. B. Doris.

Pl. 221. fig. 3.

Supra nigro-subcyanescens; thorace subcordato, postice utrinque bifoveolato, angulis posticis rectis; elytris oblongo-ovatis, striato-punctatis, punctisque duobus impressis; macula postica, antennarum basi pedibusque rufescentibus.

Dej. *Spec.* v. p. 172. n° 120.
Gyllenhal. ii. p. 24. n° 11. et iv. p. 410. n° 11.
Sturm. vi. p. 170. n° 41.
Sahlberg. *Dissert. Ent. Ins. Fennica.* p. 200. n° 23.
Elaphrus Doris. Illiger. *Kæfer Preus.* i. p. 232. n° 16.
Duftschmid. ii. p. 219. n° 37.
Carabus Doris. Sch. *Syn. Ins.* i. p. 224. n° 305.
Leja Terminata. Dej. *Cat.* p. 17.
Leja Angusticollis. Dej. *Cat.* p. 17.
Var. *Carabus Minutus.* Fabr. *Sys. El.* i. p. 210. n° 218.
Sch. *Syn. Ins.* i. p. 224. n° 304.
Elaphrus Minutus. Duftschmid. ii. p. 220. n° 38.

Long. 1 $\frac{1}{2}$ ligne. Larg. $\frac{2}{3}$ ligne.

Plus petit que le *Celere* et d'un noir assez brillant, quelquefois légèrement bleuâtre.

Tête assez grosse, presque triangulaire; antennes d'un brun noirâtre, avec le premier article et la base des deux suivants d'un rouge testacé.

Corselet à peine plus large que la tête y compris les yeux, un peu moins long que large, légèrement arrondi sur les côtés antérieurement, un peu rétréci postérieurement, légèrement cordiforme et peu convexe; la ligne médiane assez marquée; de chaque côté de la base, près de l'angle postérieur, une impression oblongue assez profonde, et une autre beaucoup plus petite et moins marquée de chaque côté de la ligne du milieu; le bord antérieur coupé presque carrément; les angles antérieurs obtus et presque arrondis; les côtés rebordés, tombant carrément sur la base, et formant avec elle un angle droit à sommet aigu; la base coupée carrément.

Élytres plus larges que le corselet, en ovale allongé et assez convexes, ayant chacune près du bord extérieur, à peu près aux trois quarts de leur longueur, une tache arrondie d'une couleur testacée, quelquefois très-apparente et quelquefois à peine distincte; la partie postérieure des élytres souvent de la même couleur; quelquefois même elles sont entièrement d'un brun un peu roussâtre; les stries peu marquées, distinctement ponctuées, presque effacées vers l'extrémité; deux points enfoncés assez distincts sur le troisième intervalle.

Dessous du corps noir, avec les pattes d'un rouge testacé.

Il se trouve en Suède, en Finlande, en Allemagne, en Autriche et en Volhinie.

88. B. Hypocrita.

Pl. 221. fig. 4.

Supra nigro-subæneum; thorace subquadrato, postice subangustato, obsolete punctato, utrinque foveolato, angulis posticis rectis; elytris oblongo-ovatis, striato-punctatis, punctisque duobus impressis; antennis basi rufo-testaceis; femoribus nigro-piceis; tibiis tarsisque pallide testaceis.

Dej. *Spec.* v. p. 174. n° 121.

Long. 1 $\frac{1}{2}$ ligne. Larg. $\frac{2}{3}$ ligne.

A peu près de la taille du *Doris*, et d'un noir assez brillant et un peu bronzé, surtout sur la tête et le corselet.

Tête assez grande, triangulaire; antennes d'un brun noirâtre, avec le premier article et la base des deux suivants d'un rouge testacé.

Corselet un peu plus large que la tête, moins long que large, presque carré, légèrement arrondi antérieurement sur les côtés, un peu rétréci postérieurement et peu convexe; la ligne médiane assez marquée; de chaque côté de la base une impression presque arrondie et assez profonde, couverte de petits points enfoncés; le bord antérieur légèrement échancré; les angles antérieurs obtus et presque arrondis; les côtés assez fortement rebordés, tombant carrément sur la base et formant avec elle un angle droit; la base coupée carrément.

Élytres plus larges que le corselet, en ovale allongé et peu convexes; les stries assez marquées, distinctement ponctuées, presque effacées vers l'extrémité; les intervalles planes; deux points enfoncés assez distincts sur le troisième.

Dessous du corps noir; cuisses d'un brun noirâtre, avec les jambes et les tarses d'un jaune-testacé assez pâle.

Il se trouve dans les Pyrénées-Orientales.

89. B. Schuppelii.

Pl. 221, fig. 5.

Supra nigro-cyaneum; thorace breviore, subcordato, postice utrinque foveolato, angulis posticis rectis; elytris oblongo-ovalis, striato-punctatis, punctisque duobus impressis; antennarum basi pedibusque rufo-piceis.

Dej. *Spec.* v. *Suppl.* p. 860. n° 136.

Long. 2 $\frac{1}{3}$ ligne. Larg. $\frac{1}{3}$ ligne.

Très-voisin de l'*Assimile*, mais un peu plus petit et d'un noir un peu bleuâtre en dessus.

Tête à peu près comme celle de l'*Assimile*; le premier

article des antennes et la base des trois suivants d'une couleur rougeâtre plus obscure.

Corselet un peu plus court, plus large et moins rétréci postérieurement.

Elytres un peu plus ovales et un peu plus convexes, striées et ponctuées de la même manière; les stries un peu plus marquées; point de trace de tache rougeâtre vers l'extrémité.

Pattes d'un brun-rougeâtre un peu plus obscur sur les cuisses.

Il se trouve en Bavière.

90. B. Assimile.

Pl. 221. fig. 5.

Supra obscure cyaneo-æneum; thorace breviore, cordato, postice utrinque foveolato, angulis posticis rectis; elytris oblongo-ovatis, striato-punctatis, punctisque duobus impressis; macula postica, antennarum basi pedibusque rufo-testaceis.

Dej. *Spec.* v. p. 175. n° 122.
Gyllenhal. ii. p. 26. n° 12. et iv. p. 410. n° 12.
Sahlberg. *Dissert. Entom. Ins. Fennica.* p. 201, n° 24.
Leja Assimilis. Dej. *Cat.* p. 17.

Long. 1 $\frac{1}{2}$ ligne. Larg. $\frac{2}{3}$ ligne.

A peu près de la taille du *Doris*, proportionnellement un peu plus large et d'un bronzé assez obscur en dessus, ordinairement légèrement bleuâtre et quelquefois un peu verdâtre.

Tête assez grande, triangulaire ; antennes d'un brun noirâtre, avec le premier article et la base des trois suivants d'une couleur testacée un peu rougeâtre.

Corselet plus large que la tête, moins long que large, assez court, arrondi antérieurement sur les côtés, rétréci postérieurement, cordiforme et peu convexe ; la ligne médiane fine ; de chaque côté de la base une impression oblongue assez profonde, rugueuse ainsi que toute la base ; le bord antérieur coupé presque carrément ; les angles antérieurs obtus ; les côtés rebordés tombant carrément sur la base et formant avec elle un angle droit ; la base coupée carrément.

Élytres plus larges que le corselet, en ovale peu allongé et peu convexes, ayant chacune près du bord extérieur, à peu près aux trois quarts de leur longueur, une tache arrondie d'une couleur testacée un peu rougeâtre, quelquefois très-apparente et quelquefois peu distincte ; les stries assez fortement marquées et ponctuées, presque effacées vers l'extrémité ; les intervalles presque planes ; deux points enfoncés assez distincts sur le troisième.

Dessous du corps noir, avec les pattes entièrement d'une couleur testacée un peu rougeâtre.

Il se trouve en Suède, en Finlande et en France ; il est assez commun aux environs de Paris.

91. B. Obtusum.

Pl. 222. fig. 1.

Supra obscure viridi-æneum; thorace subtransverso, postice utrinque foveolato, angulis posticis obtusis; elytris oblongo-ovatis, striato-punctatis, punctisque duobus impressis; antennarum basi, tibiis tarsisque rufo-testaceis; femoribus piceis.

Dej. *Spec.* v. p. 177. n° 123.
Sturm. vi. p. 165. n° 38. t. 161. fig. c. C.
Tachys Obtusus. Dej. *Cat.* p. 16.
Trechus Piceus. Spence.
Var. *Trechus Sexstriatus.* Dej. *Cat.* p. 16.

Long. 1 $\frac{1}{4}$ ligne. Larg. $\frac{1}{2}$ ligne.

Un peu plus petit que le *Guttula*, proportionnellement un peu moins large, et d'un vert-bronzé assez obscur en dessus, quelquefois presque noirâtre, et quelquefois plus ou moins brunâtre.

Tête presque triangulaire; antennes d'un brun noirâtre, avec le premier article et la base des trois suivants d'une couleur testacée assez claire.

Corselet plus large que la tête, moins long que large, presque transversal, légèrement arrondi sur les côtés, point rétréci postérieurement, et légèrement convexe; la ligne médiane fine et peu marquée; de chaque côté de la base une impression assez grande, presque arrondie et assez profonde, un peu rugueuse ainsi que toute la base; le bord antérieur légèrement échancré; les angles antérieurs obtus et presque arrondis; les côtés légèrement rebordés, tombant un peu obliquement sur la base, et formant avec elle un angle obtus; la base coupée carrément.

Elytres un peu plus larges que le corselet, en ovale allongé et peu convexes; les stries assez marquées, distinctement ponctuées, et disposées à peu près comme celles du *Guttula*; les intervalles planes; deux points enfoncés assez distincts sur le troisième.

Dessous du corps noir; cuisses d'un brun plus ou moins obscur, quelquefois presque de la couleur des jambes; leur extrémité, les jambes et les tarses d'une couleur testacée un peu rougeâtre.

Il se trouve en France, en Espagne, en Allemagne, en Autriche et en Dalmatie.

92. B. Guttula.

Pl. 221. fig. 3.

Supra nigro-subæneum; thorace transverso, subrotundato, postice utrinque foveolato. angulis posticis subrotundatis; elytris oblongo-ovatis, striato-punctatis, punctisque duobus impressis; macula postica, antennarum basi pedibusque rufescentibus.

Dej. *Spec.* v. p. 178. n° 124.

Gyllenhal. ii. p. 27. n° 13. et iv. p. 411. n° 13.

Sturm. vi. p. 163. n° 37.

Sahlberg. *Dissert. Entom. Ins. Fennica.* p. 201. n° 25.

Carabus Guttula. Fabr. *Sys. El.* i. p. 208. n° 209.

Sch. *Syn. Ins.* i. p. 223. n° 298.

Elaphrus Guttula. Duftschmid. ii. p. 218. n° 36.

Leja Guttula. Dej. *Cat.* p. 17.

B. Immaculatum. Höpfner. Sturm. *Catal.* p. 100.

Carabus Riparius? Oliv. iii. 35. p. 115. n° 163. t. 14. fig. 162. a. b.

Var. *Tachys Bisignatus.* Dej. *Cat.* p. 16.

Long. 1 $\frac{1}{3}$ ligne. Larg. $\frac{2}{3}$ ligne.

A peu près de la taille du *Doris*, et d'un noir un peu bronzé en dessus.

Tête presque triangulaire; antennes d'un brun noirâtre, avec la base testacée, plus ou moins claire ou plus ou moins obscure.

Corselet plus large que la tête, moins long que large, assez court, transversal, arrondi sur les côtés, nullement rétréci postérieurement et assez convexe; la ligne médiane fine et peu marquée; de chaque côté de la base une impression oblongue un peu oblique et assez profonde; le bord antérieur très-légèrement échancré et coupé presque carrément; les angles antérieurs obtus et presque arrondis; les côtés légèrement rebordés; les angles postérieurs très-obtus, presque arrondis et à peine marqués; la base coupée presque carrément.

Élytres plus larges que le corselet, en ovale allongé et légèrement convexes, ayant chacune près du bord extérieur, à peu près aux trois quarts de leur longueur, une tache arrondie d'une couleur testacée un peu rougeâtre, quelquefois assez marquée, souvent peu distincte, et quelquefois même presque entièrement effacée; l'extrémité souvent de la même couleur; les stries assez marquées, distinctement ponctuées, disposées à peu près comme celles du *Biguttatum*; les intervalles planes; deux petits points enfoncés assez distincts sur le troisième.

Dessous du corps noir, avec les pattes d'une couleur testacée un peu rougeâtre, plus ou moins obscure.

Il se trouve en Suède, en Finlande, en Angleterre, en France, en Allemagne, en Autriche et en Volhinie.

93. B. Biguttatum.

Pl. 222. fig. 3.

Supra nigro-subæneum; thorace subrotundato, postice utrinque foveolato, angulis posticis subrotundatis; elytris oblongo-ovatis, striato-punctatis, punctisque duobus impressis; macula postica, antennarum basi pedibusque obscure rufescentibus.

Dej. *Spec.* v. p. 180. n° 125.
Gyllenhal. ii. p. 28. n° 14. et iv. p. 411. n° 14.
Carabus Biguttatus. Fabr. *Sys. El.* i. p. 208. n° 208.
Sch. *Syn. Ins.* i. p. 223. n° 297.

Elaphrus Biguttatus. DUFTSCHMID. II. p. 221. n° 41.
Leja subfenestrata. DEJ. *Cat.* p. 17.
B. Nigro-æneum. STURM. *Catal.* p. 100.
Carabus Riparius? OLIV. III. 35. p. 115. n° 163. T. 14. fig. 162. a. b.
VAR. A. *B. Æneum*. SPENCE.
VAR. B. *Leja Fuscipes*. DEJ. *Cat.* p. 17.

Long. 1 $\frac{1}{3}$, 2 $\frac{1}{4}$ lignes. Larg. $\frac{1}{3}$, 1 ligne.

Ordinairement plus grand que le *Guttula*, et d'un noir assez brillant et légèrement bronzé en dessus.

Tête presque triangulaire; antennes d'un brun noirâtre.

Corselet plus large que la tête, moins long que large, presque arrondi et assez convexe; la ligne médiane fine et peu marquée; de chaque côté de la base une impression oblongue un peu oblique et assez profonde; le bord antérieur très-légèrement échancré et coupé presque carrément; les angles antérieurs presque arrondis; les côtés légèrement rebordés et un peu déprimés; les angles postérieurs très-obtus, presque arrondis et à peine marqués; le milieu de la base un peu prolongé en arrière.

Élytres plus larges que le corselet, en ovale allongé et peu convexes, ayant chacune près du bord extérieur, à peu près aux trois quarts de leur longueur, une tache arrondie d'un brun roussâtre, souvent à peine distincte, et quelquefois complétement effacée; l'extrémité ordinairement de la même couleur; les stries assez marquées, assez fortement ponctuées près de la base, et presque lisses près de l'extrémité; la première et la huitième entières; les seconde, troisième et quatrième aussi presque entières; les cinquième et sixième plus courtes; la septième effacée; les intervalles planes; deux points enfoncés bien distincts sur le troisième.

Dessous du corps noir, avec les pattes d'un brun roussâtre plus ou moins clair.

Il se trouve assez communément au bord des eaux, dans presque toute l'Europe.

Les individus que l'on prend dans les parties méridionales sont ordinairement plus grands, et ont les pattes plus claires et plus rougeâtres que ceux que l'on trouve dans le nord.

La variété A, *B. Æneum* de Spence, que l'on trouve en Angleterre, est d'une couleur plus ou moins bronzée, et la tache des élytres est presque entièrement effacée.

La variété B, *Leja Fuscipes*, que l'on trouve en Espagne et dans le midi de la France, est plus grande, et la base des antennes et les pattes sont plus claires et plus rougeâtres.

94. B. Vulneratum.

Pl. 222. fig. 4.

Supra viridi-æneum; thorace subrotundato, postice utrinque foveolato, angulis posticis subrotundatis; elytris oblongo-ovatis, striato-punctatis, punctisque duobus im-

pressis; macula postica, antennarum basi pedibusque rufo-testaceis.

Dej. *Spec.* v. p. 182. n° 126.

B. Biguttatum. Sturm. vi. p. 162. n° 36. t. 161. fig. b. B.

Leja Biguttata. Dej. *Cat.* p. 17.

Leja Bipustulata. Oeskay.

Leja Transparens. Gebler.

Long. 1 $\frac{3}{4}$ ligne. Larg. $\frac{3}{4}$ ligne.

Très-voisin du *Biguttatum*, dont il n'est peut-être qu'une variété.

D'un vert bronzé assez brillant, quelquefois un peu bleuâtre.

La tache des élytres bien distincte, et d'une couleur testacée un peu rougeâtre.

La base des antennes et les pattes d'un rougeâtre testacé.

Il se trouve en France, en Allemagne, en Autriche, en Hongrie, dans la Russie méridionale et en Sibérie.

NEUVIÈME DIVISION.

Lopha. *Megerle.*

95. Quadriguttatum.

Pl. 222. fig. 5.

Supra nigro-æneum, nitidum; thorace cordato, postice utrinque obsolete foveolato, angulis posticis rectis; elytris oblongo-ovatis, striis obsoletis, ad basin profunde punctatis, punctisque duobus impressis; maculis magnis duabus pedibusque pallide testaceis; geniculis obscuris; antennis basi rufo-testaceis.

Dej. *Spec.* v. p. 183. n° 127.
Gyllenhal. ii. p. 21. n° 8. et iv. p. 409. n° 8.
Sturm. vi. p. 167. n° 39.
Carabus Quadriguttatus. Fabr. *Sys. El.* i. p. 207. n° 204.
Oliv. iii. 35. p. 108. n° 151. t. 13. fig. 160. a. b.
Sch. *Syn. Ins.* i. p. 221. n° 291.
Elaphrus Quadriguttatus. Duftschmid. ii. p. 215. n° 32.
Lopha Quadriguttata. Dej. *Cat.* p. 17.

Long. 2 lignes. Larg. ¾ ligne.

Plus petit que le *Rupestre*, et d'un noir bronzé assez brillant en dessus.

Tête grande, presque triangulaire; antennes d'un brun noirâtre, avec le premier article et la base des trois suivants d'une couleur testacée un peu roussâtre.

Corselet à peine plus large que la tête y compris les yeux, au moins aussi long que large, arrondi antérieurement sur les côtés, rétréci postérieurement, fortement cordiforme et assez convexe; la ligne médiane assez marquée, de chaque côté de la base une petite impression arrondie et peu apparente; le milieu couvert de points enfoncés peu rapprochés et peu distincts; le bord antérieur coupé carrément; les angles antérieurs arrondis; les côtés légèrement rebordés, tombant carrément sur la base, et formant avec elle un angle droit; la base coupée carrément.

Elytres à peu près le double plus larges que le corselet, en ovale allongé et légèrement convexes, ayant chacune deux grandes taches d'un jaune-testacé très-pâle et presque blanchâtre; la première vers l'angle de la base en forme de triangle; la seconde à peu près aux trois quarts, un peu plus près du bord extérieur que de la suture, arrondie et un peu plus petite; les stries presque complétement effacées; la base seulement distincte et profondément ponctuée; deux petits points enfoncés, à peine distincts, sur le troisième intervalle.

Dessous du corps d'un noir un peu bronzé; pattes d'un jaune-testacé très-pâle, avec l'extrémité des cuisses et le bas des jambes d'un brun noirâtre.

Il se trouve communément au bord des eaux, en France,

en Espagne, en Italie, en Allemagne, en Autriche et en Hongrie.

96. B. Laterale.

Pl. 222. fig. 6.

Supra nigro-subæneum; thorace cordato, postice utrinque obsolete foveolato, angulis posticis rectis; elytris oblongo-ovatis, striis obsoletis, ad basin punctatis, punctisque duobus impressis; maculis magnis duabus, ad marginem subconnectis, pedibusque albicantibus; geniculis tarsisque obscuris.

Dej. *Spec.* v. p. 185. n° 128.
Lopha Lateralis. Dej. *Cat.* p. 17.

Long 1 3/4 ligne. Larg. 3/4 ligne.

Très-voisin du *Quadriguttatum*, un peu plus petit, et d'une couleur plus noire et moins bronzée.

Tête et corselet à peu près de même; la base du premier article des antennes d'un brun-obscur un peu roussâtre, les autres d'un brun noirâtre.

Elytres un peu plus planes et moins convexes; les taches un peu moins distinctes, et d'une couleur moins jaune et plus blanchâtre; la première, plus grande, se prolongeant le long du bord extérieur et se joignant presque à la seconde; celle-ci un peu moins grande et moins arrondie; la base des stries moins fortement ponctuée; les deux points enfoncés du troisième intervalle peu distincts.

Dessous du corps d'un noir un peu bronzé; pattes d'une couleur moins jaune et plus blanchâtre; l'extrémité des cuisses, la base des jambes et les tarses d'un brun noirâtre.

Il est assez commun en Espagne et dans le midi de la France; il est plus rare aux environs de Paris.

97. B. Quadripustulatum.

Pl. 223. fig. 1.

Supra nigro-æneum; thorace cordato, postice utrinque obsolete foveolato, angulis posticis rectis; elytris oblongo-ovalis, striato-punctatis, punctisque duobus impressis; maculis duabus tibiisque testaceis.

Dej. *Spec.* v. p. 186. n° 129.

Lopha Quadripustulata. Dej. *Cat.* p. 17.

Carabus Quadripustulatus? Fabr. *Sys. El.* i. p. 208. n° 205.

Sch. *Syn. Ins.* i. p. 222. n° 294.

Long. 1 $\frac{2}{3}$ ligne. Larg. $\frac{2}{3}$ ligne.

Plus petit que le *Quadriguttatum*, proportionnellement un peu moins allongé et d'un noir bronzé moins brillant.

Tête un peu plus large que celle du *Quadriguttatum*.

Corselet plus court, plus large et plus arrondi antérieurement.

Elytres un peu plus courtes; les deux taches plus petites, d'un jaune-testacé moins pâle; la première irrégulière et presque bilobée; la seconde moins arrondie; les stries assez marquées, assez fortement ponctuées, se prolongeant presque jusqu'à l'extrémité; deux petits points enfoncés peu distincts sur le troisième intervalle.

Dessous du corps et cuisses d'un noir un peu bronzé: jambes d'un jaune testacé, avec les tarses d'un brun noirâtre.

Il se trouve en France, en Espagne, en Autriche et dans la Russie méridionale.

98. B. QUADRIMACULATUM.

Pl. 223. fig. 2.

Supra obscure viridi-æneum; thorace cordato, postice utrinque obsolete foveolato, angulis posticis rectis; elytris oblongo-ovatis, striato-punctatis, punctisque duobus impressis; maculis duabus, antennarum basi pedibusque testaceis.

DEJ. *Spec.* v. p. 187. 130.
GYLLENHAL. II. p. 22. n° 9. et IV. p. 409. n° 9.

STURM. VI. p. 168. n° 40.

SAHLBERG. *Disert. Entom. Ins. Fennica.* p. 198. n° 19.

Elaphrus Quadrimaculatus. DUFTSCHMID. II. p. 216. n° 34.

Cicindela Quadrimaculata. LINNÉ. *Syst. Nat.* II. p. 658. n° 13.

Lopha Quadrimaculata. DEJ. *Cat.* p. 17.

Carabus Subglobosus. PAYKULL. *Faun. Suecica.* I. p. 142. n° 58.

SCH. *Syn. Ins.* I. p. 221. n° 293.

Long. 1 $\frac{1}{2}$ ligne. Larg. $\frac{2}{3}$ ligne.

Beaucoup plus petit que le *Quadriguttatum*, et d'une couleur plus verdâtre, surtout sur la tête et le corselet.

Tête comme celle du *Quadriguttatum ;* les trois premiers articles des antennes et la base du quatrième d'une couleur testacée.

Corselet plus court, plus large et plus arrondi sur les côtés antérieurement, et rétréci plus brusquement postérieurement.

Elytres ayant à peu près la même forme; les deux taches d'une couleur plus jaune; la première plus petite et moins triangulaire; les stries assez marquées et distinctement ponctuées depuis la base jusqu'au-delà du milieu; leur extrémité presque complétement effacée; deux petits points enfoncés, peu distincts, sur le troisième intervalle.

Dessous du corps d'un noir assez brillant, avec les pattes entièrement d'un jaune-testacé assez pâle.

Il se trouve assez communément dans une grande partie de l'Europe ; il habite aussi l'Amérique septentrionale.

99. B. ARTICULATUM.

Pl. 223. fig. 3.

Capite thoraceque viridi-æneis ; thorace cordato, postice utrinque foveolato, angulis posticis rectis; elytris oblongo-ovatis, testaceis, fasciis duabus posticis fusco-brunneis, striato-punctatis, punctisque duobus impressis; antennarum basi pedibusque testaceis.

DEJ. *Spec.* v. p. 188. n° 131.
GYLLENHAL. II. p. 23. n° 10 et IV. p. 410. n° 10.
STURM. VI. p. 172. n° 42. T. 162. fig. a. A.
SAHLBERG. *Dissert. Entom. Ins. Fennica.* p. 200. n° 22.
Carabus Articulatus. PANZER. *Fauna German.* p. 30. n° 21.
Elaphrus Articulatus. DUFTSCHMID. II. p. 216. n° 33.
Carabus Subglobosus. var. b. PAYK. *Fauna. Succ.* I. p. 142. n° 58.
SCH. *Syn. Ins.* I. p. 221. n° 293.
Lopha Pæcila. DEJ. *Cat.* p. 18.

Long. 1 ½ ligne. Larg. ½ ligne.

A peu près de la taille du *Quadrimaculatum.*

Tête et corselet d'une couleur bronzée moins obscure, plus verte et plus brillante.

Corselet un peu plus long, moins large et moins arrondi antérieurement sur les côtés; l'impression située de chaque côté de la base, un peu plus marquée.

Élytres à peu près de même forme; la première tache jaune plus grande, couvrant toute la partie antérieure des élytres jusqu'à la moitié; la seconde transversale, et allant presque jusqu'à la suture; l'extrémité de la couleur des taches, et se réunissant à la seconde par le bord extérieur; (ou si l'on veut les élytres sont d'un jaune testacé, avec deux bandes d'un brun obscur); les stries un peu plus fortement ponctuées; les deux points du troisième intervalle un peu plus marqués.

Dessous du corps noir, avec les pattes entièrement d'un jaune-testacé assez pâle.

Il se trouve communément en France, en Allemagne, en Autriche, en Dalmatie, dans la Russie et la Suède.

DIXIÈME DIVISION.

Tachypus. *Megerle.*

100. B. *Picipes. Megerle.*

Pl. 223. fig. 4.

Supra fusco-æneum, obsolete punctatum, subpubescens; thorace cordato; elytris oblongis, viridi-nebulosis, punctis-

que duobus impressis; antennarum basi, femoribus tarsisque viridi-æneis; tibiis testaceis.

Dej. *Spec.* v. p. 190. n° 133.
Sturm. vi. p. 109. n° 1. t. 154. fig. a. A.
Elaphrus Picipes. Duftschmid. ii. p. 197. n° 7.
Tachypus Picipes. Dej. *Cat.* p. 18.

Long. 2 3/4, 3 1/4 lignes. Larg. 1, 1 1/4 ligne.

Beaucoup plus grand que le *Flavipes*, proportionnellement plus allongé et d'un bronzé un peu plus obscur et moins brillant.

Tête un peu plus allongée; antennes noirâtres, avec la base d'un vert-bronzé obscur.

Corselet un peu plus allongé, moins large et moins arrondi sur les côtés antérieurement, moins brusquement rétréci postérieurement et moins fortement cordiforme: la ligne médiane moins fortement marquée.

Elytres plus allongées; les taches dont elles sont couvertes d'un vert plus obscur; les vestiges des stries à peine sensibles; les deux points enfoncés un peu plus petits et moins marqués.

Cuisses et tarses d'un vert-bronzé plus ou moins obscur; jambes d'une couleur testacée un peu roussâtre, avec la base et l'extrémité un peu verdâtre.

Il se trouve dans les parties orientales et méridionales de la France, en Espagne, en Suisse, en Allemagne et en Autriche.

101. B. Pallipes. *Megerle.*

Pl. 223. fig. 5.

Supra cupreo-æneum, obsolete punctatum, subpubescens; thorace cordato; elytris oblongo-ovatis, viridi-nebulosis, striis ad suturam obsoletis, foveolisque duabus impressis; antennarum basi pedibusque pallide testaceis.

Dej. *Spec.* v. p. 191. n° 134.
Gyllenhal. vi. p. 400. n° 1-2.
Sturm. iv. p. 111. n° 2. t. 154. fig. b. B.
Salhberg. *Dissert. Entom. Ins. Fennica.* p. 190. n° 1.
Elaphrus Pallipes. Duftschmid. ii. p. 197. n° 8.
Tachypus Pallipes. Dej. *Cat.* p. 18.

Long. 2 ½ lignes. Larg. 1 ligne.

Très-voisin du *Flavipes*, mais un peu plus grand et d'une couleur un peu plus brillante et plus cuivreuse.

Tête un peu plus allongée; le premier article des antennes un peu plus obscur que les suivants.

Corselet un peu plus allongé, moins large et moins arrondi sur les côtés antérieurement, moins brusquement rétréci postérieurement et moins fortement cordiforme; la ligne médiane moins fortement marquée.

Les taches vertes des élytres un peu plus brillantes; les vestiges de stries un peu plus marquées.

Dessous du corps d'un vert bronzé plus clair et plus brillant; pattes d'un jaune-testacé très-pale, avec les cuisses quelquefois brillantées d'un léger reflet bronzé.

Il se trouve en Suède, en Angleterre, en France, en Allemagne, en Autriche, en Volhinie et en Sibérie.

102. B. Flavipes.

Pl. 223. fig. 4.

Supra fusco-æneum, obsoletе punctatum, subpubescens; thorace cordato, breviore, antice subrotundato, postice subcoarctato; elytris oblongo-ovatis, viridi nebulosis, foveolisque duabus impressis; antennarum basi, palpis pedibusque pallide testaceis.

Dej. *Spec.* v. p. 192. n° 135.

Gyllenhal. ii. p. 12. n° 1 et iv. p. 400. n° 1.

Sturm. vi. p. 112. n° 3.

Sahlberg. *Dissert. Entom. Ins. Fennica.* p. 190. n° 2.

Elaphrus Flavipes. Fabr. *Sys. El.* i. p. 246. n° 6.

Oliv. ii. 34. p. 8. n° 7. t. i. fig. 2. a. b.

Sch. *Syn. Ins.* i. p. 247. n° 6.

Duftschmid. ii. p. 118. n° 9.

• *Tachypus Flavipes.* Dej. *Cat.* p. 18.

Le Bupreste à quatre points enfoncés. GEOFF. I. p. 157. n° 32.

Long. 2 lignes. Larg. ¾ ligne.

A peu près de la taille du *Quadriguttatum* et d'un bronzé-obscur en dessus ordinairement un peu brunâtre et quelquefois légèrement cuivreux. Il est en outre couvert de petits points enfoncés très-serrés et peu marqués et d'un duvet très-court qui le font paraître un peu rugueux et légèrement pubescent.

Tête assez grande, triangulaire et presque plane; antennes d'un brun noirâtre ou un peu roussâtre, avec les quatre premiers articles d'un jaune-testacé très-pâle.

Corselet à peu près de la largeur de la tête y compris les yeux, moins long que large, très-arrondi antérieurement sur les côtés, assez brusquement rétréci postérieurement, fortement cordiforme et assez convexe; la ligne médiane fortement marquée antérieurement et postérieurement, beaucoup moins dans son milieu; de chaque côté, plus près du bord antérieur que de la base, un petit point enfoncé peu distinct et souvent entièrement effacé; de chaque côté de la base, près de l'angle postérieur, une petite impression oblongue, à peine sensible; le bord antérieur coupé carrément.

Élytres presque le double plus larges que le corselet, en ovale allongé, très-légèrement convexes, couvertes de taches vertes, placées sans ordre, qui les rendent nébuleuses; les stries entièrement effacées; seulement vers la suture quelques vestiges à peine distincts; deux points enfoncés assez gros et fortement sur le troisième intervalle.

Dessous du corps d'un vert-bronzé obscur assez brillant, avec les pattes entièrement d'un jaune testacé.

Il se trouve communément dans presque toute l'Europe. — B. D. V.

FIN DU QUATRIÈME VOLUME ET DE LA FAMILLE DES CARABIQUES.

TABLE
DES GENRES ET ESPÈCES

CONTENUS

DANS LA FAMILLE DES CARABIQUES.

TABLE

DES GENRES ET ESPÈCES

CONTENUS

DANS LA FAMILLE DES CARABIQUES.

A

C

D

E

F

G

H

P

T

V

Z

FIN DE LA TABLE.

HARPALIENS.

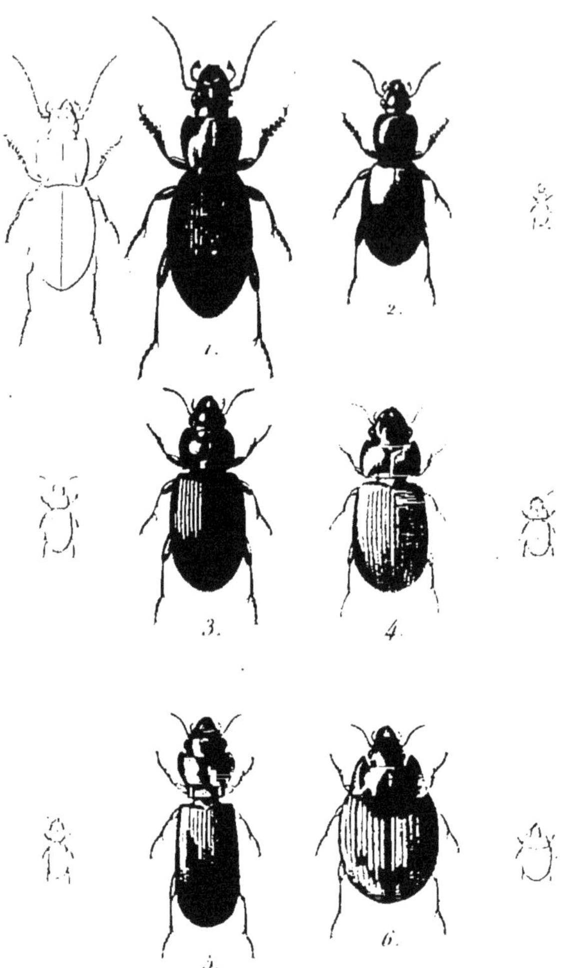

1. Pelecium Cyanipes.
2. Eripus Scydmænoides.
3. Cratocerus Monilicornis.
4. Somoplatus Substriatus.
5. Daptus Vittatus.
6. Cyclosomus Buquetii.

HARPALIENS.

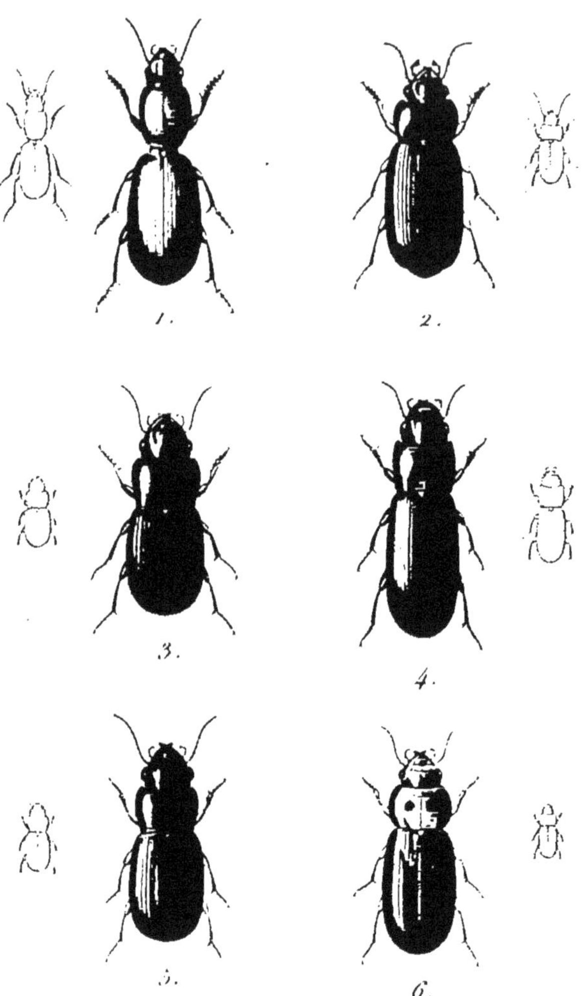

1. Promecoderus Brunnicornis.
2. Axinotoma Fallax.
3. Crataeanthus Pensylvanicus.
4. Parameeus Cylindricus.
5. Cratagnathus Mandibularis.
6. Agonoderus Lineola.

F. Prêtre pinx. Pagrel sc.

ACINOPUS.

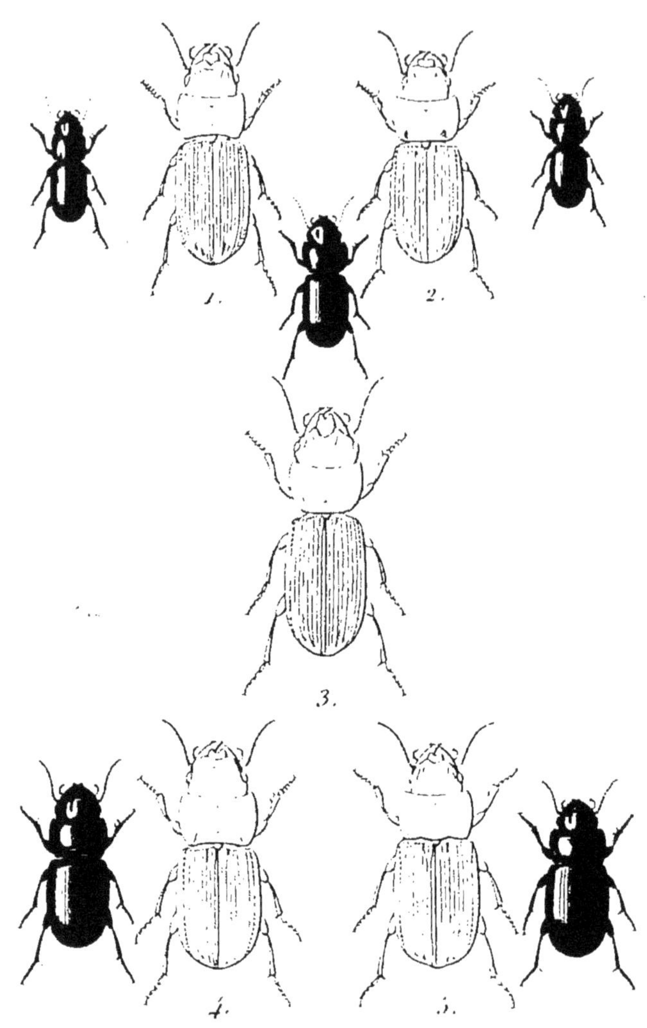

1. A. Megacephalus.
2. A. Ambiguus.
3. A. Bucephalus.
4. A. Giganteus.
5. A. Ammophilus.

HARPALIENS.

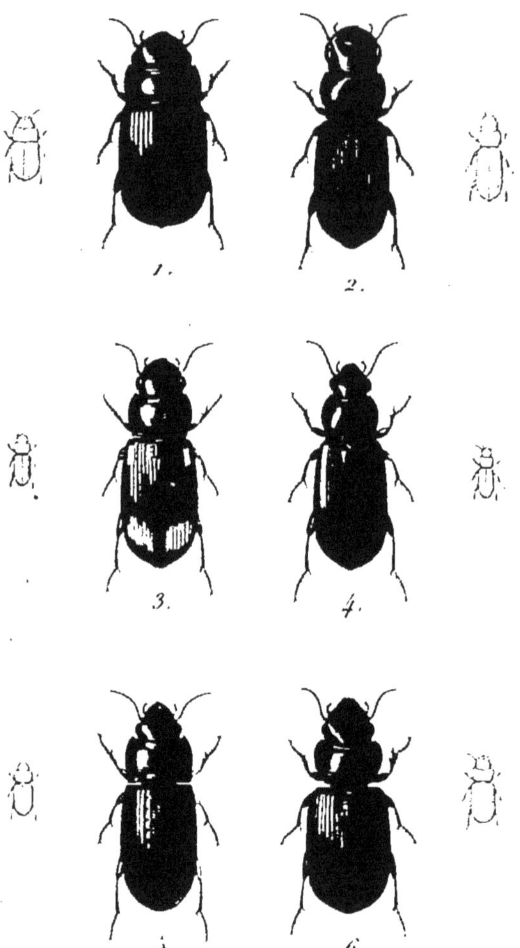

1. Barysomus Hœpfneri.
2. Amblygnathus Cephalotes
3. Platymetopus Quadrimaculatus.
4. Gynandropus Americanus.
5. Selenophorus Impressus.
6. ———————— Scaritides.

ANISODACTYLUS.

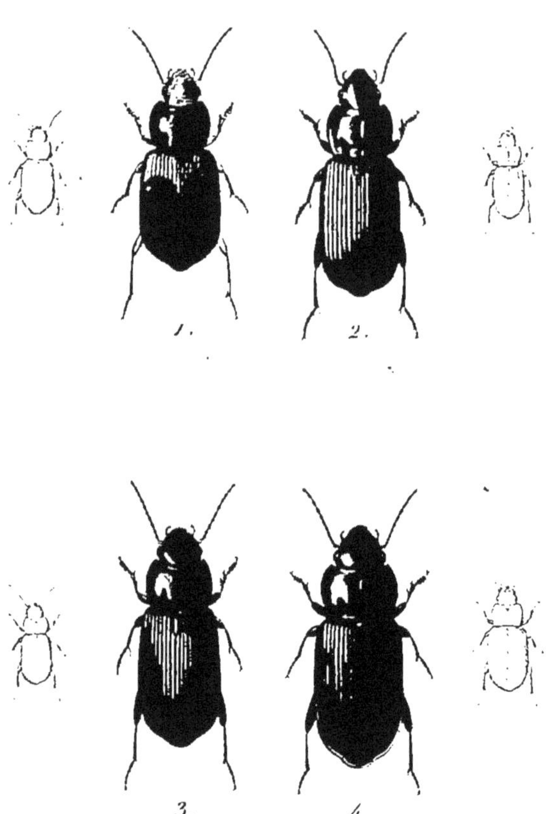

1. A. Heros. 3. A. Pseudoæneus.

2. A. Virens. 4. A. Signatus.

ANISODACTYLUS.

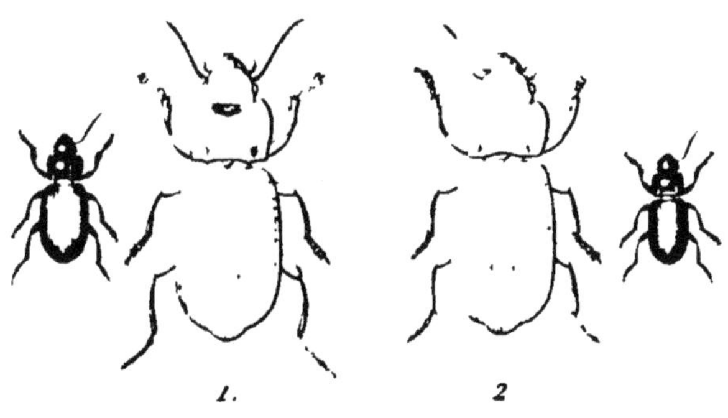

1. 2

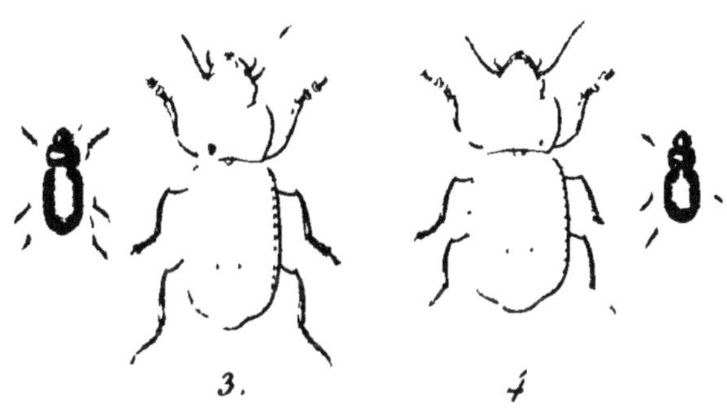

3. 4

1. A Intermedius. 3 A. Spurcaticornis.
2 A Binotatus. 4 A. Gilvipes

P Dumenil pinx Duprerel sc

HARPALIENS.

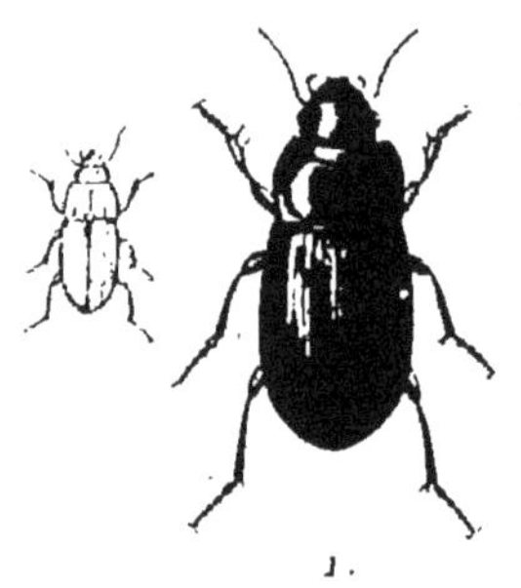

1.

2.

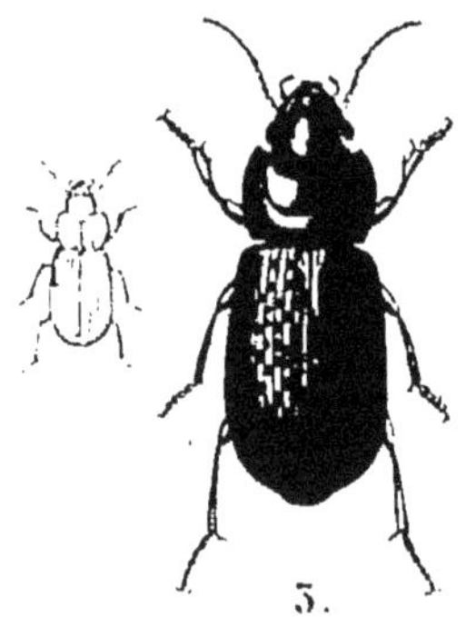

3.

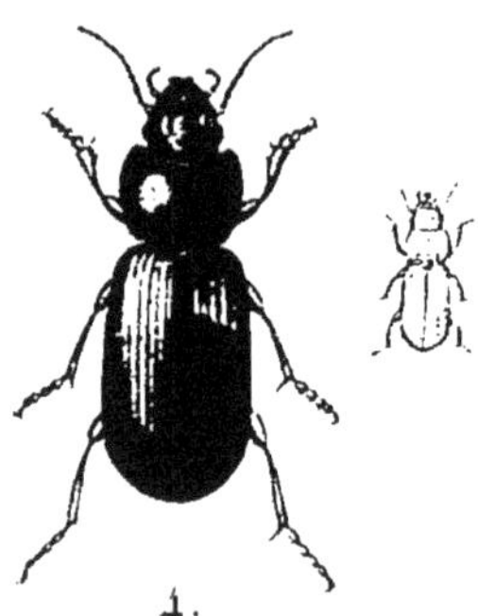

4.

1. Bradybænus Scalaris.
2. Geodromus Dumolinii
3. Hypolithus Saponarius.
4. Gynandromorphus Etruscus.

J. Duméril pinx.

HARPALUS.

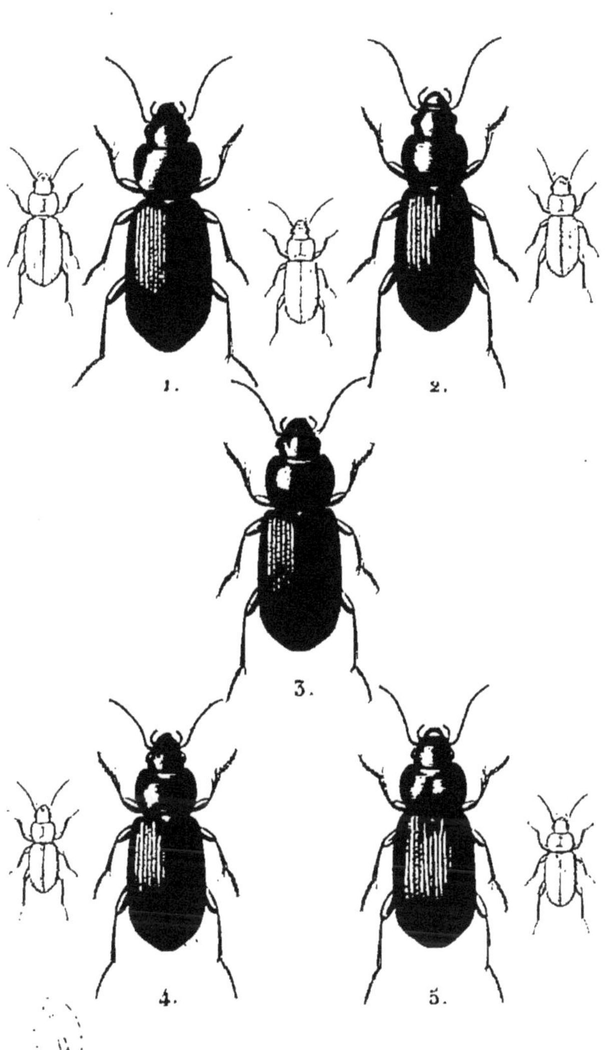

1. H. Columbinus.
2. H. Sabulicola.
3. H. Monticola.
4. H. Diffinis.
5. H. Obscurus.

F. Paincoll pinx.

HARPALUS.

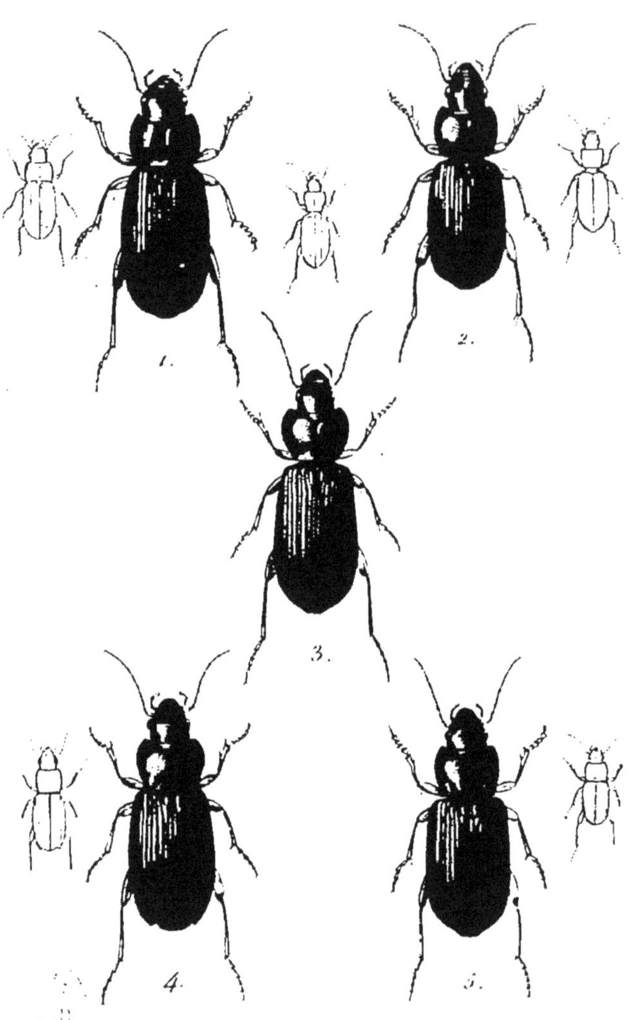

1. H. Quadricollis.
2. H. Oblongiusculus.
3. H. Ditomoides.
4. H. Incisus.
5. H. Punctatulus.

HARPALUS.

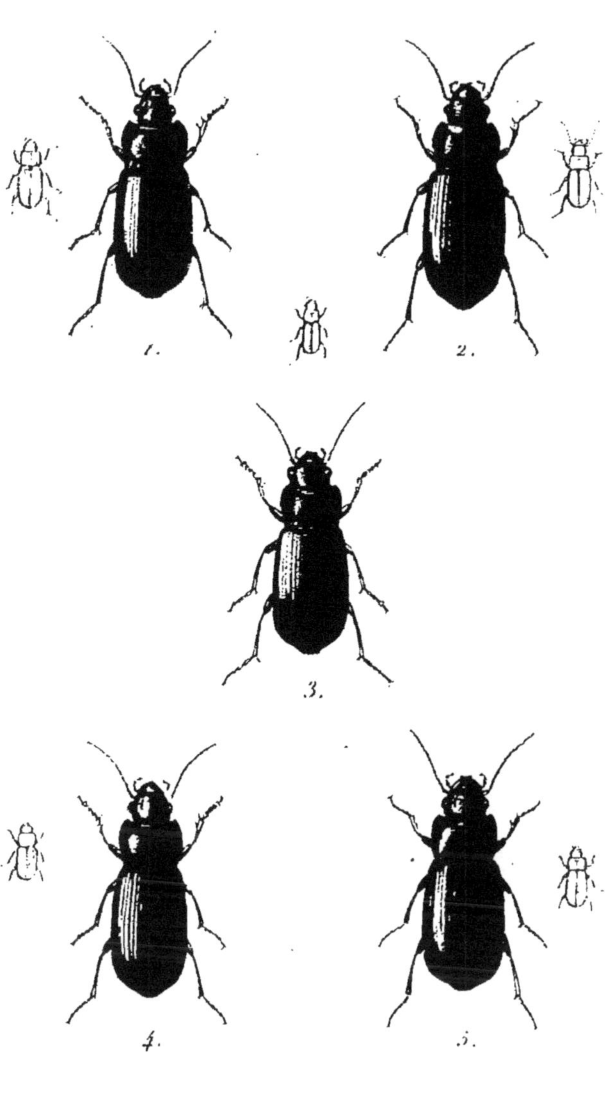

1. H. Laticollis.
2. H. Similis.
3. H. Chlorophanus.
4. H. Azureus.
5. H. Cribricollis.

HARPALUS.

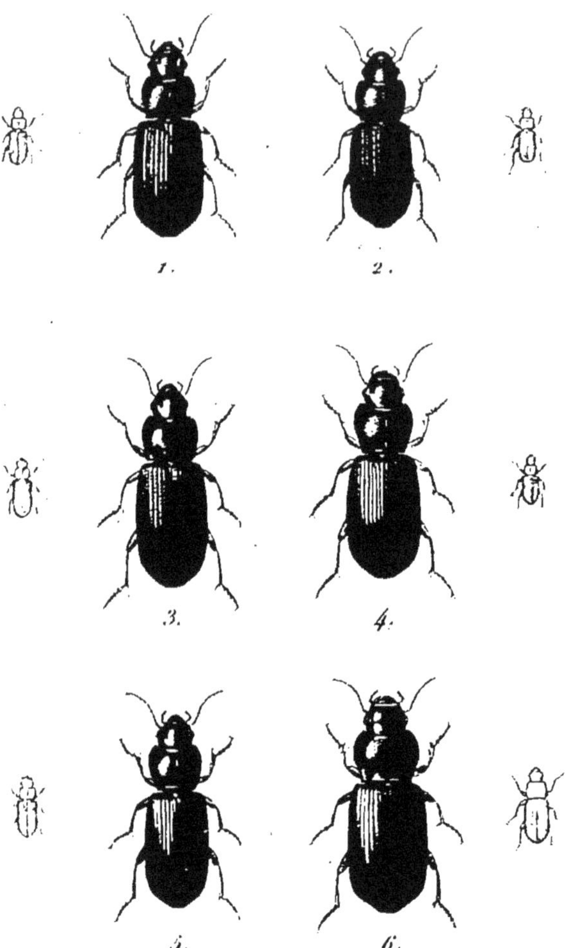

1. H. Cordicollis.
2. H. Subquadratus.
3. H. Meridionalis.
4. H. Pumilio.
5. H. Rotundatus.
6. H. Cordatus.

HARPALUS.

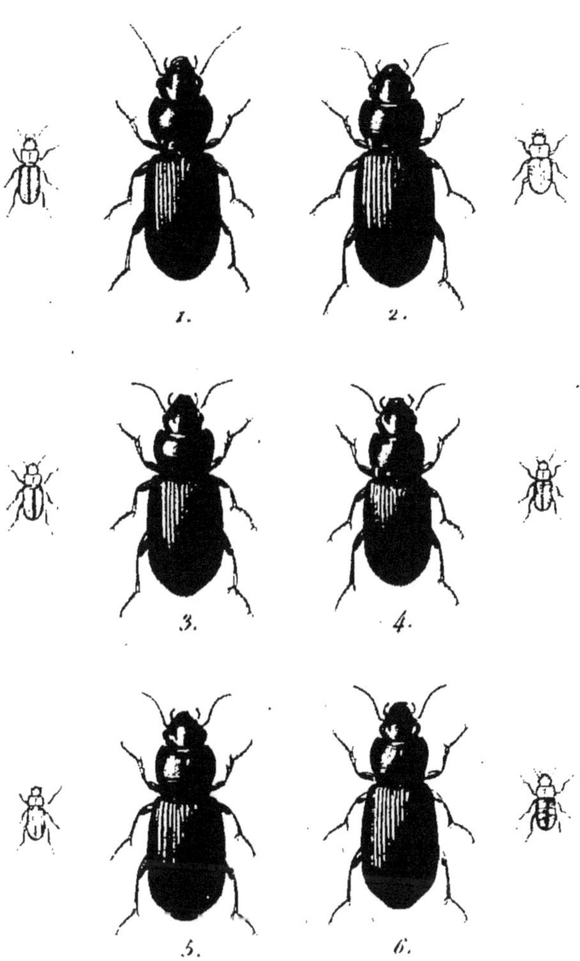

1. H. Subcordatus.
2. H. Puncticollis.
3. H. Brevicollis.
4. H. Parallelus.
5. H. Complanatus.
6. H. Maculicornis.

HARPALUS.

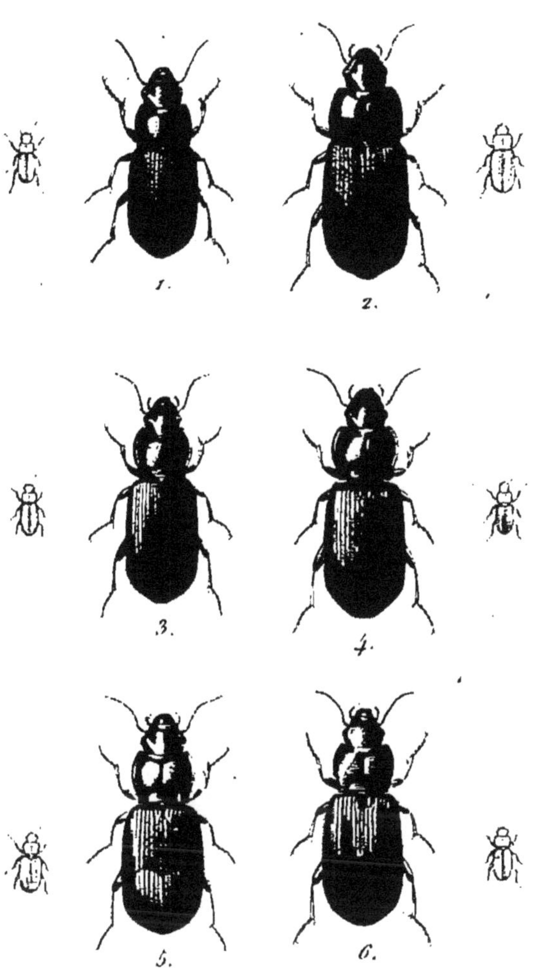

1. H. Signaticornis.	4. H. Mendax.
2. H. Hirsutulus.	5. H. Germanus.
3. H. Planicollis.	6. H. Obsoletus.

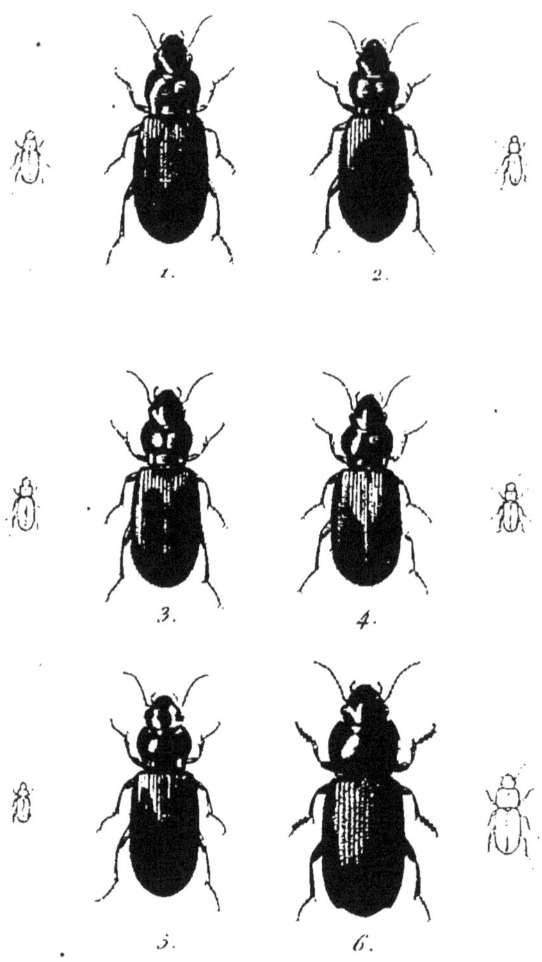

1. H. Dorsalis.
2. H. Chlorotiens.
3. H. Pallidus.
4. H. Ustulatus.
5. H. Pubescens.
6. H. Stevenii.

P. Dumenil pinx. [illegible]

HARPALUS.

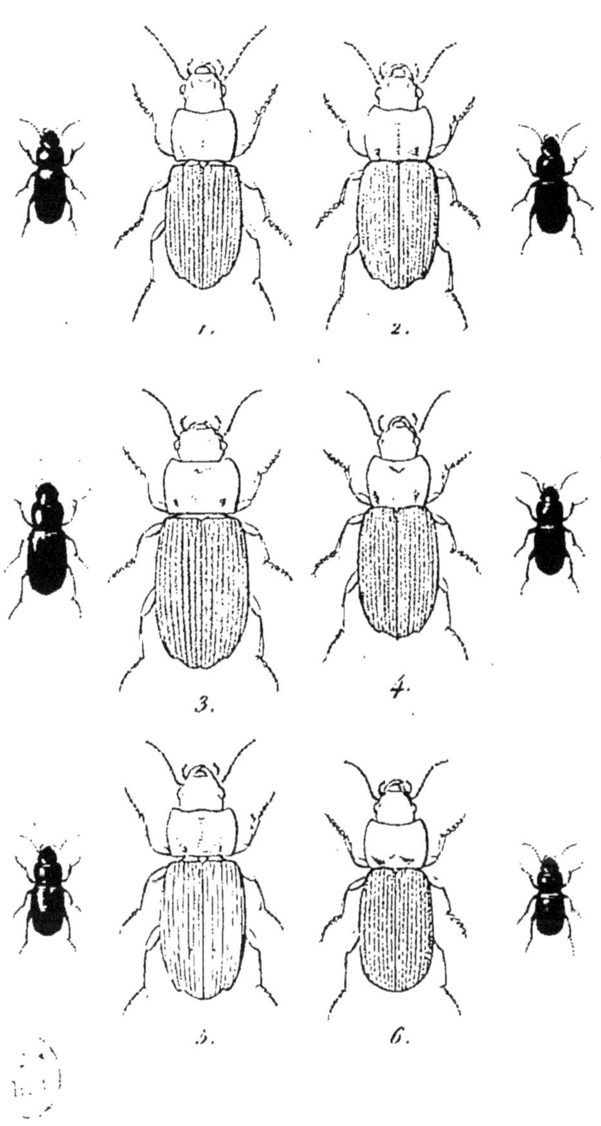

1. H. Hospes.
2. H. Sturmii.
3. H. Ruficornis.
4. H. Griseus.
5. H. Erosus.
6. H. Dispar.

P. Duménil pinx. Ferdié sc.

HARPALUS.

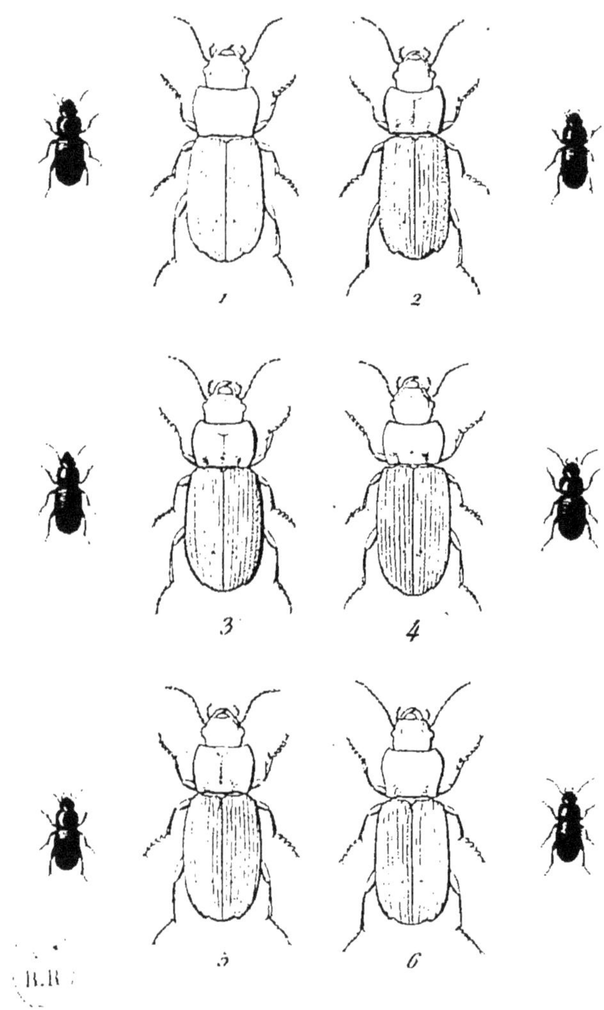

1. H. Semipunctatus. 4. H. Oblitus.
2. H. Æneus. 5. H. Diversus.
3. H. Confusus. 6. H. Distinguendus.

HARPALUS.

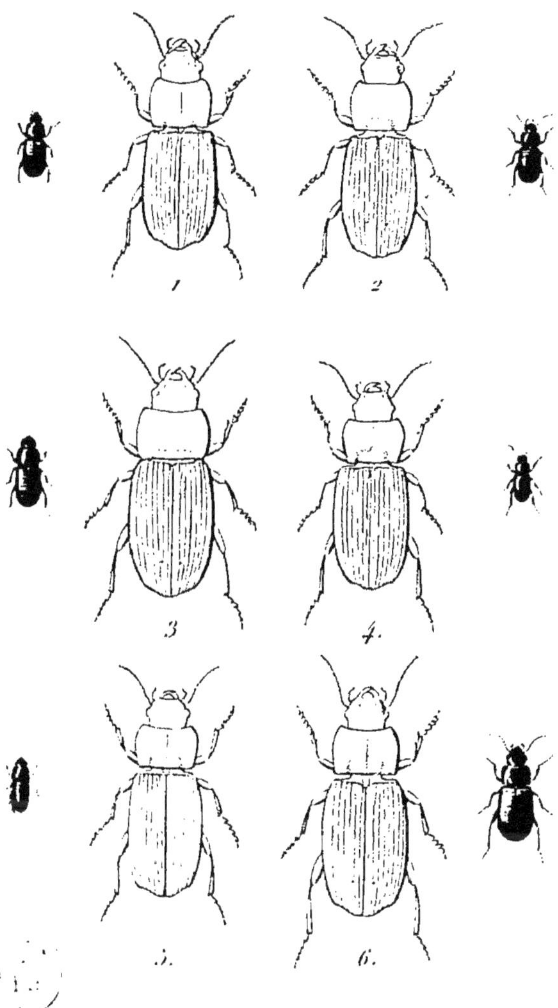

1. H. Patruelis.	4. H. Minutus.
2. H. Fastiditus.	5. H. Lateralis.
3. H. Contemptus.	6. H. Cupreus.

HARPALUS.

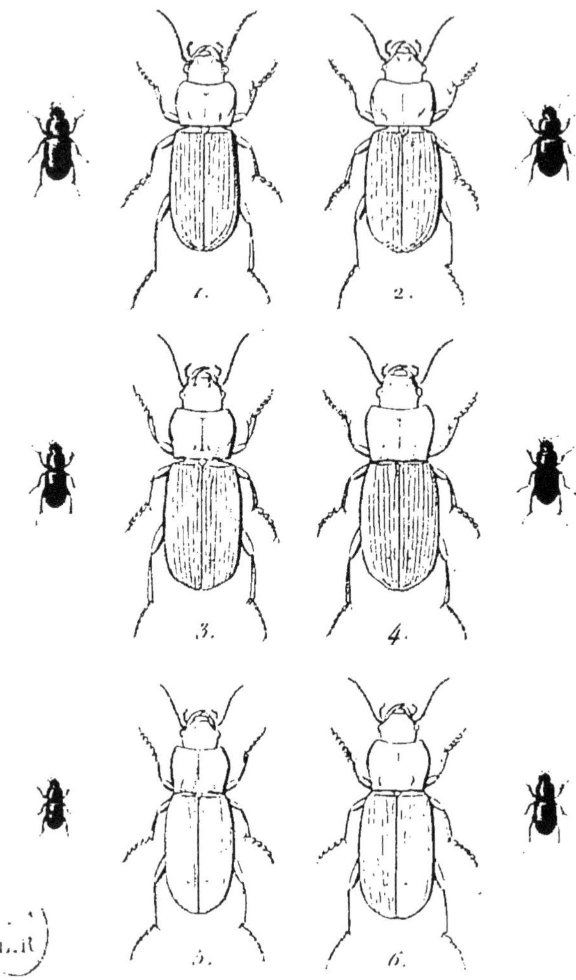

1. H. Honestus. 4. H. Consentaneus.
2. H. Impressipennis. 5. H. Pygmæus.
3. H. Sulphuripes. 6. H. Goudotii.

[illegible] pinx. Corbié sc.

HARPALUS.

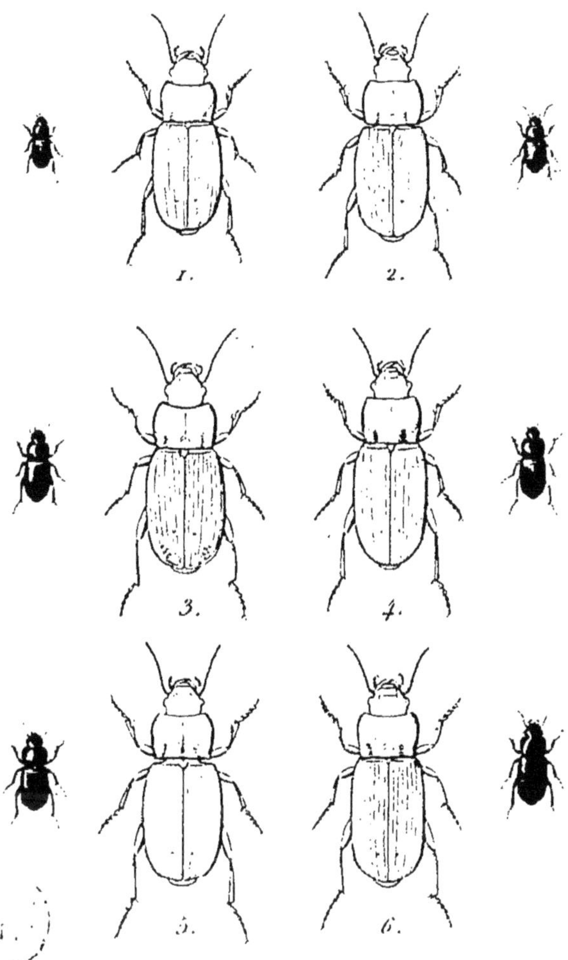

1. H. Pumilus.
2. H. Neglectus.
3. H. Decipiens.
4. H. Perplexus.
5. H. Saxicola.
6. H. Siculus.

Delarue pinx. [illegible] sc.

HARPALUS.

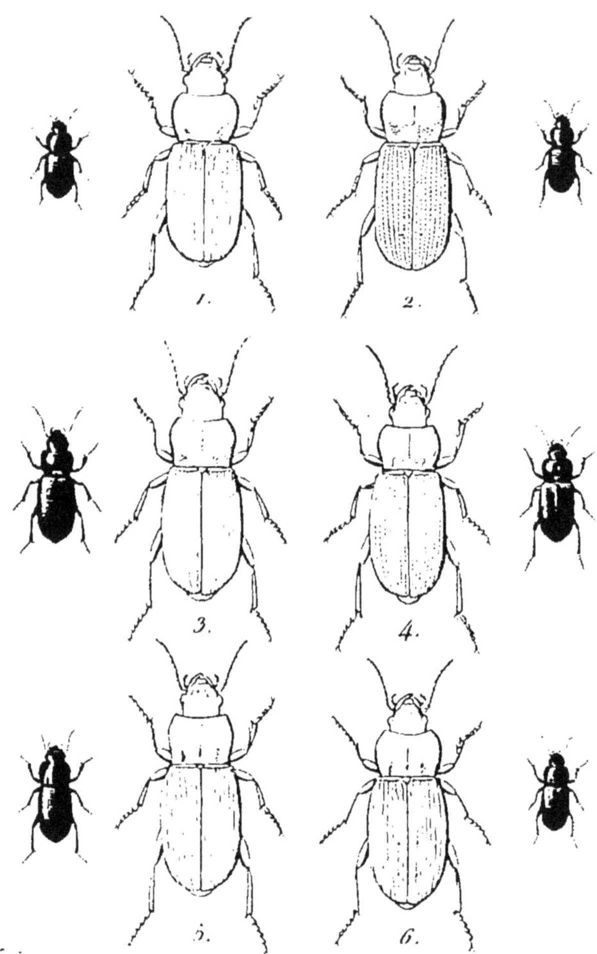

1. H. Incertus.
2. H. Punctatostriatus.
3. H. Calceatus.
4. H. Ferrugineus.
5. H. Hottentotta.
6. H. Quadripunctatus.

Delarue pinx. Vve Paret sc.

HARPALUS.

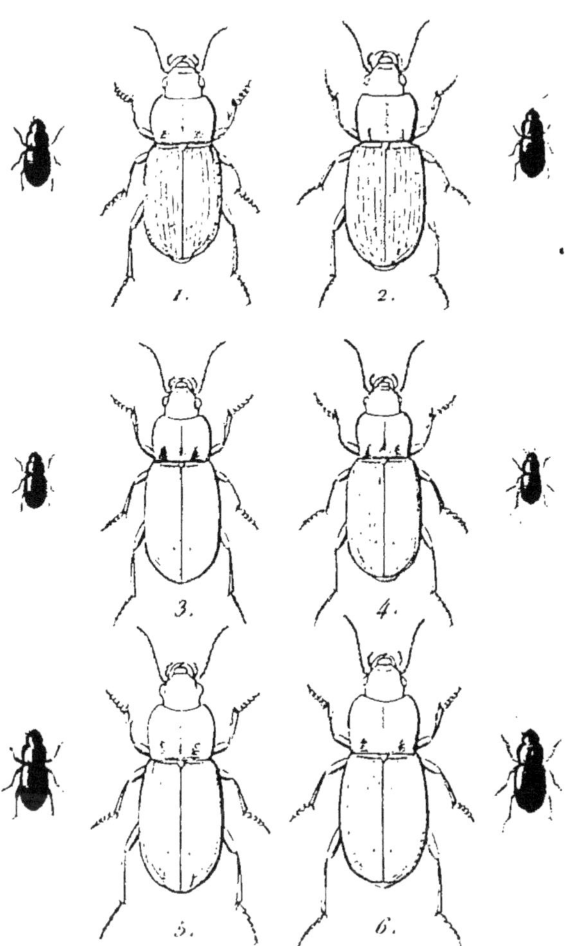

1. H. Limbatus.
2. H. Maxillosus.
3. H. Luteicornis.
4. H. Satyrus.
5. H. Solitaris.
6. H. Marginellus.

HARPALUS.

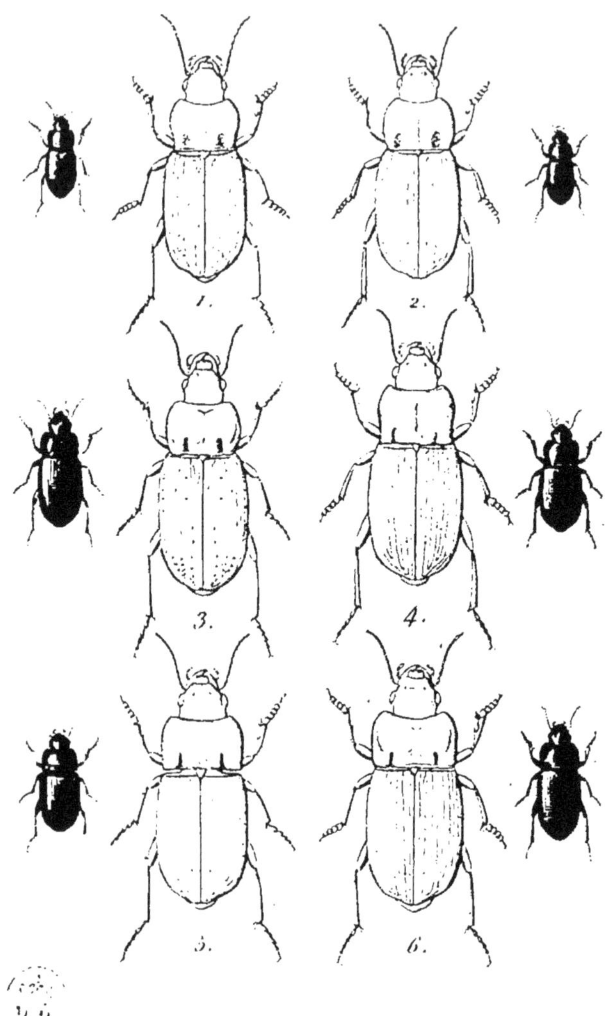

1. H. Rubripes.
2. H. Sobrinus.
3. H. Salinus.
4. H. Zabroides.
5. H. Brevicornis.
6. H. Hirtipes.

HARPALUS.

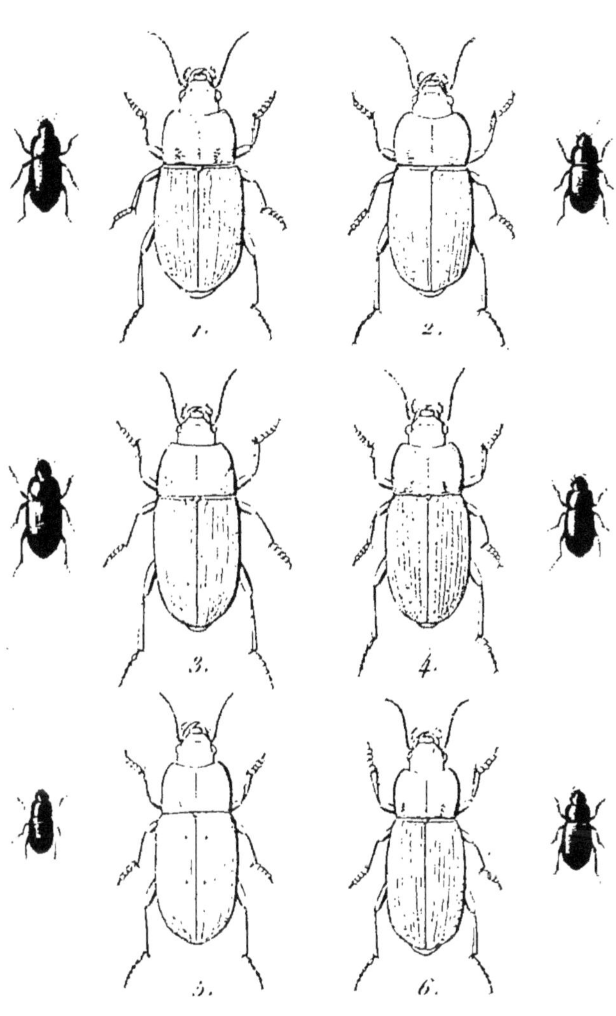

1. H. Semiviolaceus.
2. H. Hypocrita
3. H. Optabilis.
4. H. Lumbaris.
5. H. Impiger.
6. H. Tenebrosus.

HARPALUS.

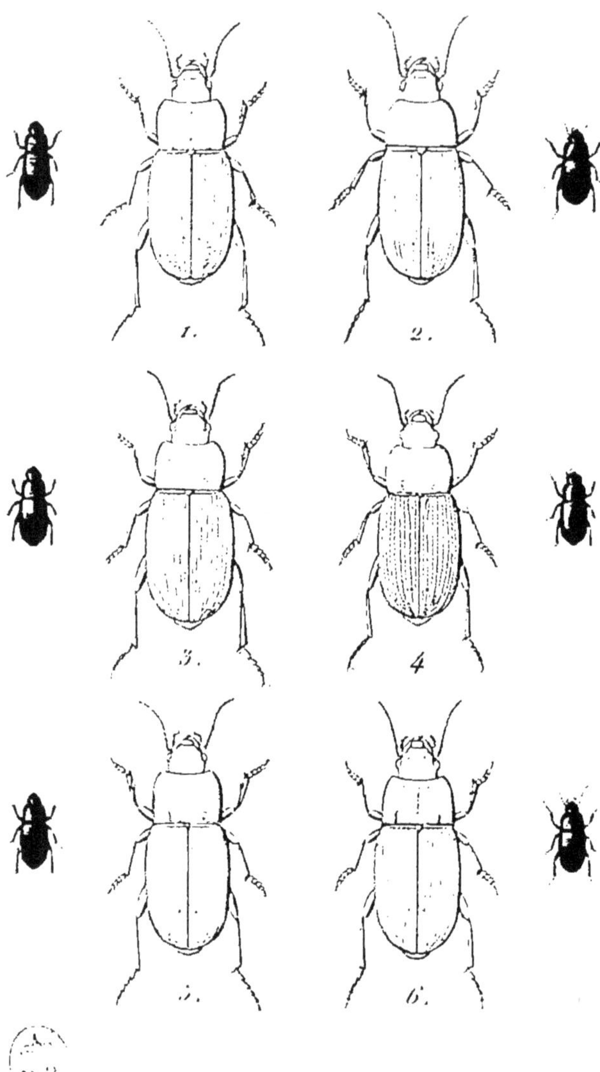

1. H. Solieri
2. H. Melancholicus.
3. H. Litigiosus.
4. H. Ineditus.
5. H. Tardus.
6. H. Segnis.

J. Prêtre pinx. Gabr. sc.

HARPALUS.

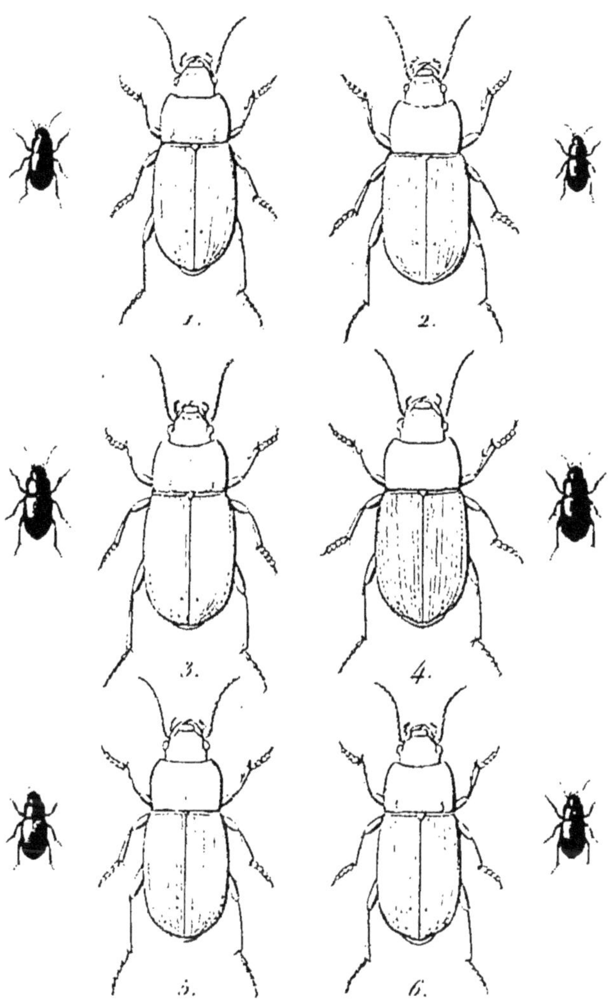

1. H. Flavicornis.
2. H. Modestus.
3. H. Politus.
4. H. Serripes.
5. H. Taciturnus.
6. H. Fuscipalpis.

HARPALUS.

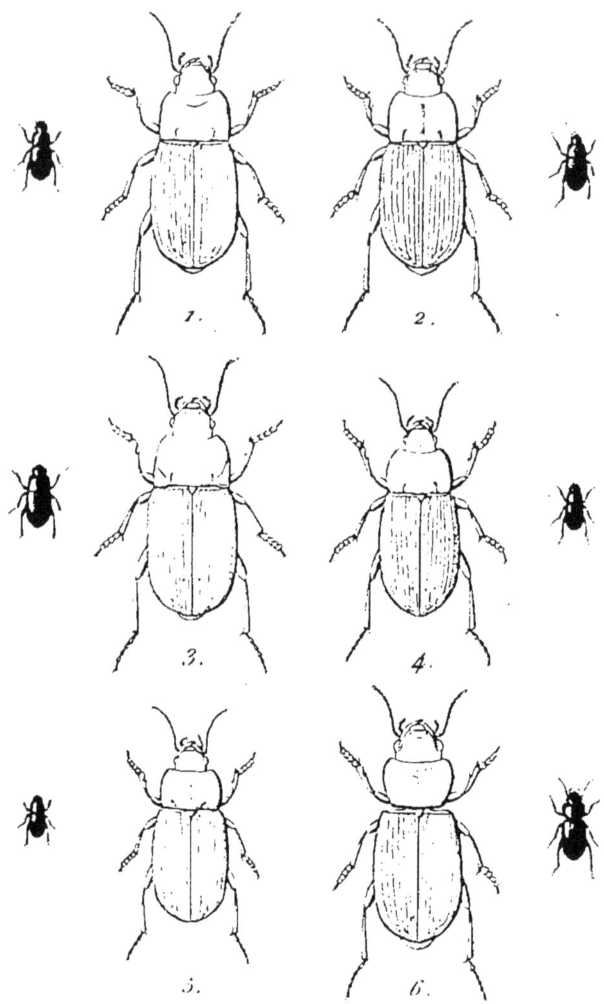

1. H. Subcylindricus.
2. H. Anxius.
3. H. Servus.
4. H. Flavitarsis.
5. H. Picipennis.
6. H. Brachypus.

J. Delarue pinx. Corbie sc.

STENOLOPHUS.

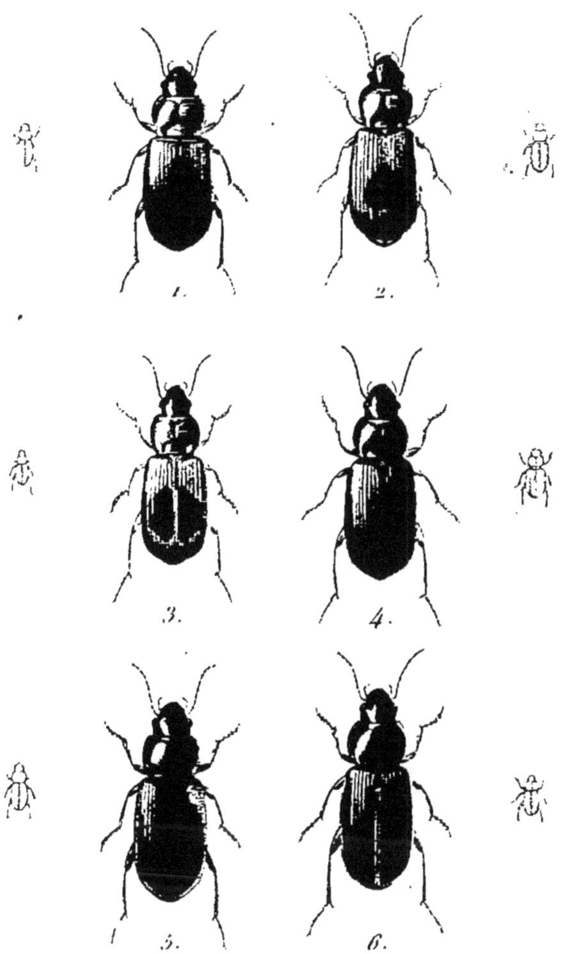

1. S. Vaporariorum.
2. S. Discophorus.
3. S. Elegans.
4. S. Proximus.
5. S. Vespertinus.
6. S. Marginatus.

ACUPALPUS.

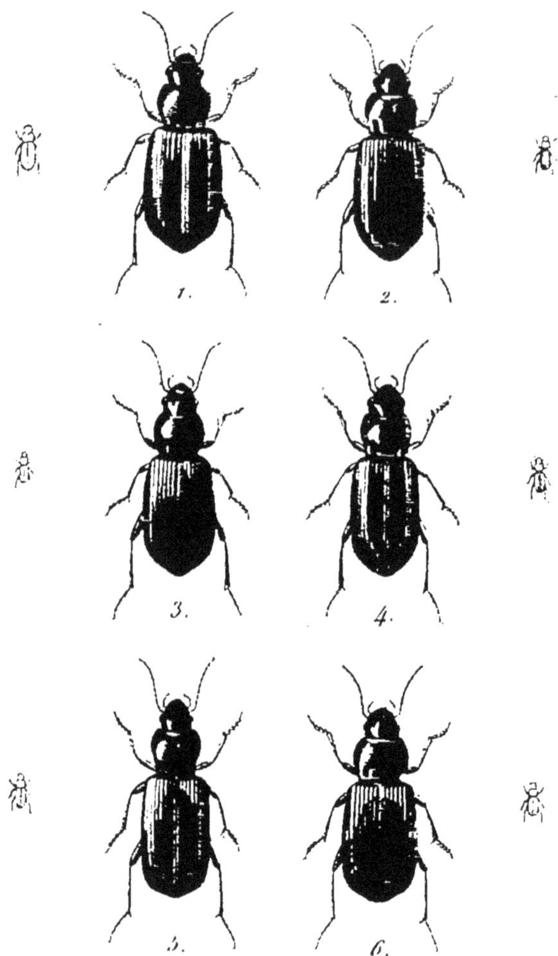

1. A. Discicollis.
2. A. Rufithorax.
3. A. Cognatus.
4. A. Placidus.
5. A. Consputus.
6. A. Ephippium.

ACUPALPUS.

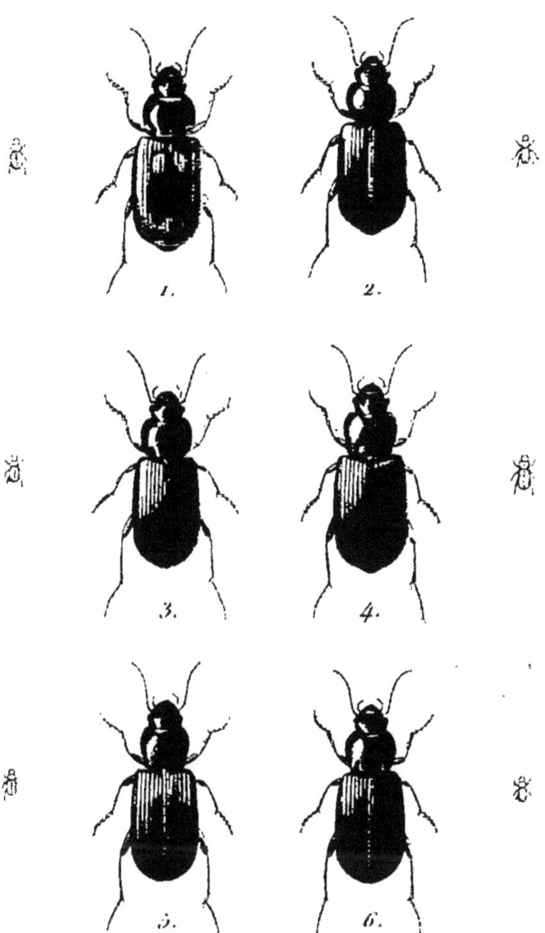

1. A. Dorsalis.
2. A. Suturalis.
3. A. Atratus.
4. A. Pallipes.
5. A. Meridianus.
6. A. Nigriceps.

ACUPALPUS.

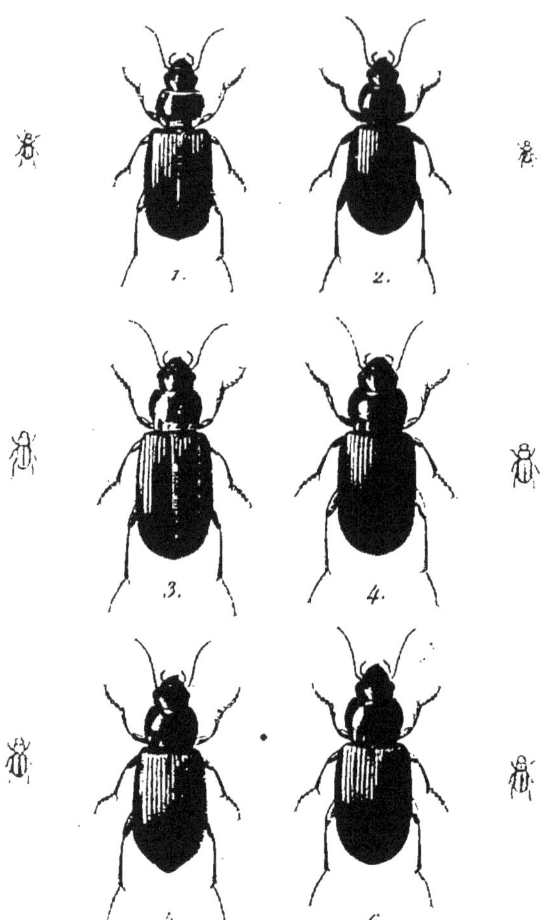

1. A. Luridus.
2. A. Exiguus.
3. A. Lusitanicus.
4. A. Distinctus.
5. A. Rufulus.
6. A. Harpalinus.

ACUPALPUS.

1. Acupalpus Collaris.
2. ——— Similis.
3. ——— Mauritanicus.
4. ——— Metallescens.
5. Geobænus Lateralis.
6. Tetragonoderus Viridicollis.

TRECHUS.

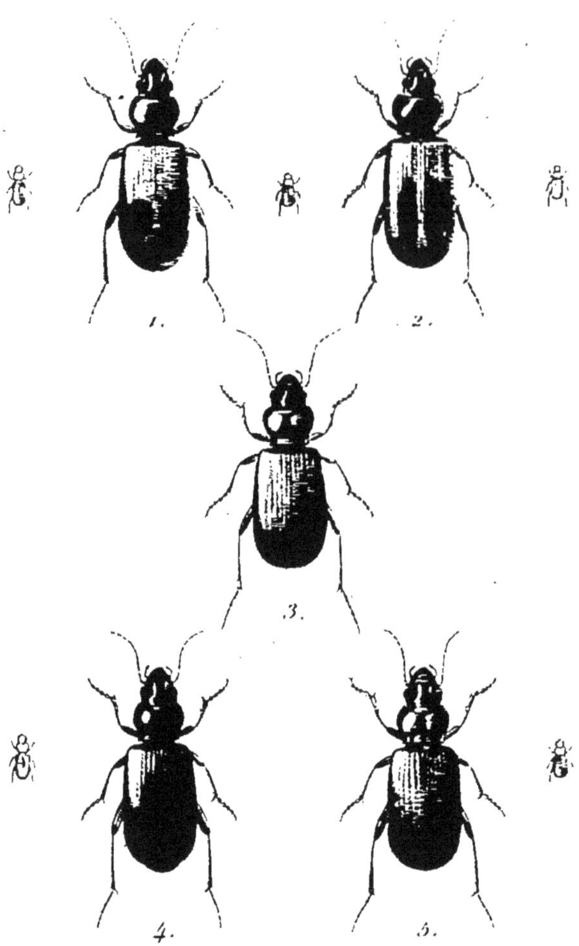

1. T. Discus. 3. T. Littoralis.
2. T. Micros. 4. T. Paludosus.
5. T. Fulvus.

J. Delarue pinx. Corbie sc.

TRECHUS.

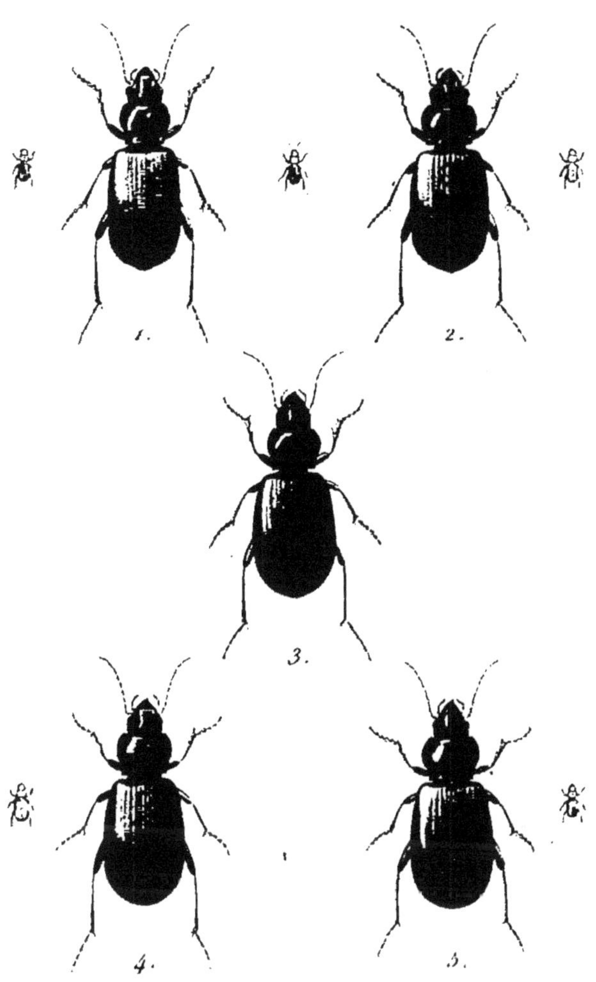

1. T. Ochreatus.
2. T. Rubens.
3. T. Austriacus.
4. T. Rufulus.
5. T. Rivularis.

TRECHUS.

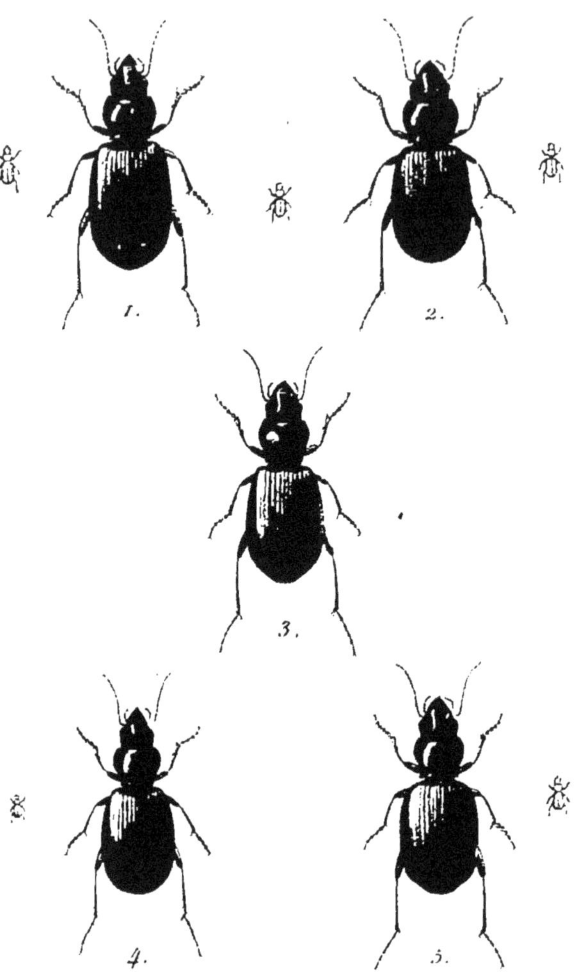

1. T. Subnotatus. 3. T. Bannaticus.
2. T. Palpalis. 4. T. Pyrenæus.
5. T. Alpinus.

SUBULIPALPES.

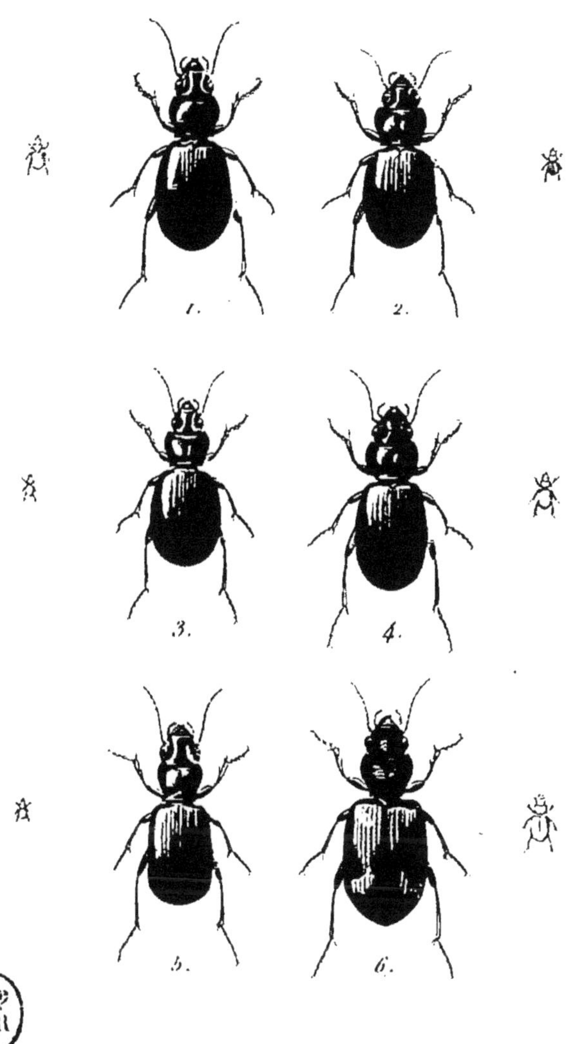

1. Trechus croaticus.
2. ——— rotundatus.
3. ——— limacodes.
4. Trechus secalis.
5. ——— fulvescens.
6. Lachnophorus rugosus.

BEMBIDIUM.

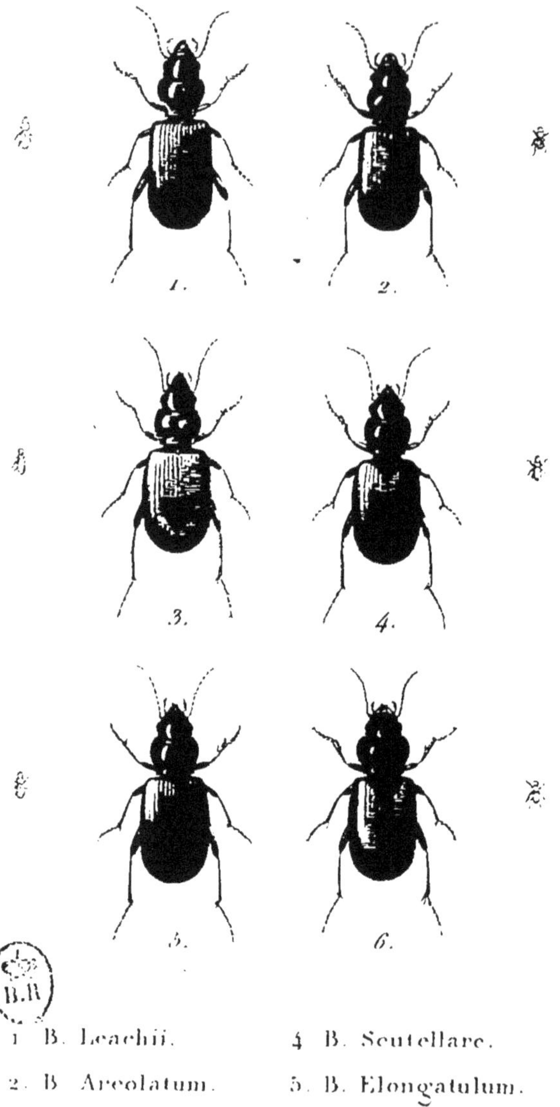

1 B. Leachii.	4 B. Scutellare.
2. B Areolatum.	5. B. Elongatulum.
3 B. Fulvicolle.	6. B. Bistriatum.

J. Prêtre pinx.

BEMBIDIUM.

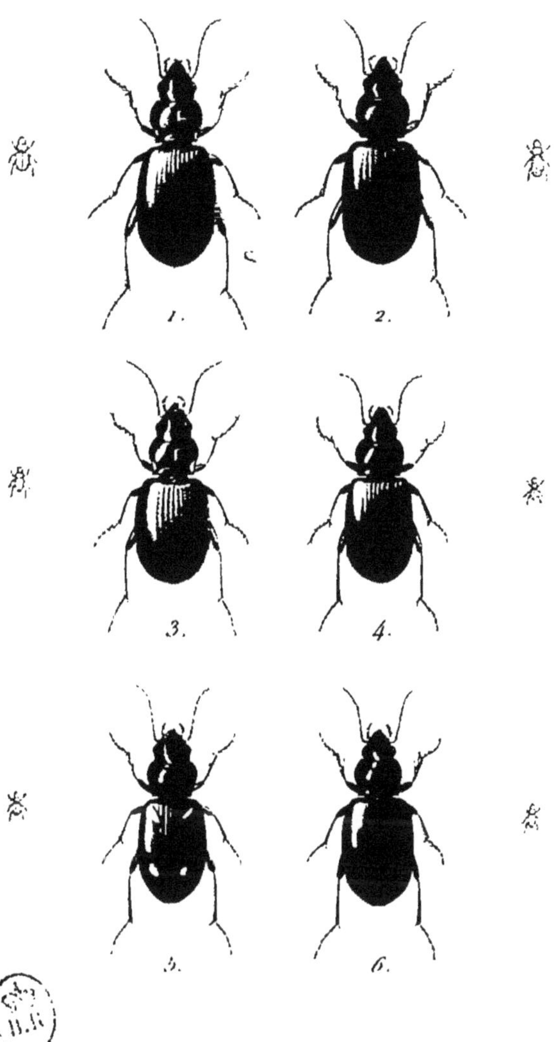

1 B. Rufescens. 4. B. Nanum.

2. B. Pumilio. 5. B. Quadrisignatum.

3 B Silaceum. 6. B. Angustatum.

J. Delarue pinx. [illegible]

BEMBIDIUM.

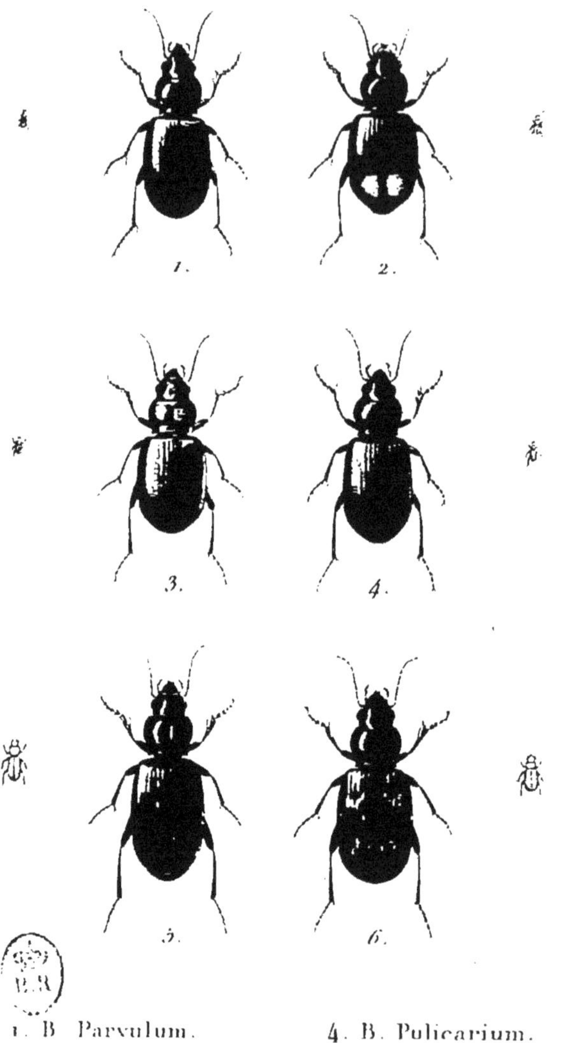

1. B. Parvulum.
2. B. Hæmorrhoidale.
3. B. Globulum.
4. B. Pulicarium.
5. B. Undulatum.
6. B. Ustulatum.

BEMBIDIUM.

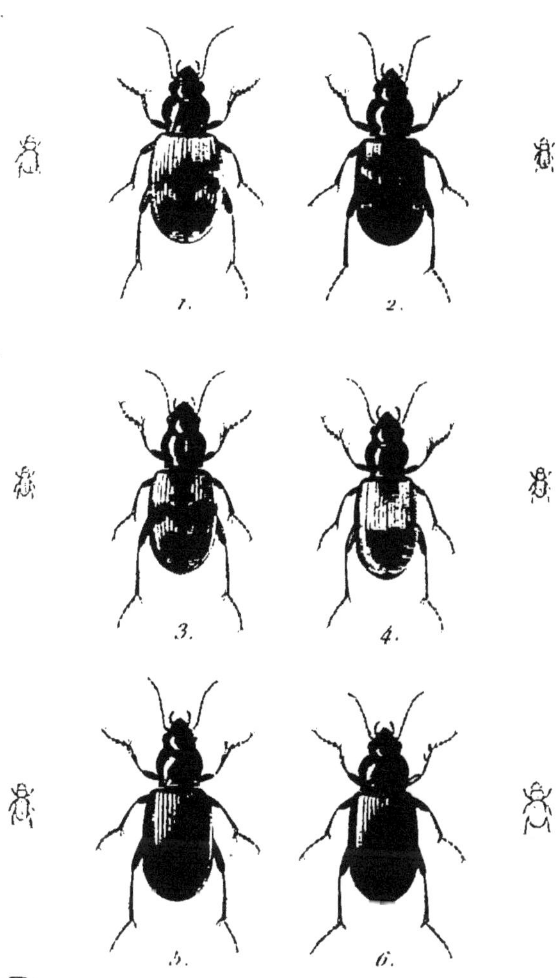

1. B. Sibiricum.	4. B. Pallidipenne.
2. B. Obliquum.	5. B. Venustulum.
3. B. Fumigatum.	6. B. Laticolle.

BEMBIDIUM.

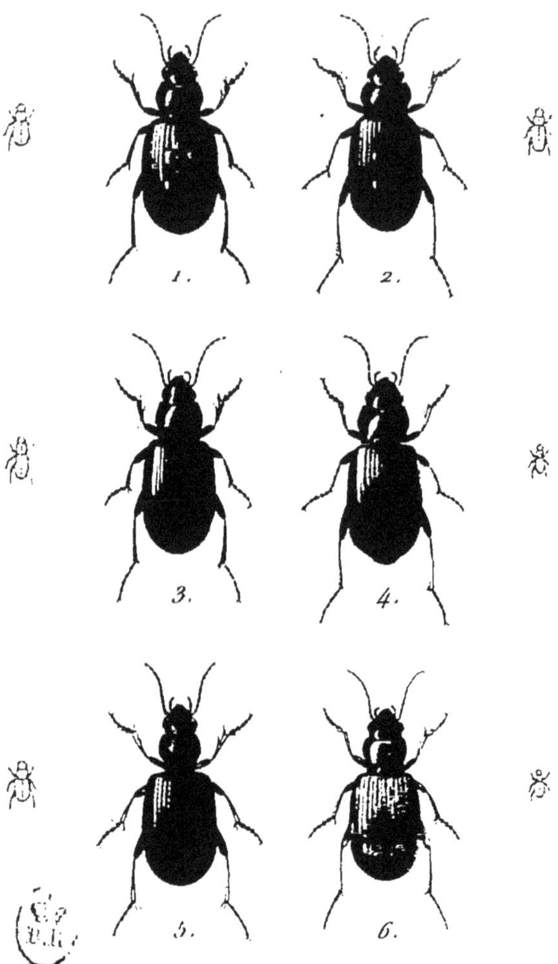

1. B. Paludosum.
2. B. Impressum.
3. B. Foraminosum.
4. B. Orichalcicum.
5. B. Striatum.
6. B. Ruficolle.

J. Delarue pinx. *Corbie sc.*

BEMBIDIUM.

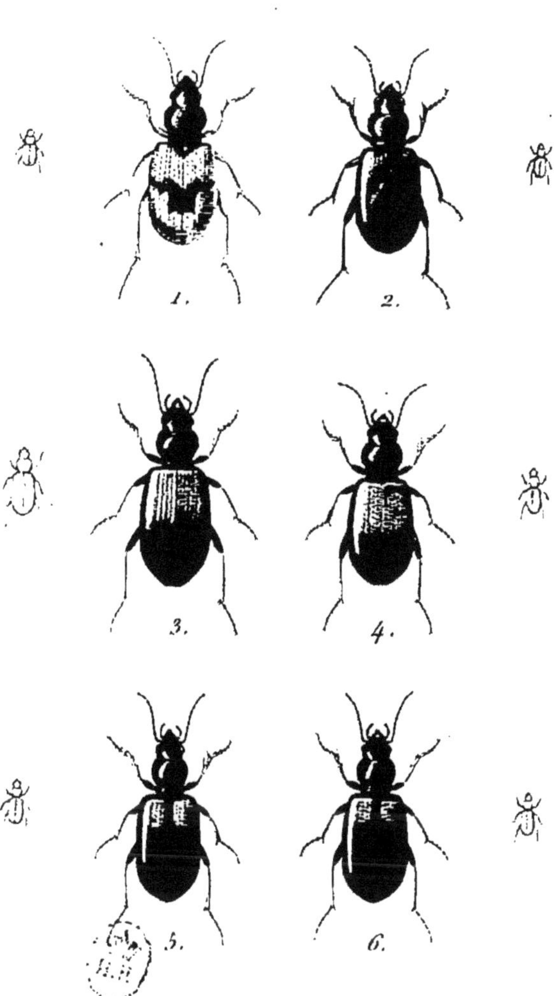

1. B. Andreæ.
2. B. Bipunctatum.
3. B. Eques.
4. B. Tricolor.
5. B. Scapulare.
6 B. Conforme.

J. Delarue pinx. Gerbe sc.

BEMBIDIUM.

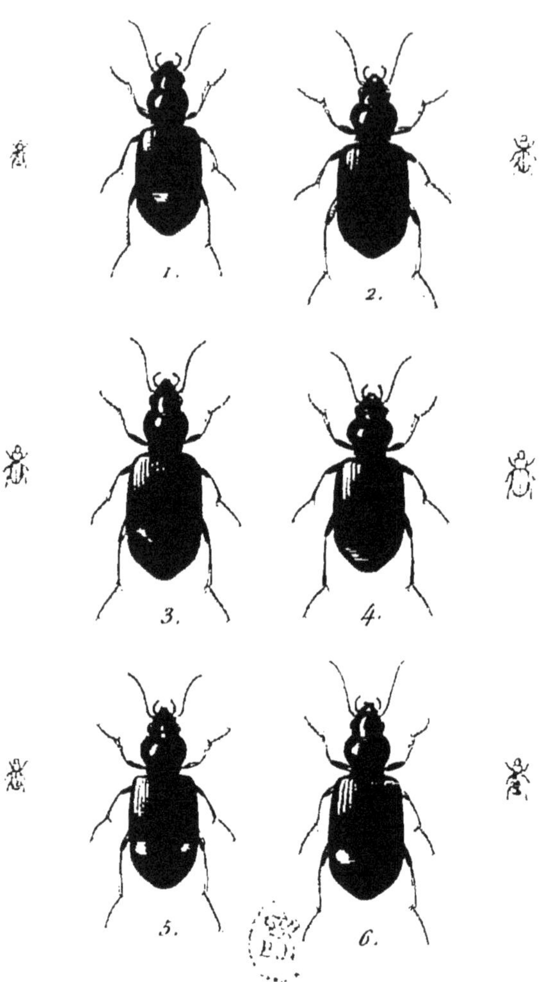

1. B. Modestum.
2. B. Ustum.
3. B. Lunatum.
4. B. Infuscatum.
5. B. Rupestre.
6. B. Fluviatile.

J. Delarue pinx. *Corbie sc.*

BEMBIDIUM.

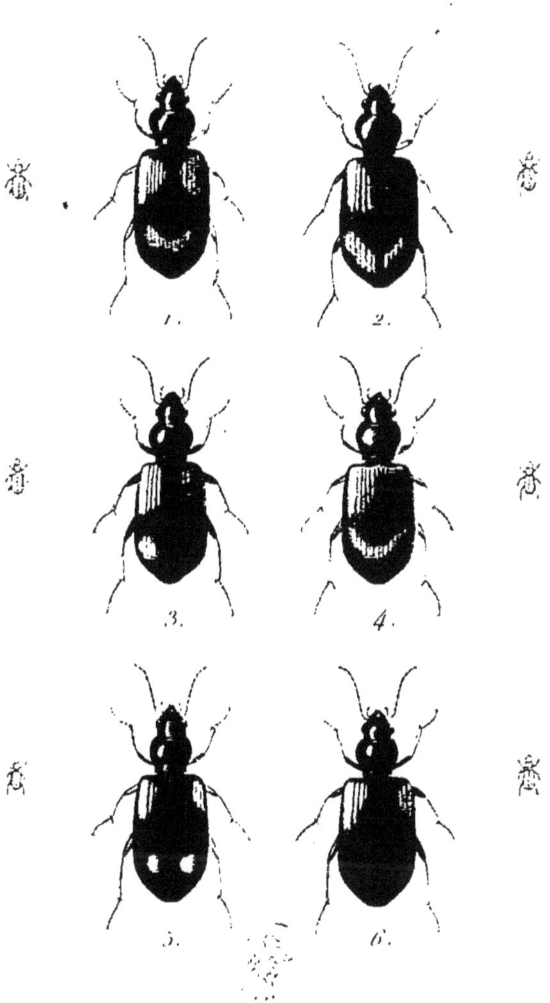

1. B. Cruciatum.	4. B. Obsoletum.
2. B. Hispanicum.	5. B. Saxatile.
3. B. Femoratum.	6. B. Oblongum.

BEMBIDIUM.

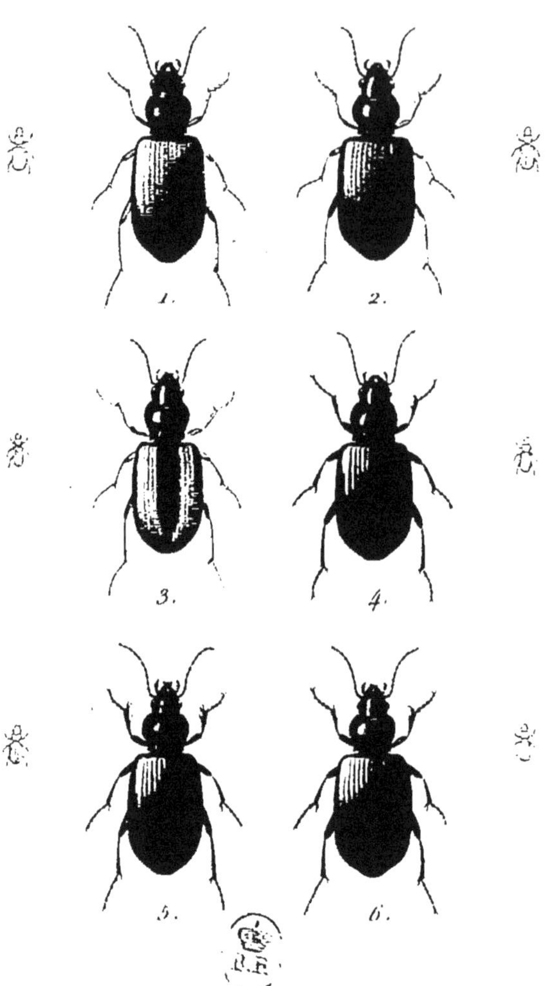

1. B. Præustum.
2. B. Deletum.
3. B. Dentellum.
4. B. Hastii.
5. B. Pfeiffii.
6. B. Prasinum.

BEMBIDIUM

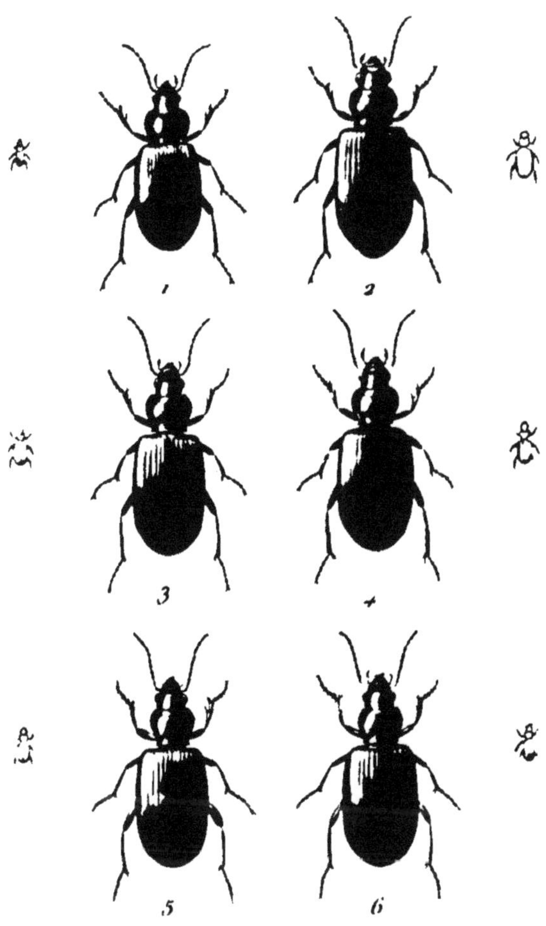

1	B	Felmanni	4	B	Tibiale
2	B	Fasciolatum	5	B	Decorum
3	B	Cœruleum	6	B	Siculum

BEMBIDIUM.

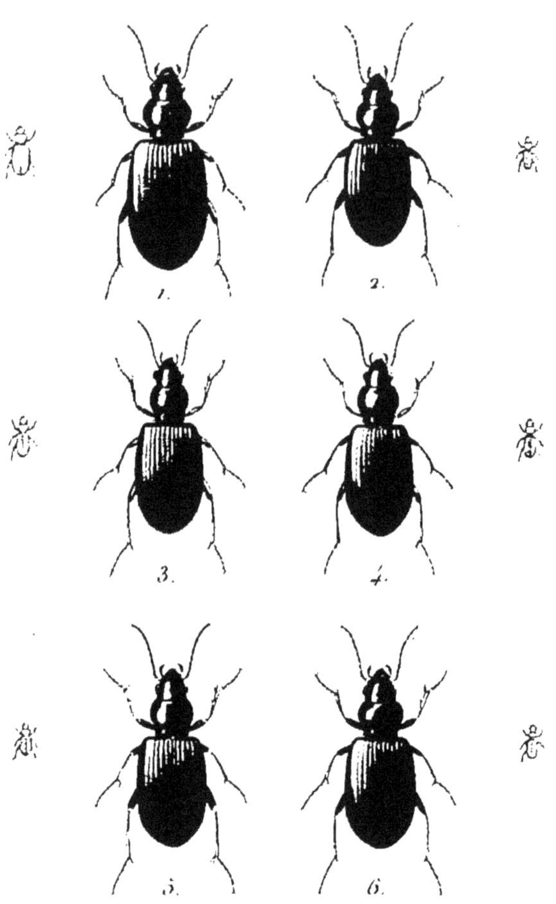

1. B. Distinctum.
2. B. Perplexum.
3. B. Fuscicorne.
4. B. Brunnicorne.
5. B. Rufipes.
6. B. Alpinum.

BEMBIDIUM.

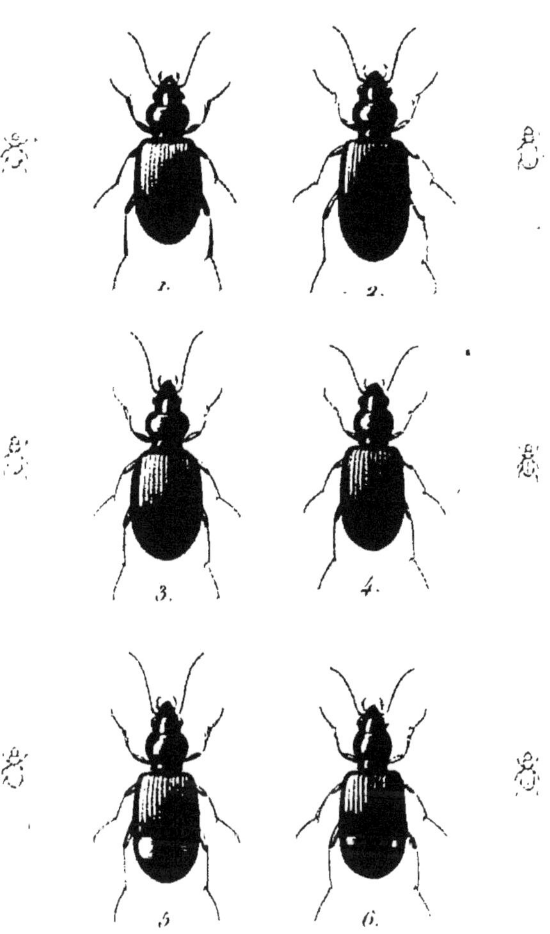

1. B. Sahlbergii.
2. B. Brunnipes.
3. B. Stomoides.
4. B. Crenatum.
5. B. Dahlii.
6. B. Elongatum.

BEMBIDIUM.

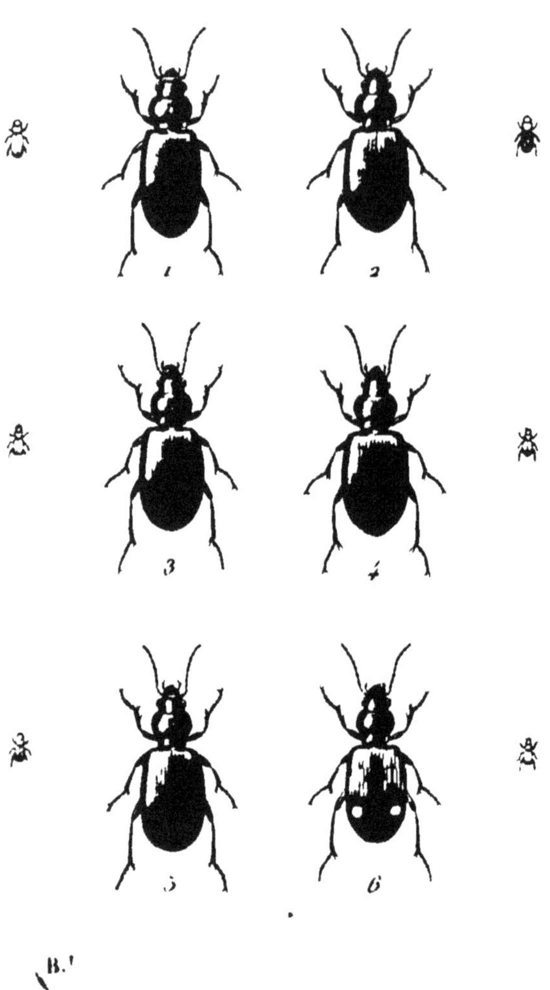

1 B. Chalcopterum	4 B. Celere
2 B. Ambiguum	5 B. Pyrenæum
3 B. Nigricorne	6 B. Sturmii

BEMBIDIUM

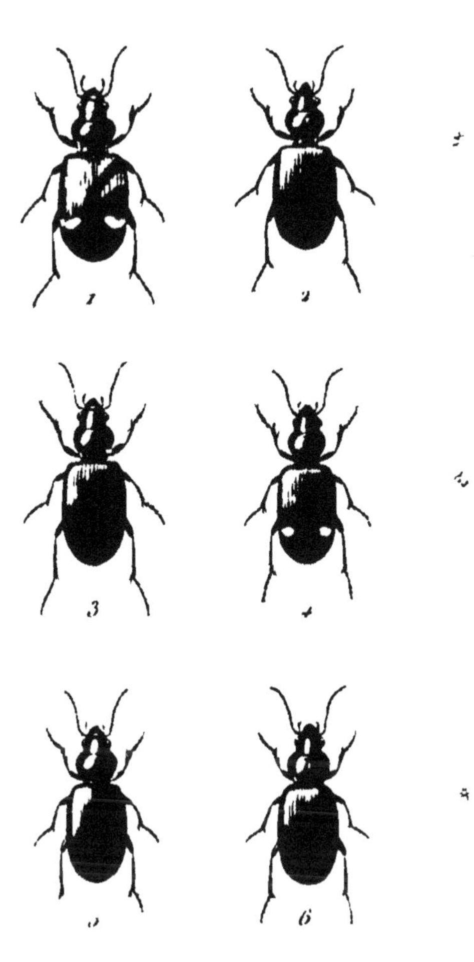

1	B Maculatum	4 B Pusillum
2	B [illegible]	5 B Kolla[illegible]
3	[illegible]rmanmum	6 B M[illegible]

BEMBIDIUM.

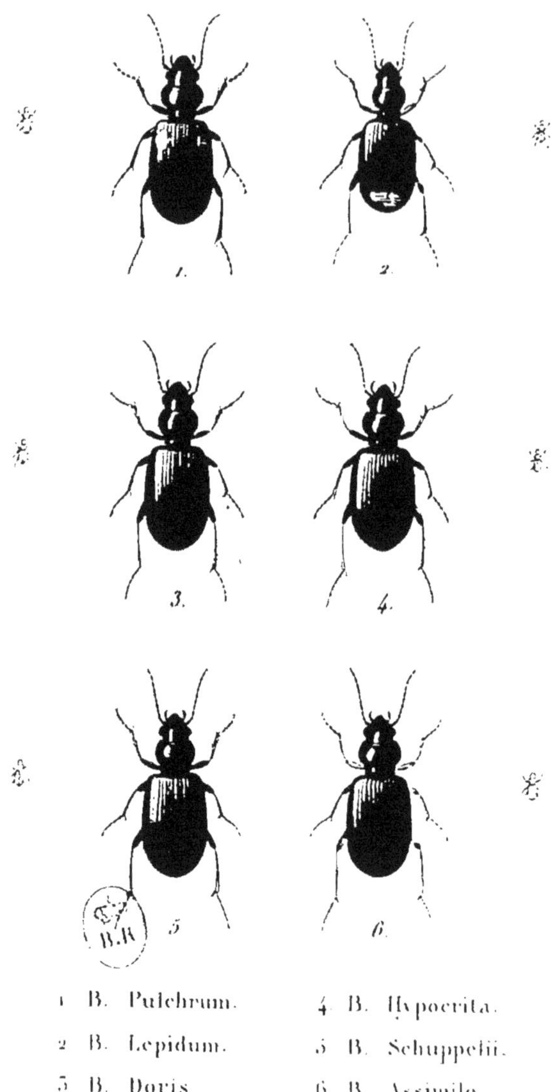

1 B. Pulchrum.

2 B. Lepidum.

3 B. Doris

4 B. Hypocrita.

5 B. Schuppelii.

6 B. Assimile.

BEMBIDIUM

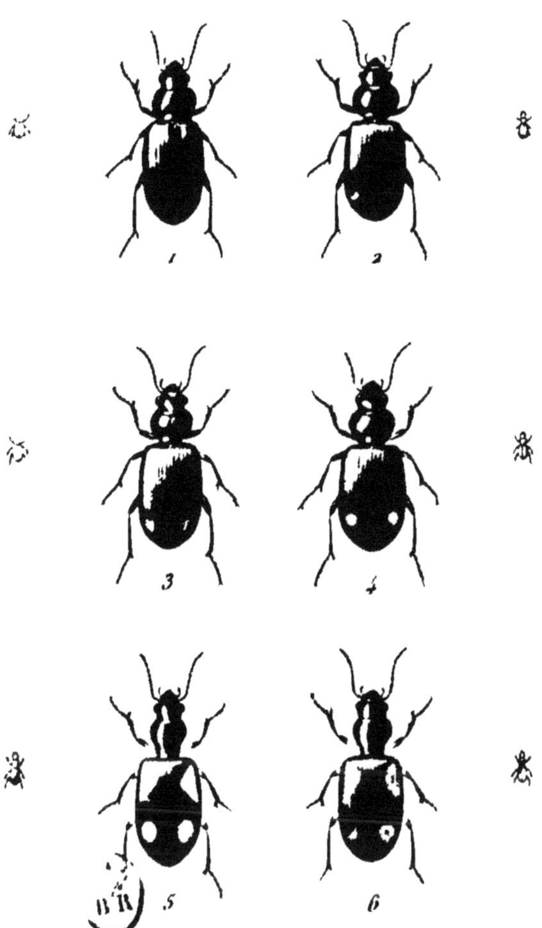

1 B Obtusum
2 B Guttula
3 B Biguttatum
4 B Vulneratum
5 B Quadriguttatum
6 B Laterale

BEMBIDIUM.

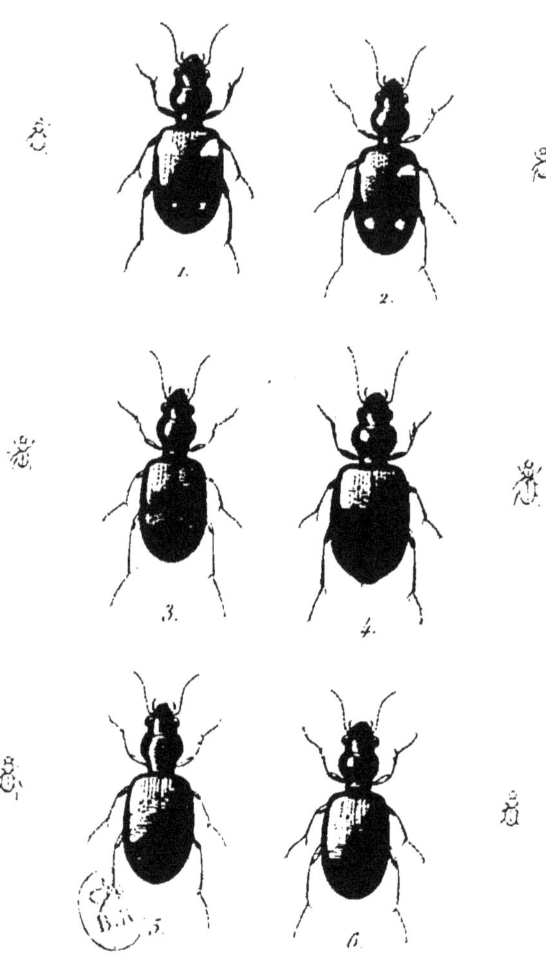

1 B. Quadripustulatum.	4. B. Picipes.
2 B. Quadrimaculatum.	5 B. Pallipes.
3 B. Articulatum.	6 B. Flavipes.

www.ingramcontent.com/pod-product-compliance
Ingram Content Group UK Ltd.
Pitfield, Milton Keynes, MK11 3LW, UK
UKHW022320190726
13856UKWH00001B/117

9 782013 407656